宁波市滨海湿地保护修复研究及实践

费岳军　任　敏　主编

海洋出版社

2019年·北京

图书在版编目（CIP）数据

宁波市滨海湿地保护修复研究及实践/费岳军，任敏主编．—北京：海洋出版社，2019.11

ISBN 978-7-5210-0450-2

Ⅰ.①宁… Ⅱ.①费… ②任… Ⅲ.①海滨-沼泽化地-自然资源保护-研究-宁波②海滨-沼泽化地-生态恢复-研究-宁波 Ⅳ.①P942.553.78

中国版本图书馆 CIP 数据核字（2019）第 239500 号

责任编辑：常青青
责任印制：赵麟苏
海洋出版社 出版发行
http：//www.oceanpress.com.cn
北京市海淀区大慧寺路 8 号 邮编：100081
北京朝阳印刷厂有限责任公司印刷
2019 年 11 月第 1 版 2019 年 11 月北京第 1 次印刷
开本：880 mm×1230 mm 1/16 印张：13
字数：404 千字 定价：98.00 元
发行部：62132549 邮购部：68038093
总编室：62114335 编辑室：62100038

《宁波市滨海湿地保护修复研究及实践》编委会

主　编：费岳军　任　敏

副主编：蔡燕红　杨耀芳　孔定江　段　悦

　　　　魏永杰　王　琼

编　委：何东海　杨　晴　曹　维　周巳颖　钟　宇

　　　　俞海波　葛春盈　金余娣　余　晶　虞理鹏

　　　　孙煜阳　叶林安　陈伟胜　鲁　水　俞梦男

　　　　卫继清　王　薇　陈丹琴　毛伟宏　赖继海

　　　　何善方　崔永平　刘艳云　毛晓梅

前 言

湿地是地球上最具生命力和生态服务功能的生态系统，是自然界生物的一种重要的生存环境，与人类的生存、繁衍、发展息息相关，在气候调节、水质净化、蓄滞洪水、防抗旱灾、环境美化以及维护生物多样性的作用，被人们誉为“地球之肾”和“鸟儿天堂”。而滨海湿地作为湿地特殊而重要的组成部分，处于陆地与海洋的相交地带，是陆地和海洋生态系统复杂的自然综合体，对维持区域生物多样性和生态平衡具有重要意义。然而随着社会经济的不断发展，沿海地区发展尤为迅速，滨海湿地的生态环境问题也随之而来。滨海地区的围垦、种养殖业、涉海工业的快速发展，滨海湿地面积锐减速度快、幅度大，导致湿地生态系统功能退化严重、对近岸海域的生态屏障作用削减，严重威胁着沿海经济的可持续发展。

中国的大陆海岸线共逾 18 000 km，漫长而又曲折，海陆相互作用，形成了类型丰富的滨海湿地资源。这些滨海湿地为海岸带区域经济发展提供了重要的物质基础，但是海岸带资源大规模、高强度的开发和利用，导致滨海湿地资源破坏严重，损失退化不断加剧，已成为沿海经济可持续发展的重要威胁。近 50 年以来，全国滨海湿地丧失了总面积的 50%，滨海湿地陆续遭受人为破坏严重，至今已损失约有 200 hm^2，有 3/4 的红树林面积消失了，也有将近 80%的珊瑚礁被破坏。因此，保护和修复好我国滨海湿地具有非常重要的作用。

宁波市位于东海之滨，我国沿海中部，长江三角洲的东南角，东临东海，西与绍兴市的上虞、嵊州和新昌交界，南与台州市的三门和天台为邻，北与上海和舟山隔海相望。宁波的海、湾、港、岛孕育了丰富的滨海湿地资源，且呈现的类型多样，是维系宁波市海洋生物多样性及海洋生态湿地生物多样性及海洋生态健康的重要空间所在。宁波市滨海湿地门类齐全、面积比重大，在浙江省具有显著地位。其中，杭州湾国家湿地公园是中国八大盐碱湿地之一，是许多国际性候鸟迁徙停歇地和栖息地，是世界级观鸟胜地。韭山列岛国家级自然保护区是著名的海岛湿地，岛上有着许多珍稀濒危物种，“鸟中大熊猫”——中华凤头燕鸥在此栖息繁衍。但是，随着宁波市的经济发展，人类开发活动的加剧，滨海湿地数量减少、质量下降、功能退化的趋势仍在继续，滨海湿地生态系统面临着严重的威胁。

我国湿地保护的立法从 2003 年开始才进入初步的发展时期，近年来，随着大家保护湿地的意识越来越重要，从中央到地方，从政府到企业，从专家到百姓积极参与保护滨海湿地的行动越来越多，湿地保护受到党、政、民前所未有的重视，党的十八大和党的十九大也明确提出了“生态文明建设”的治国方略。如何将滨海湿地合理利用、刚性保护、生态修复协调起来，在当前的新时代下提出了新的命题。

在海洋公益性科研专项经费项目海岛植物物种多样性保护及生态优化技术示范应用（201505009-6）和宁波市海洋与渔业局专项经费的共同资助下，我们历时两年完成了宁波市滨海湿地资源现状和生态环境调查，进行了滨海湿地的生态评价和生态修复体系研究及应用实践。在总结前期资料的基础上，凝练形成了该项技术成果，这些技术成果可以为政府部门科学的滨海湿地保护规划提供基础资料，促进宁波市滨海湿地保护与合理利用的良性循环，切实维护和提升滨海湿地资源的生态价值和服务功能，充分发挥滨海湿地生态系统的功能效益，为滨海湿地生态系统保护与修复提供理论依据和技术支撑，对创新海洋生态系统管理模式具有重要意义。

本书以宁波市滨海湿地保护与修复生态评价和应用实践为主线，将全文分为滨海湿地保护修复技术研究进展综述（第1章）、滨海湿地开发利用和保护现状（第2章）、滨海湿地类型与分布、环境特征及生物资源（第3章和第4章）、滨海湿地生态系统综合评价（第5章）、滨海湿地保护和修复理论体系及工程技术研究（第6章和第7章）五大部分，最后进行总结与展望（第8章）。本书编著者分别如下：第1章由费岳军、任敏、钟宇编著，第2章由杨耀芳、王琼、杨晴、金余娣、周巳颖编著，第3章由段悦、蔡燕红、余晶、王薇、曹维、虞理鹏编著，第4章由魏永杰、俞海波、葛春颖、孙煜阳编著，第5章由杨耀芳、王琼、叶林安、卢伍阳编著，第6章由孔定江、鲁水、崔永平、俞梦男编著，第7章由孔定江、何东海、陈伟胜、卫继清编著，第8章由费岳军、任敏、蔡燕红编著。全文由费岳军、任敏统稿。

由于本书研究时间及编写时间短促，著者水平有限，书中难免有错误存在，敬请各位领导与专家批评指正。

编著者

2019年10月于宁波

目 录

第1章　概　　述

1.1　背景

滨海湿地地处海洋与陆地的交汇地带，是近海生物重要的栖息繁殖地和鸟类迁徙的中转站，是自然界最富生物多样性并具有多种独特功能的生态系统，是人类最重要的生存环境之一。滨海湿地不仅为人类的生产、生活提供食物、原料和水等多种丰富资源，而且在稳定环境、维持生态平衡、保持物种多样性等方面均起到重要作用。近年来，随着社会经济的发展，海岸带的开发力度持续增强，大规模的滩涂围垦、围塘养殖、陆源污染、外来物种入侵、资源过度开发，致使滨海湿地退化严重，生态问题突出。

宁波市位于东海之滨，我国沿海中部，长江三角洲的东南角，东临东海，西与绍兴市的上虞、嵊州和新昌交界，南与台州市的三门和天台为邻，北与上海和舟山隔海相望，宁波的海、湾、港、岛孕育了丰富的滨海湿地资源，且呈现的类型多样，是维系宁波市海洋生物多样性及海洋生态湿地生物多样性及海洋生态健康的重要空间所在。宁波市滨海湿地数量占浙江省的比重最大，从整体上来看，随着人类开发活动的加剧，自然滨海湿地数量减少、质量下降、功能退化的趋势仍在继续，滨海湿地生态系统面临着严重的威胁，加强滨海湿地资源保护与生态修复意义重大。

2015年，国家海洋局颁布了《国家海洋局海洋生态文明建设实施方案（2015—2020年）》在生物多样性保护、海洋生态整治修复、海洋生态补偿机制等方面明确提出了生态修复计划，要求建立海洋各类型保护区50个、保护区面积占比达到5%；实施蓝色海湾、银色海滩、南红北柳、生态海岛等生态修复工程，并提出了恢复滨海湿地8 500亩①、近岸受损海域40×10^4 hm^2、整治修改海岸线不低于2 000 km等。“南红北柳”生态工程是国家海洋局“十三五”六大重点工程之一，其中国家海洋局要求“因地制宜”开展滨海湿地、河口湿地生态修复工程。同时，国务院办公厅于2016年12月下发了《国务院办公厅关于印发湿地保护修复制度方案的通知》（国办发〔2016〕89号），国家海洋局于2016年12月下发了《国家海洋局关于加强滨海湿地管理与保护工作的指导意见》（国海环字〔2016〕664号），浙江省在2017年2月印发了《浙江省滨海湿地管理与保护实施方案》（浙海渔环〔2017〕1号），对滨海湿地的管理、保护和修复工作提出了相应的要求，2018年7月14日国务院下发了《国务院关于加强滨海湿地保护严格管控围填海的通知》（国发〔2018〕24号），对加强滨海湿地保护，严格控制围填海活动，促进陆海统筹与综合管理，构建国土空间开发保护新格局提出了新的要求。

由此，我们于2017年对宁波市滨海湿地资源和生态环境现状开展了全面系统的调查，并在现状调查的基础上针对宁波滨海湿地进行了生态综合评价、生态修复理论体系研究和生态修复工程技术研究。通过本项工作可为宁波市滨海湿地的科学合理地开发、利用和保护提供指导，从而更好地加强湿地保护，维护和改善湿地生态功能和生物多样性。

① 亩均为非法定计算单位。1亩≈666.7 m^2，1 hm^2≈15亩。

1.2 国内外研究进展

我国早在汉代就开始利用滨海湿地进行生产，唐、宋时期江浙一带沿海围海规模开始扩大。中华人民共和国成立至20世纪90年代初期，由于盐业、农业及养殖业的发展，我国先后掀起了三次大规模围海造地高潮。20世纪90年代至今，由于人口压力及城市发展的需求，滨海湿地再次被大规模围垦。人类经济活动的干预已经引发一系列滨海生态环境恶化问题，滨海湿地也面临着极大的威胁。

1.2.1 滨海湿地生态系统概述

1.2.1.1 湿地及滨海湿地

（1）湿地的定义

“湿地”一词最早是由美国人提出的。1956年，美国鱼类和野生动物管理局首次提出“湿地”概念，并将其定义为“表面暂时或永久的有浅层积水，以挺水植物为特征，包括各种类型的沼泽、湿草地、浅水湖泊，但不包括河流、水库和深水湖”的地域。现在国际上通常把沼泽和海涂合称为湿地，中国在1987年的《中国自然保护纲要》中首次对湿地这一概念进行了描述：“沼泽是陆地上有薄层积水或间隙性积水，生长有沼生和湿生植物的土壤过湿阶段，其中有泥炭积累的沼泽称为泥炭沼泽。海涂即指沿海滩涂，是指沿海涨潮时被水淹没，退潮时露出水面的软底质的广大潮间平地。现在国际上常把沼泽和海涂合称为湿地”（王相，2000）。

近年来，对于湿地的概念各国学者已基本达成了共识，普遍认为应该以《湿地公约》的定义及其补充定义为准，将湿地定义为：“湿地指不问其为天然或人工、长久或暂时之沼泽地、湿原、泥炭地或水域地带，带有或静止、或流动、或为淡水、半咸水或咸水水体者，包括低潮时水深不超过6 m的水域。另外，湿地还包括邻接湿地的河湖沿岸、沿海区域以及湿地范围的岛屿或低潮时水深超过6 m的水域”（崔保山，1997）。

（2）滨海湿地的定义

滨海湿地是一类重要的湿地类型，处于陆地与海洋生态系统过渡地带，既具有最活跃的陆地-海洋相互作用，同时也承受着剧烈的人类活动干扰。国际上目前尚未有滨海湿地明确的定义，在中国，陆健健（1996）参照湿地公约及美国和加拿大等国的滨海湿地定义，并根据我国的实际情况，将滨海湿地定义为：陆缘为含60%以上湿生植物的植被区、水缘为海平面以下6 m以上的近海区域，包括自然的或人工的、咸水的或淡水的所有富水区域（枯水期水深2 m以上的水域除外），不论区域内的水是流动的还是静止的、间歇的还是永久的。《滨海湿地生态监测技术规程》（HY-080—2005）中，滨海湿地定位为：海平面以下6 m至大潮高潮位以上与外流江河流域相连的微咸水和淡浅水湖泊、沼泽以及相应的河段间的区域。

1.2.1.2 滨海湿地的生态功能

滨海湿地是地球上陆地与海洋相互作用而形成的独特自然综合体，是地球上生产力最高、生物多样性最为丰富的生态系统之一，是极其重要和不可替代的生态环境系统（窦勇等，2012）。它不仅是丰富的物种资源库，是重要的碳汇和氮汇，对全球碳氮循环起着至关重要的作用，还是全球环境变化的缓冲区，被喻为“海洋之肾”。湿地不仅为人类生存提供重要的场所，同时也为人类的生存、生产提供多种多样丰富的自然资源，其所处的独特的水文、气候、土壤等环境条件所形成的独特的生态环境为丰富的动植物群落提供了特殊生境。另外，在调节气候、净化环境、护岸减灾、生物多样性保育和人文科教等方面具有其他系统不可替代的作用。

（1）物质生产和能量转换

滨海湿地是高生产力的生态系统，动植物产品丰富。湿地产品如鱼、虾、蟹、贝等是人类重要的蛋白质来源。湿地植物如芦苇等可为人类带来可观的经济价值。

滨海湿地生态系统的两个重要组成因子——植物和水，是实现湿地能量转换的根本。湿地植物固定的能量主要通过泥炭、薪柴及木材等形式转出。近年来，利用湿地草本植物生产沼气和液体燃料的研究也越来越受到关注。湿地水资源的能量转出主要通过水力发电实现，许多河口湿地都有利用潮汐发电的能力。

（2）调节气候

滨海湿地中的许多类型具有强大的水分储存能力，是巨大的蓄水库，如草本沼泽、灌丛沼泽、森林沼泽等。这些湿地既可以蓄水又有补水功能，一种情况是补给地下水；另一种情况是向周围其他湿地补水，或向地表承泄区排水。

滨海湿地调节气候主要依靠湿地热容大及水资源丰富的两大特性。由于滨海湿地热容大，湿地地区的气温变幅小，有利于改善当地小气候。而湿地的水分则通过蒸发成为水蒸气，以降水的形式调节附近地区的湿地和降雨量。

（3）净化环境

滨海湿地的净化环境功能，分为截污和净化两个方面。截污主要是湿地对陆源固体垃圾的截留和沉淀；而净化主要指湿地植物、土壤及湿地微生物对水体中有机物质及无机物质的吸附、固定、移除和降解。

（4）护岸减灾

滨海红树林湿地及沿海盐沼对海浪具有缓冲作用，在海洋风暴袭击时，是护岸的第一防线，可以有效降低海洋灾害天气的威胁。

（5）生物多样性保育

滨海湿地环境复杂，适合各类生物生存，包括甲壳类、鱼类、两栖类、爬行类及鸟类均可在这里繁衍。其中，对迁徙鸟类的意义尤为重要，每年的迁徙季节，滨海湿地都为成千上万的鸟类提供觅食和栖息场所，是候鸟迁徙航线中重要的航站。

（6）人文科教

滨海湿地在人文科教方面有重要意义。丰富多样的动植物资源和优美的自然景观，是人们休闲娱乐的好去处。另外，滨海湿地还具有极高的科研和教育价值，生态系统和生物多样性、滨海湿地类型、结构和功能之间的差异能为多学科的科学工作者提供丰富的研究课题。

1.2.1.3　滨海湿地生态系统主要问题

近 50 年来，由于人类对滨海湿地资源的不合理开发和利用，中国已经丧失的滨海滩涂面积约 119×10^4 hm^2，另因城乡工作占用湿地约 100×10^4 hm^2，两者累计约占中国沿海湿地总面积的 50%。引水工程、氮素富集、资源过度利用、泥沙淤积、水温变化以及外来物种入侵等是影响滨海湿地的直接驱动力，但目前对滨海湿地造成最大威胁的是间接驱动力——沿海地区人口的增长以及经济活动的增多所导致的对滨海生态系统的开发性围垦活动，该类活动易导致滨海湿地大范围丧失。

（1）围垦

人口压力所引起的城镇扩张和土地需求，使滨海湿地遭到大面积围垦。滨海围垦土地的用途主要为农业耕地、海产养殖及城市建设。我国的主要围垦区在双台河口、黄河三角洲、莱州湾、胶州湾、苏北沿海、长江三角洲及珠江三角洲等地。围海造地工程使沿岸湿地面积平均以 2×10^4 hm^2/a 的速率减少，围垦比较严重地区的天然滨海湿地逐渐被人工湿地所代替，并导致野生动物的自然栖息地减少、湿地物种多样性下降、湿地景观总体多样性指数和均匀度指数降低、景观破碎度增大等严重后果。

（2）资源过度利用

人类对湿地资源的过度利用使湿地面积下降，湿地资源减少甚至枯竭。近几十年来，中国海岸侵蚀严重，人类对滩涂泥沙资源的挖掘就是导致其发生的重要原因之一。另外，过度采集及非法猎捕导致沿海滩涂潮间带上的贝类、沙蚕、虾类、蟹类、鱼类生物产量逐渐降低，物种组成单一化。湿地鸟类、哺乳动物和两栖爬行类动物资源量也因过度猎捕而直线减少。长江三角洲过去曾是蛇类资源丰富的地区，由于近 20 多年来过度捕杀，蛇类资源数量急剧下降。

（3）污染

滨海湿地是陆源无污染的最终承泄区，污染主要来自于工业废水和废渣、化肥、农药、除草剂、生活污水及垃圾。我国沿海地区每年直接排放入海污水 96×10^8 t，其中，河流携带量占总量 90%以上，大部分河口、海湾以及大中城市邻近海域污染日趋严重。近海水域发生赤潮的频度和规模越来越大，持续时间也逐渐延长，已经对滨海湿地生物资源造成严重危害。如黄河口 4 条主要入海河流水质整体污染较严重，入海河流水体氮、磷含量过高造成了渤海湾水体富营养化严重，从而引发赤潮，使渤海近岸生态环境受到损害（刘峰等，2012）。在珠江口淇澳岛滨海湿地，镉的潜在生态危害最为严重，其危害程度在 1966 年以前为轻微生态危害，在 1966—1984 年间快速上升为中等生态危害，1992 年以后上升为强生态危害，2001 年以后下降为中等生态危害（王爱军等，2011）。湿地污染可引起湿地生物的死亡，破坏湿地的原有生物群落结构，并通过食物链逐渐富集进而影响其他物种的生存，严重干扰了湿地生态平衡。

（4）外来物种入侵

外来物种由于其强大的资源竞争能力，近年来对滨海湿地生态系统造成了极大的威胁，并导致湿地生态功能下降、湿地物种多样性减少等严重后果（安树青，2003）。互花米草是另一种常见的滨海湿地危害物种。叶功富等（2010）研究表明互花米草入侵滨海湿地后，由于其秆密集粗壮、地下根系发达，能够促进泥沙的快速沉降使滩涂淤积加快，从而改变了潮间带的地形，妨碍潮沟和水道的畅通，影响潮间带水的正常流动（郑冬梅等，2006）。

（5）海平面上升

滨海湿地由于其位置的特殊性，属于对海平面上升极为敏感的生态系统类型。栾维新等（2004）指出，未来海面上升 13 cm 和 69 cm 时，在平均大潮高潮位、历史最高潮位和百年一遇高潮位的背景下，辽河三角洲河流、滩涂和芦苇地等类型的滨海湿地被海水淹没总面积分别达到 7.4×10^4 hm^2 和 8.02×10^4 hm^2、13.56×10^4 hm^2 和 15.25×10^4 hm^2、14.11×10^4 hm^2 和 15.67×10^4 hm^2。Cahoon 等（1995）指出，滨海湿地在海平面上升引起的景观变化中并不是一个消极被动的承受者，滨海湿地对海平面上升的动态响应是非线性。

1.2.2 滨海湿地生态系统评价

因为滨海湿地是处于海洋和陆地间的过渡区域，是海陆之间的界面，自然资源、自然环境和人类开发活动的相互作用非常活跃，是许多海洋产业赖以发展的环境和资源，其环境质量和变迁关系到沿海地区社会经济的可持续发展和大量滨海居民的生活生计，所以，滨海湿地是典型的生态环境脆弱区域。滨海湿地的生态系统评价是湿地保护的基础，湿地监测与评价政策的合理制定与发展有利于定量化地了解人类活动对湿地健康的影响，进而提高人类的湿地保护与管理意识。

（1）滨海湿地生态评价指标体系逻辑结构分析

滨海湿地生态系统是自然-经济-社会复合系统（崔保山和杨志峰，2006），保护和管理湿地的最终目的是使得湿地系统更好地服务于人类。滨海湿地生态系统健康评价是从整体上对湿地生态系统进行评估，不仅能反映湿地生态系统本身的物理、化学、生态功能的完整性，反映湿地生态系统本身的健康以及湿地生态系统对人类福祉的影响，间接反映经济发展、人类活动对湿地生态系统的扰动。

滨海湿地生态系统功能是湿地的基本属地，是提供服务的基础和前提（陈宜瑜和吕宪国，2003），湿地生态系统服务功能不仅表现在为人类的生产、生活提供多种资源，而且具有巨大的环境功能和生态效益，在抵御洪水、调节径流、蓄洪防旱、控制污染、调节气候、控制土壤侵蚀、促淤造陆和美化环境等方面具有不可替代的作用（鞠美庭等，2009）。因此，对湿地生态系统功能评价侧重于对提供某些服务的湿地生态系统功能的评估，这些服务包括供给服务、调节服务、文化服务和支持服务。湿地功能评价通过确定湿地单项功能或总体功能与评价标准的符合程度为制定正确的决策提供依据。

（2）滨海湿地生态功能评价体系构建流程

生态功能指生态系统及其生态过程所形成或所维持人类赖以生存的自然环境条件与效用。滨海湿地所具有的功能是湿地生态系统价值体现的主要内容，功能评价是湿地评价的重要组成内容，是湿地研究的核心内容之一，也是开展湿地管理工作的重要工具。构建滨海湿地生态功能评价必须遵循生态规律、经济规律和社会规律，采用科学的方法和手段，确立的指标必须通过观察、测试、评议等方式能够得出明确结论的定性或定量指标。它一般需要预先建立一套评价指标体系，设定各指标的评价标准，然后通过一定步骤确定湿地单项功能以及综合功能与评价标准的符合程度，从而对湿地功能的优劣程度作出定量或定性评估，以便为制定正确的管理决策提供依据（袁军等，2005）。湿地生态功能评价的主要目的是为了科学分析湿地的生态功能，尽可能地对湿地生态现状得出公正客观的评价结果，以便正确处理湿地生态环境和开发利用的相互关系，可以为制定出合理的湿地保护对策提供理论依据，对提高湿地生态环境管理水平具有重要的指导作用。

（3）滨海湿地生态功能评价构建方法

湿地功能评价自20世纪70年代逐渐成为湿地保护领域的一个研究热点，因为湿地功能评价在生态学和湿地管理实践之间发挥着桥梁作用，因此大力开展湿地功能评价方面的研究，不仅对湿地管理有重要的现实意义，而且对湿地学科发展也具有积极的推动作用（袁军等，2004）。但迄今为止并未建立一种得到广泛认可的评价指标、理论和方法体系。

①描述性评价：目前对湿地功能的描述性研究已经开展得十分广泛，有的是针对广义的湿地进行评价，有的评价则是针对湿地的具体功能的描述，描述性研究虽然开展得比较广泛，但是大多数集中在对缺乏前期研究的定性湿地功能的描述或评价。但是随着各国学者对湿地方面研究的深入，对湿地功能的描述和评价也由定性的评价逐渐向定量研究方面深入。英国的Maltby与Hongan等人在法国、爱尔兰、西班牙以及英国进行了多国间河岸湿地的对比研究，包括建立所有河岸湿地系统共有的关键过程以及它们与功能间的联系，测定湿地系统对外界干扰的恢复能力以及对这些干扰的反应（Maltby E，1994）。沈德贤对洞庭湖区湿地的各种功能进行了比较分析，将对比结果进行描述完成了洞庭湖区湿地功能的功能评价工作（沈德贤，1999）。随着新技术的发展，在湿地功能评价领域获取数据资料的手段越来越先进，吴炳方等利用地理信息系统、遥感数据等方法，定量测算了东洞庭湖的调蓄容积、水深、波浪等特征，并用这些数据表示湿地在调蓄洪水、削减洪峰、滞流和减少侵蚀等方面的功能，但其缺少必要的评价标准和评价方法（吴炳方等，2000）。

②模型量化评价：模型量化评价研究近年来才开始在全球范围内开展起来，由于模型量化评价研究的结果是基于切实可靠的数据基础上开展的评价工作，这种评价方法得出的结论要比定性评价的结果切实可靠得多，因此，该评价结论可以为各级管理部门和决策者提供决策依据，因而模型量化评价模式深受各国学者和管理者的重视。席武俊等采用层次分析法对滇西北香格里拉典型湿地功能进行评价，认为

该方法具有相当的科学性与实用性。但由于难以量化且难以确定指标间关联度影响，很难形成一个完整的综合评价体系，因此，对该模型的研究仍需进一步加深（席武俊等，2010）。

③作用机理的研究：由于湿地本身的特殊自然环境以及人们对湿地的主观认识更是千差万别，各国学者在针对湿地作用机理进行湿地功能研究时，始终无法深入到湿地实地进行数据观测和采样，这些因素都直接和间接地影响了人们对湿地功能的深入研究，因此基于作用机理的湿地功能研究开展得很少而且深度也不够。曲建升等由作用机理出发，对初级生产量、温度、水文、有机物及颗粒沉积物的迁移、植被、化学构成、含盐量、土壤类型等9个参数对生物地球化学功能进行分析评价（曲建升等，2001）。

1.2.3 滨海湿地生态系统健康评价

湿地生态系统健康评价是指湿地能够提供特殊生态功能的能力和维持自身有机组织的能力，它可以在不良的环境扰动中自行恢复。针对湿地的健康评价方法主要包括指示物种法和指标体系法两大类，其中指示物种法在国外应用较多，国内的研究多选用指标体系法。随着科学技术的进步以及遥感等技术的开发应用，遥感等新技术、新方法在该领域得到广泛应用。

我国在湿地生态系统健康评价研究中使用最广泛的是指标体系法。湿地生态系统健康的指标过去主要集中在化学和生物指标，现在又引进了物理指标，除湿地的自然属性外，将社会经济指标也纳入湿地健康的研究范畴中，使湿地健康诊断指标更趋于完善，如美国国家环境保护局（EPA）提出的一些指标在管理实践上效果良好（李荣冠等，2015）。国内近10年关于湿地生态健康评价的文献中所应用的指标体系最早是由崔保山和杨志峰等所阐述的湿地生态系统健康评价指标体系理论，并提出了从生态特征指标、功能整合性和社会政治环境三方面构建评价体系，之后随着压力-状态-响应（Pressure-State-Response，PSR）模型的引进，依据PSR框架建立压力-状态-响应指标体系已经被广泛应用于我国湿地生态健康的评价研究中。PSR模型最初由Tony Friend和David Rapport提出。20世纪70年代，国际经济合作与发展组织（OECD）对其进行了修改并用于环境报告；80年代末90年代初，OECD在进行环境指标研究时对模型进行了适用性和有效性评价。由于PSR框架具有易调整性，不同研究者可以从自身特点出发，对其结构进行调整以说明更具体的问题，因此，目前许多政府和组织都认为PSR模型仍然是用于环境指标组织和环境现状汇报最有效的框架，因而在湿地生态系统健康评价中应用最广泛（上官修敏等，2013；张峥等，1999）。

1.2.4 滨海湿地生态系统修复

滨海湿地修复是通过生态技术或生态工程对退化或消失的湿地进行重建，再现干扰前的结构和功能以及相关的物理、化学和生物学特性，使其发挥应有的作用。目前，生态恢复的基本思路是根据地带性规律、生态演替及生态位原理选择适宜的先锋植物，构造种群、群落和生态系统，实行底质、植被和生物同步分级恢复，以逐步使生态系统恢复到一定的功能水平。滨海湿地生态系统是包括很多生物能量过程的复杂生态系统，湿地生态系统的修复是一个长期的过程。一般来说，湿地生态修复技术包括生态修复和生物修复两部分内容，生态恢复多指恢复生境及其中的生物资源，而生物修复则大多数与污染物的净化、消解、去除等类似内容有关。

1.2.4.1 滨海湿地生态恢复技术

滨海湿地生态恢复技术的研究是湿地生态恢复中最关键的问题之一。根据湿地的构成、生态系统结构和功能恢复三部分，相应地，湿地的生态恢复技术也可以划分为以下三类。

（1）生境恢复技术

生境恢复包括基底恢复、水状况恢复、土壤（底泥）恢复等。湿地生态恢复的目标是通过采取各类技术措施，提高生境的异质性和稳定性。湿地的基底恢复是通过采取工程措施，维护基底的稳定性，稳定湿地面积，并对湿地的地形、地貌进行改造。基底恢复技术包括湿地基底改造技术、湿地及上游水土流失控制技术、清淤技术等。湿地水状况恢复包括湿地水文条件的恢复和湿地水环境质量的改善。水文条件的恢复通过筑坝（抬高水位）、修建引水渠等水利工程措施来实现。湿地的水环境质量改善技术包括污水处理技术、水体富营养化控制技术等。

（2）生物恢复技术

生物恢复技术主要包括物种选育和培育技术、物种引入技术、物种保护技术、种群动态调控技术、种群行为控制技术、种群结构优化配置与组建技术、群落演替控制与恢复技术等。关于滨海湿地植物恢复技术，目前国内外均有研究成果。O'Brien 等（2006）研究了河口盐生植物和互花米草的种植密度对植物移植成活率的影响，结果显示 1 株/10 cm 的种植密度比 1 株/90 cm 的成活率高出 18%。Zhou 等（2003）针对移植营养体缺乏的情况，展开了滨海湿地植被育苗与移植的相关研究。

（3）湿地生态系统结构与功能的恢复技术

滨海湿地生态系统结构与功能恢复技术主要包括生态系统总体设计技术，生态系统构建与集成技术等（孙毅等，2007）。国内目前已有相关的研究报道，如吕佳和李俊清（2008）在海南东寨港红树林湿地进行的生态恢复模式研究。

1.2.4.2 生物修复技术

生物修复技术是利用微生物、植物及其他生物，将环境中的危险性污染物降解为二氧化碳和水或转化为其他无害物质的工程系统（马文漪等，1998）。生物修复主要有两个方面：一是利用具有特殊生理生化功能的植物（含微藻类）或特异性微生物修复受污染的底泥或水体；二是合理设计和应用生物处理或生物循环过程，阻断或减少污染源向环境的直接排放（王庆仁等，2001）。

（1）微生物修复技术

微生物修复主要是利用天然存在的或特别培养的微生物在可调控环境条件下将有毒污染物转化为无毒物质的物理技术（沈德中，2002）。利用微生物修复技术既可治理受石油和其他有机物污染的环境，又可通过补充营养盐、电子受体及添加人工培养菌或基因工程进行人工生物修复；既可进行原位修复，也可进行异位修复。微生物不仅能降解转化环境中的有机污染物，而且能将沉积物和水环境的重金属、放射性元素及氮、磷营养盐等无机污染物清除或降低其毒性。

（2）植物修复技术

植物修复就是利用植物体（如微藻类）或植物根系（或茎叶）吸收、降解或固定受污染土壤、水体和大气中重金属离子或其他污染物，以实现消除或降低污染现场的污染强度，达到修复环境的目的。目前在国内应用较多的有富营养化水体的植物修复技术、重金属污染的植物修复技术、有机污染的植物修复技术等。

1.2.4.3 生物修复技术在滨海湿地的应用

目前，国际上普遍认为生物修复技术比物理和化学处理技术更具有前途，因而受到欧美发达国家的高度重视，并投入大量资金进行生物修复技术的研究和应用。如在 1989 年美国阿拉斯加埃克森美孚（Exxon Valdez）溢油事故中，美国环保局首次尝试利用生物修复技术来清除海滩溢油。在经过大量室内和现场试验后，筛选出亲油性肥料 EPA22TM 作为土著降解石油微生物的营养盐（Atlas，1991）。

生物修复技术在滨海湿地的研究和应用较多着眼于海岸溢油的微生物修复，对重金属、有毒有机物和氮、磷营养盐等污染物的生物修复还处于探索阶段。如林鹏等（1989）研究表明，红树植物能将大量的汞吸收储藏在植物体内，汞浓度达到 1 g/kg 时仍未受害。陆健健等（1998）在崇明东滩湿地生态系统的研究中发现，滩涂植物芦苇和海三棱藨草中的锌、镉、铅、锰、铜 5 种金属含量都显著高于地上部分。

1.3 滨海湿地资源及环境现状调查

1.3.1 滨海湿地资源调查

1.3.1.1 调查区域

对宁波市沿海 8 个区县（图 1-1）范围内的滨海湿地资源进行现状调查，由于前期遥感影像资料不足，海岛仅对韭山、渔山、花岙等重要海岛调查，各县市区分类分级编码如表 1-1 所示。

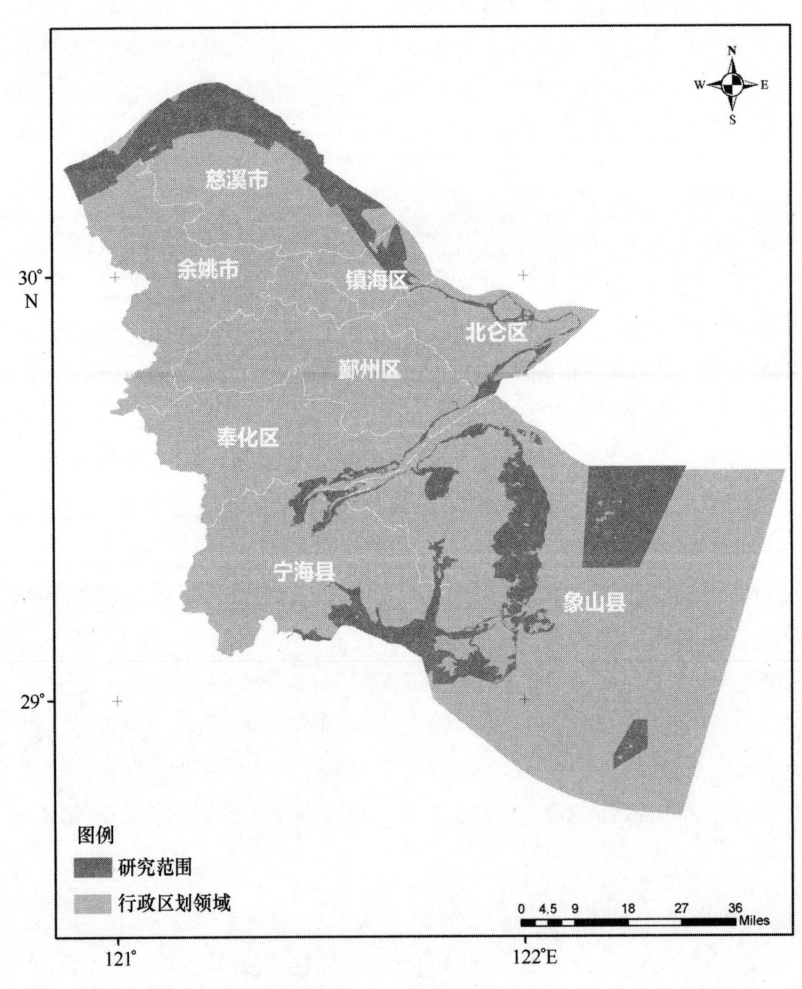

图 1-1 研究范围

表1-1 滨海湿地监测范围及分级编码

地级市名称	县（市、区）名称	县（市、区）编码
宁波市	余姚市	01
	慈溪市	02
	镇海区	03
	北仑区	04
	鄞州区	05
	奉化区	06
	象山县	07
	宁海县	08

1.3.1.2 调查内容

滨海湿地基本状况：湿地类型、面积、空间分布。

根据《滨海湿地基本状况监测方法》，滨海湿地分类体系如表1-2所示。

表1-2 滨海湿地分类体系

类型（代码）		说明
滨海湿地	浅海水域（01）	低潮时水深小于6 m的永久性水域，以海洋部门最新资料的低潮线与6 m水深线进行划定
	岩石海岸（02）	底部基质75%以上是岩石和砾石，包括近海岩石性岛屿、海岩峭壁
	沙石海滩（03）	由砂质或沙石组成的，植被盖度低于30%的疏松海滩
	淤泥质海滩（04）	位于潮间带，由淤泥质组成的泥/沙海滩，植被盖度低于30%
	潮间盐水沼泽（05）	位于潮间带，常年积水或过湿的盐水沼泽，植被盖度不低于30%，包括盐碱沼泽、盐水草地、海滩盐沼、高位盐水沼泽。典型沼泽植被类型包括：芦苇、碱蓬、海三棱藨草、柽柳、米草
	红树林（06）	由红树植物为主组成的潮间沼泽。包括红树科和半红树科，常见的主要种有：白骨壤、木榄、秋茄、桐花树、海滨木槿等
	河口水域（07）	从近口段的潮区界（潮差为零）至口外海滨段的淡水舌锋缘之间的永久性水域
	沙洲/沙岛（08）	河口四周冲积形成的沙滩、沙洲、沙岛（包括水下部分），植被盖度低于30%
	海岸性咸水湖（09）	地处海滨区域有一个或多个狭窄水道与海相通的湖泊，包括海岸性微咸水、咸水或盐水湖（咸淡属性调查得到）
	海岸性淡水湖（10）	起源于潟湖，与海隔离后演化而成的淡水湖泊（咸淡属性调查得到）
	珊瑚礁（11）	包括珊瑚礁及基质由珊瑚聚集生长而成的邻近浅海水域
	海草床（12）	包括低潮线以下大面积连片分布的藻类、海草和热带海草植物生长区，植被盖度不低于30%
人类利用区	库塘（13）	以蓄水、城市景观、农村生活为主要目的而建造的，面积不小于5 hm^2 的蓄水区
	水产养殖场（14）	以水产养殖为主要目的而修建的人工湿地
	稻田（15）	能种植水稻的农田
	盐田（16）	为获取盐业资源而修建的晒盐场所或盐池，包括卤水池、晒水池、盐垛
	开放式养殖（17）	在开放式海域进行养殖活动的区域
	其他（18）	未能分出来的类别

1.3.1.3 调查方法

采用遥感解译结合现场调查验证法进行监测。

(1) 资料收集

需要收集的资料有：①不同时相的遥感资料；②沿海各省、市、县级行政区划矢量图；③沿海大比例尺土地利用现状图、城市规划图、海洋功能区划、海洋开发规划；④潮汐表；⑤数字高程模型 DEM；⑥近海海图；⑦沿海现有林业调查资料；⑧沿海土壤调查以及相关图件。

(2) 遥感影像数据及解译

调查年成像的 30 m 以下且覆盖主要调查区域的高空间分辨率影像。有条件的地区优先选取 10 m 以下高空间分辨率遥感影像。

进行滨海湿地类型的遥感解译，主要是运用监督分类和人机交互式目视解译的综合分类法；对潮间盐水沼泽亚型的解译，若综合分类法结果不理想，可结合植被指数和水体指数等方法辅助识别。

通过采用野外考察或更详细的高空间分辨率影像数据中像元之间一致性比较的方法，对遥感解译结果进行精度评价与验证；精度不低于 85%的解译结果为允许接受的成果，对于精度低于 85%的解译结果，需要重新解译，直至其精度达到不低于 85%。

(3) 现场调查

①根据遥感解译结果，制定调查路线，制作调查观测站位分布图，尽量使其分布在车、船能达到的范围内；②遥感地面 GCP 点测量；③沿调查路线进行观测、填写滨海湿地类型调查表，在湿地类型分界、边界及变化显著处加密观测站位；④观测记录必须注明工作时间、工作期间的天气和海况；⑤观测站位应按调查规定编号，并在工作底图上标明；⑥对典型湿地类型应绘制草图、拍摄照片或摄像；⑦注意滨海湿地与其他地貌类型、人为活动之间的相互关系。

(4) 室内分析与资料整理

①调查观测站位核对、上图，②整理外业记录，照片编号，影像归档；③通过外业调查及记录资料，对滨海湿地的遥感解译结果进行核实，并对错误的内容进行改正；④各县、市、区滨海湿地分级编码；⑤现场调查、历史资料和遥感解译结果的综合分析。

(5) 统计与制图

为了保证调查成果数据的有效利用，并充分服务于管理，滨海湿地调查的数据汇总、管理和制图全部通过数据库和 GIS 软件进行。

根据遥感解译判读结果、现场调查成果和相关资料，将各湿地斑块及其属性进行汇总统计，得到沿海各省、市、县的滨海湿地类型种类和总面积等。

滨海湿地调查的成果图在各类调查成果的基础上，通过计算机和地理信息系统软件制作滨海湿地类型分布图。

1.3.2 湿地现场踏勘

对整个宁波市滨海湿地开展现状踏勘与调访，主要包括：①滨海湿地类型、面积及空间分布；②滨海湿地人为活动情况；③滨海湿地及周边开发利用情况；④滨海湿地保护情况；⑤调访当地居民，了解湿地演变情况。

1.3.3 物种资源调查

1.3.3.1 调查内容

调查内容主要有三方面：①湿地植被种类组成、面积和分布情况；②湿地动物（湿地鸟类、湿地两栖类、湿地爬行类）种类组成、资源量及分布情况；③潮间带生物种类组成、栖息密度和生物量分布及季节和空间分布。

1.3.3.2 重点调查区域

根据宁波滨海湿地主要分布区，重点区域调查具体分为 6 块：杭州湾国家湿地公园及其周边滨海湿地、镇海北仑滨海湿地、象山港滨海湿地、象山东部湿地、韭山列岛自然保护区和三门湾滨海湿地（图 1-2）。

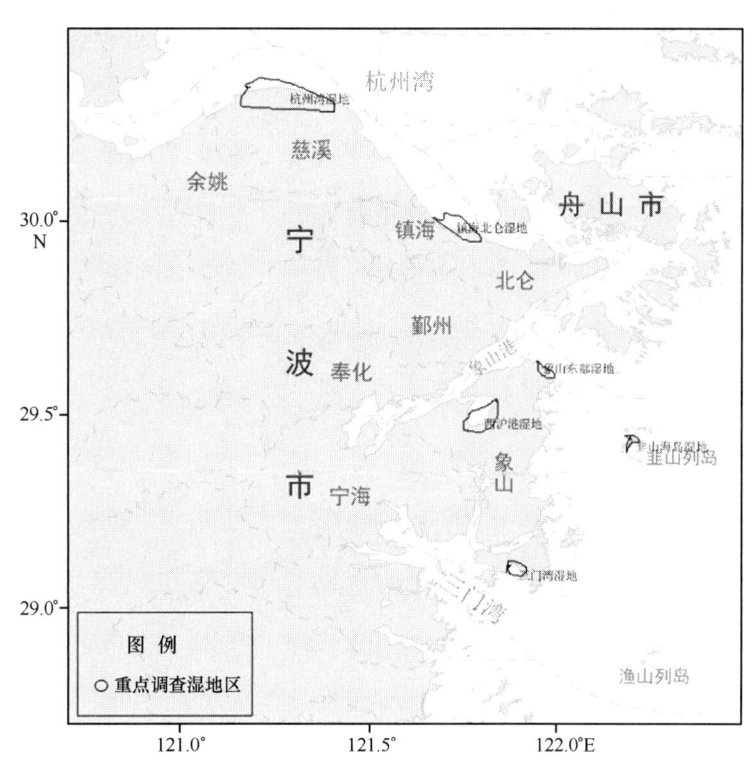

图 1-2 宁波市滨海湿地物种资源重点调查区

1.3.3.3 调查方法

1）植被和植物资源调查

（1）确定调查样地

采用最新卫星照片、地形图和卫星定位仪（GPS），对重点滨海湿地植被类型进行定位，确定调查样地。从滨海湿地的地理分布划分，调查样地范围分为：宁波杭州湾滨海湿地（主要以杭州湾湿地公园为调查重点）、镇海北仑滨海湿地、象山港滨海湿地、象山东部滨海湿地、三门湾滨海湿地 5 个调查区域。

（2）对样地的踏查

搜集和了解湿地植物群落的基本情况，包括建群种、群落类型（如单建群种群落、共建种群落等）、植物群落结构、特征和分布，从而确定滨海湿地植被的水平分布规律及植被演替规律。

（3）样地（样方）的确定

设置分为以大坝为线的横向与向海延伸的纵向的两个方向的样地。横向设置至1条贯穿于调查单元的样带。用GPS按一定间距均匀布设样地，在每个样地范围确定1个调查样方的位置。纵向设置1条贯穿于调查单元的样带，也用GPS按一定间距均匀布设样地，在每个样地范围确定1个调查样方的位置。调查单元内只有一种单建群种群落的类型，样地数目不低于15个；调查单元内有两种或两种以上单建群种群落类型，每种植物群落的样地数目不低于10个。本次调查计划样方总共设置72个，其中杭州湾设置27个、镇海北仑设置11个、象山港设置10个，象山东部设置15个、三门湾设置9个。

（4）样方面积

灌木植物：平均高度为1~3 m的样方面积4 m^2（2 m×2 m），平均高度为1 m的样方面积1 m^2（1 m×1 m）（注：本次调查南方碱蓬群落高度大于1 m，而单叶蔓荆群落小于1 m）；草本植物：平均高度为1~2 m的样方面积为1 m^2（1 m×1 m），由于本次调查植被群落多数高度为1~2 m，故样方面积设为1 m×1 m。

每个样地（样方记录内容）：日期、海拔高度、经纬度位置、生态环境及土壤类型、植物名称、植株高度、盖度、多度、优势度、质量、物候等数据。

群落垂直结构分层，如果植物群落在垂直结构上有多个层次（灌木层、草本层或高草到低草及地被层等），则需进行分层调查，即在乔木植物群落中随机设置一个灌木层、草本层、地被层的植物样地，按上述方法记录乔木层和灌木层或草本层的群落特征。

重点物种及保护物种调查及入侵物种的调查。根据国家和地方珍稀濒危植物物种名录及入侵植物名录，对调查的植物按保护级别分类记录，如特有种（应明确特有种的范围，属于全国特有还是省级特有）、罕见种、濒危种、对环境有指示意义的指示种以及外来（或外来入侵）物种等。

2）鸟类调查

调查方法参考《全国第二次陆生野生动物资源调查技术规程》和《生物多样性观测技术导则　鸟类》（HJ 710.4—2014），采用样线法，利用双筒和单筒望远镜观察，统计鸟类种类和数量。调查人员乘船或者沿海堤、塘基步行，在比较开阔、生境均匀的大范围区域借助汽车进行调查，观察样线两边各400 m范围的鸟类，采用直接计数法，观察和记录调查范围内所见到鸟类的种类、数量、生境和鸟类的行为等数据。以观测区域中出现的最大一次数值为该次调查数值，以同一月份多次观测中每一物种最大记录数值作为该物种的数量。

（1）全境调查

调查人员乘坐小汽车尽可能沿着宁波滨海湿地堤岸前进，每隔10 km设置一条样线，样线长度约1 km，沿海岸线设置50条样线，调查两侧400 m以内鸟类，记录鸟类种类、数量、高度或距离。

（2）重点区域调查

根据历史资料，宁波沿海有两处重点鸟区，分别为杭州湾重点鸟区和韭山列岛自然保护区重点鸟区。其中，杭州湾重点鸟区位于浙江东部沿海，地处慈溪市钱塘江口和杭州湾南岸的三北浅滩，是浙江最大的沿海海涂，岸线内有较多的水库。中心点位置30°18′N，120°45′E。区内分布有东方白鹳、黑脸琵鹭、卷羽鹈鹕、青头潜鸭、黑嘴鸥和遗鸥等物种；青头潜鸭和黑腹滨鹬的种群数量超过东亚种群的1%；是小䴙䴘、骨顶鸡以及大量雁鸭类和鸻鹬类水鸟的重要越冬地和迁徙停歇地。韭山列岛自然保护区重点鸟区位于宁波市象山县境内，主要生境类型为海岛和海洋。中心点位置29°25′N，122°12′E，为世界极危物种中华凤头燕鸥和易危物种黄嘴白鹭的繁殖地。同时，根据宁波滨海湿地主要分布区和主要海湾分布，重点区域调查具体分为5块：杭州湾国家湿地公园及其周边滨海湿地、镇海北仑滨海湿地、象山港滨海湿地、韭山列岛自然保护区和三门湾滨海湿地。

采用样线法和样点法结合调查，沿海岸线作为调查样线，一般采用步行及汽车等交通工具，再在周边鸟类较多区域设置样点调查，各样点之间距离不宜太近，以免重复计数，一般海岸线上每隔 3 km 选取一个样点，每个样点调查 10 min。调查选在天气晴朗、少雾、无大风的日子进行。调查时由 2~3 人组成一个小组，步行调查，记录样线两侧见到或听到的鸟类种类与数量，并使用 GPS 记录样线位点及距离。调查时间一般为潮水在高潮点前后 2 h 内进行，调查时用 8~10 倍双筒望远镜和 20~40 倍单筒望远镜观察鸟类。采用直接计数法，观察和记录调查范围内所见到鸟类的种类、数量等数据，以观测区域中出现的最大一次数值为该次调查数值；在进行鸟类调查的同时，记录区域内各种栖息地参数特征，栖息地参数包括生境类型、调查面积、水域特征、植被状况、土地使用状况和人为活动状况等。

3）两栖类和爬行类调查

2017 年 8—10 月，采用样线法、社会访问法和历史资料收集法对宁波滨海湿地范围内的两栖动物资源进行了调查。

①样线法：分别在白天与夜晚进行调查。本次调查共设置 15 条样线，宁波杭州湾滨海湿地设置 5 条长度 1 km 样线、镇海北仑滨海湿地设置 4 条长度 1 km 样线、象山滨海湿地设置 3 条长度 1 km 样线、三门湾滨海湿地设置 3 条长度 1 km 样线。白天样线调查通过目击确定所调查区域两栖类的种类、数量和分布状况；夜晚调查通过辨听两栖类的鸣声，确定所调查区域内栖类的种类、数量和分布状况；对于现场不能确定的种类，通过捕捉标本进一步鉴定。

②社会访问：进行野外调查的同时，向当地村民进行访问调查。

③资料收集：参考周边地区的历史资料、动物资源调查报告、参考文献，整理补充数据。

④物种识别：采用目测法、捕捉法、鸣声记录法及卵块和巢计数法 4 种方法。目测法：将肉眼看到的物种记录下来，原则上不记录无法识别的物种。捕捉法：对于现场无法确定种类的个体，可利用工具捕捉，暂时放入标本袋中。回来后洗净浸入 10% 的福尔马林溶液中固定，然后根据参考文献进行鉴定。鸣声记录法：两栖类在繁殖季节出现鸣叫行为，以吸引雌性并建立繁殖领域，因此可由鸣声来鉴定种类和数量。该方法仅适用于会发出求偶叫声的种类，因此在调查过程中通常辅助其他调查方法，在已知物种的情况下调查物种相对数量。卵块和巢计数法：具有相对固定繁殖时间的大多数两栖类的卵，会在水面聚集为团状或串状，这些在野外都很容易辨认出来。记录野外观察到的卵的堆数，根据产卵物种的产卵量及频次，估算相对应种类的种群数量。

⑤标本采集与鉴定：调查过程中对于现场无法识别的物种，通过采集标本及其他相关资料，带回实验室鉴定。标本鉴定依据《中国动物志》《中国两栖动物彩色图鉴》《中国两栖动物图鉴》和《浙江动物志》等书籍。

4）潮间带生物调查

结合遥感验证结果，根据宁波市滨海湿地类型设置潮间带断面，在宁波市共设置 19 条潮间带断面（图 1-3 和表 1-3）。每条断面设 5~7 个采样站，其中高潮区和低潮区各设 1~2 个站，中潮区根据断面长度设 1~3 个站。泥、沙软相取样点用定量采样器（规格为 25 cm×25 cm×30 cm），岩相取样点用定量框（规格 25 cm×25 cm）采集样品。每站定量取样时将该站附近出现的动植物种类收集齐全，作为定性样品在潮间带生物种类分析时参考。

潮间带生物监测内容：种类组成、密度、生物量。

潮间带生物监测频率和时间为：7—8 月、10—11 月各进行 1 次，共计 2 次。

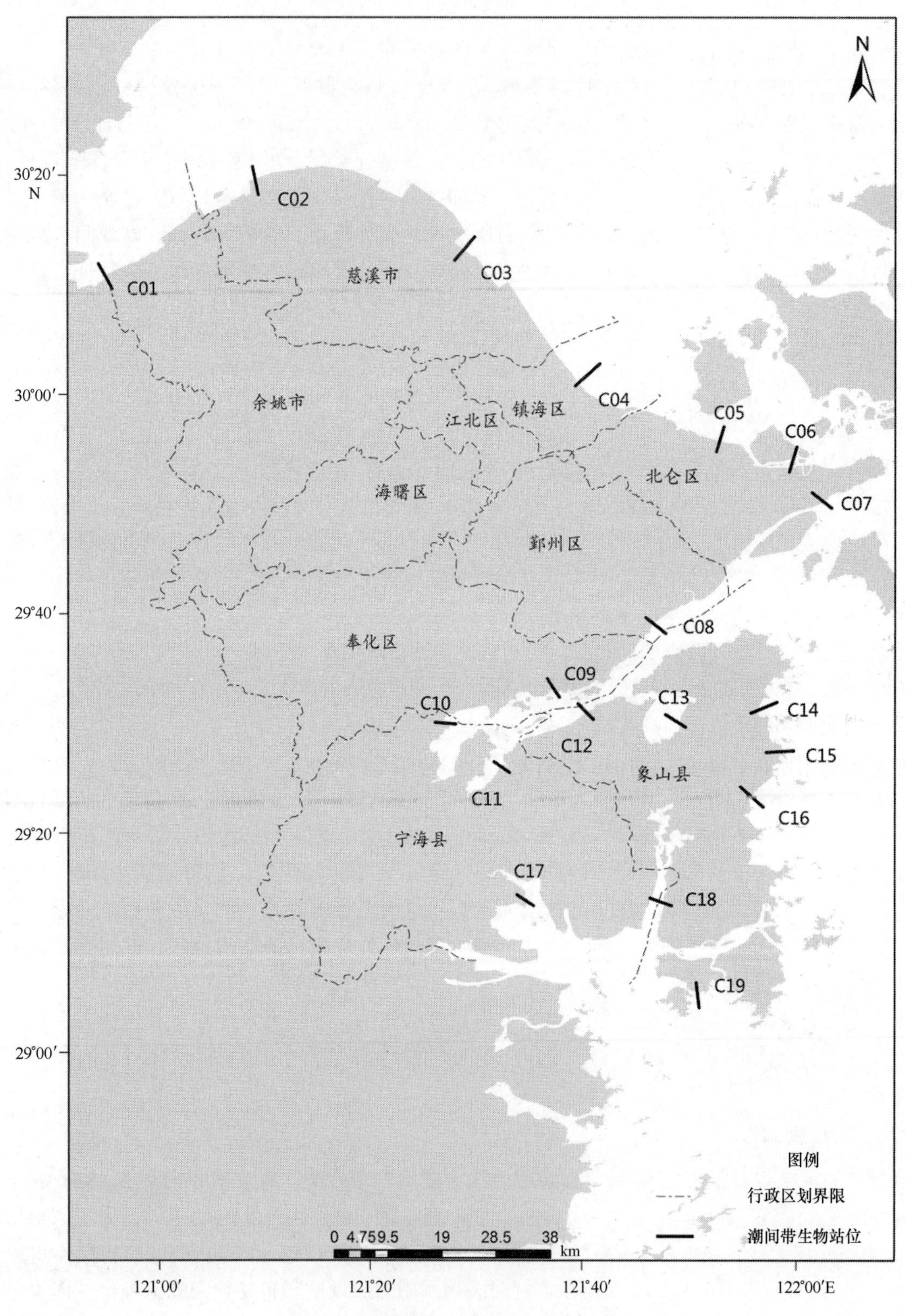

图 1-3 潮间带生态调查断面位置示意

表 1-3 潮间带生态调查断面位置

序号	北纬	东经	序号	北纬	东经
C01	30°10′05.88″	120°55′31.08″	C11	29°26′07.00″	121°32′29.04″
C02	30°18′15.12″	121°09′24.12″	C12	29°31′05.01″	121°40′18.84″
C03	30°12′12.96″	121°27′50.04″	C13	29°30′30.99″	121°47′53.16″
C04	30°01′22.80″	121°40′19.20″	C14	29°31′22.80″	121°56′42.00″
C05	29°54′39.96″	121°52′32.88″	C15	29°27′32.40″	121°58′26.40″
C06	29°53′38.40″	121°59′16.80″	C16	29°23′24.00″	121°55′51.60″
C07	29°50′31.20″	122°02′16.80″	C17	29°13′31.44″	121°34′55.92″
C08	29°38′49.27″	121°46′42.96″	C18	29°13′27.84″	121°47′26.88″
C09	29°32′47.32″	121°37′35.04″	C19	29°05′27.96″	121°50′53.16″
C10	29°30′07.45″	121°27′27.72″			

1.3.4 滨海湿地环境现状调查

1.3.4.1 调查站位

低潮区海水质量和潮间带（海涂）沉积物调查站位同潮间带生物，共19个站位。

1.3.4.2 调查内容

①低潮区海水质量：盐度、pH值、溶解氧、化学需氧量（COD_{Mn}）、活性磷酸盐、无机氮（亚硝酸盐、硝酸盐、氨盐）、重金属（总汞、铜、镉、铅、铬、锌、砷）、石油类。

②潮间带（海涂）沉积物：pH值、Eh值、总汞、铜、镉、铅、铬、锌、砷、石油类、硫化物、有机碳。

1.3.4.3 频率和时间

（1）低潮区海水质量：2017年7—8月、10—11月各进行1次，共计2次。

（2）潮间带（海涂）沉积物：2017年7—8月进行1次。

1.4 主要研究内容

本书的研究内容主要包括以下几个方面：①通过遥感解译和现场核查，确定宁波市滨海湿地类型、边界、面积和空间分布情况，全面了解和掌握宁波市滨海湿地资源分布状况；②通过对宁波市滨海湿地环境调查和物种资源调查，掌握滨海湿地海洋水环境现状、底质环境现状和植被、水鸟、两栖动物、潮间带生物、游泳生物等分布状况；③通过现场踏勘和实地走访，掌握宁波市滨海湿地的开发利用现状和保护现状；④通过宁波滨海湿地生态系统综合评价，包括健康评价、服务功能评价和生态服务价值评价三部分，了解和掌握宁波市滨海湿地健康状态、服务功能状态和生态服务价值；⑤开展基于海洋生态恢复理论的滨海湿地保护和修复理论体系研究，提出宁波市滨海湿地保护体系、滨海湿地整治生态修复体系；⑥基于宁波市滨海湿地保护和修复理论体系，开展宁波滨海湿地保护与修复工程技术研究，并提出典型滨海湿地修复工程案例。

第2章 自然资源概况和保护开发利用现状

宁波位于中国大陆海岸线中段，浙江宁绍平原东端，即28°51′—30°33′N，120°55′—122°16′E。东有舟山群岛为天然屏障，北濒杭州湾，西接绍兴市，南临三门湾，并与台州市相连。全市总面积9 816 km^2，其中市区面积为2 462 km^2（据2015年统计）。此外，宁波还是浙江省八大水系之一，境内有余姚江、奉化江、甬江等河流，水资源丰富。宁波有漫长的海岸线，港湾曲折，岛屿星罗棋布。全市海域总面积为9 758 km^2，岸线总长为1 562 km，其中大陆岸线为788 km，岛屿岸线为774 km，占浙江省海岸线的1/3。全市共有大小岛屿531个，面积524.07 km^2。宁波滨海湿地类型丰富，面积占浙江省滨海湿地的比重最大，调查湿地类型需要借助卫星手段开展。本部分通过现场踏勘获得验证点位和相应的湿地类型为遥感解译提供验证依据，使得借卫星解译结果更加科学可靠。同时，通过滨海湿地调研和资料收集，了解滨海湿地的开发利用现状和保护现状，为宁波市滨海湿地生态系统综合评价、滨海湿地保护和修复体系研究提供技术依据。

2.1 自然环境

2.1.1 气候特征

宁波属亚热带季风气候。气候温和湿润，四季分明，雨量充沛，冬夏季风交替明显。宁波多年平均气温16.3℃，7月最热，1月最冷，极端最高气温39℃，高温天气是北部多南部少、内陆多沿海少；极端最低气温为-11.1℃，低温天数不多，稳定通过10℃的初日是3月底，终日为11月下旬末，持续天数约有237 d，平均积温5 100℃左右。山区与平原相比积温要少1 000℃左右。

宁波多年平均降水量在1 400 mm左右，山地丘陵一般要比平原多约30%；主要雨季出现在3—6月和8—9月，属湿润、半湿润区，区域分布上北部比南部相对干燥。该地区年平均日照逾1 900 h。由于地域跨度有近1.5个纬度，所以在区域分布上是北多南少；而西部山区由于云雾较多，平均要比平原少10%。

影响宁波的主要异常天气有热带气旋、大风、暴雨、强雷暴雨、强冷空气、浓雾、低温阴雨等。年最大风速34.0~40.0 m/s，极大风速大于40.0 m/s，南部曾出现过57.9 m/s。每年冬、春季早晨多雾，能见度不高于1 000 m的雾日多年平均北仑28.7 d，梅山17.2 d，石浦55 d；雾的持续时间一般不足3 h，南部最长连续雾日10 d，北部4 d；影响宁波市的台风平均每年2.56个。

2.1.2 地质地貌

宁波地处浙东低山丘陵东北部，四明山绵亘西北，尽于杭州湾，天台山迤逦南东，潜于东海，成箕形地势，南西向北东倾斜。海岸曲折，港湾纵深。

境内东北部和中部系宁绍冲积平原，低山丘陵间有小块河谷平原。根据地貌成因，主要分为堆积平原和剥蚀平原两种类型。堆积平原规模大，地势低，有第四纪沉积。剥蚀平原规模小，地势高，长期处于风化剥蚀台地，无第四纪沉积。堆积平原主要分布在中部、北部和港湾两岸，面积占陆域总面积的48.58%，地面平坦，水网发育，间有丘陵，海拔高程大多 2~10 m。按地貌成因，堆积平原分海积、宁波平原，湖沼积、冲积湖积、洪积冲积诸平原。海积平原主要分布在三北平原及象山港、三门湾沿岸滨海地带。湖沼积平原主要分布在甬江两岸、姚江中下游。冲积湖积平原主要分布在奉化江下游两岸。洪积平原主要分布在山麓、谷口，如宁海城关镇北、余姚良弄。典型的堆积平原主要有宁波平原、三北平原、余姚平原和港湾小平原。剥蚀平原分布于余姚西南、宁海中部，有余姚丁家贩平原、余姚新宅、宁海道士桥、大岗头等平原。

宁波海域的地貌形态主要受燕山运动地质构造的影响，主体构造为北东向和东西向断裂。海岸线的轮廓、岛屿分布以及各深水水道与口门的走向皆显示出两组断裂构造方向交织的特征。全新世海侵后形成了各港湾和岛屿。综合海岸特征、岸滩物质组成及动力等因素，岸滩地貌类型主要有：临山—西三岸段，是钱塘江河口南岸边滩，江潮流作用强烈，岸滩物质抗冲击性差，常随江道摆动大冲大淤，属不稳定岸滩；西三—附海岸段，受钱塘江主槽改道影响，近 240 年来岸滩稳定地以约 40 m/a 的平均速度向海外推进，属淤涨型岸滩；附海—镇海口、象山港口门附近、门前涂等开阔海湾，为缓慢型淤涨岸滩，其涂质以泥质粉砂为主，近几十年岸滩外推速度 10 m/a 左右；其他包括诸港道边滩，半封闭港湾岸滩，基岩岬角岩岸滩以及部分开阔水道边滩等属稳定岸滩，淤涨速度相对较为缓慢。

2.1.3　土壤特征

宁波地处红壤地带北缘，主要土壤类型有滨海盐土、潮土、水稻土、红壤土、黄壤土和粗骨土等。由于地形高差为 1 000 m 左右，土壤由平原的滨海盐土、潮土、水稻土，逐渐过渡至丘陵低山的红壤、黄壤。依地貌形态主要分布在以下 4 个区域。

（1）滨海平原区，土壤类型有滨海盐土、潮土、新积土和水稻土，主要分布北部杭州湾南岸、东南部象山港两侧和三门湾北岸。

（2）水网平原区，水稻土为主，少量潮土，分布中部余姚、鄞州区、奉化等区域。

（3）河谷地区，有新积土、潮土和水稻土，分布姚江上游良弄，奉化江上游樟溪、琰江、县江和象山港三门湾白溪、凫溪诸谷地及古河谷宁海城北盆地。

（4）丘陵山地区，有红黄壤、黄壤土、粗骨土、紫色土和水稻土，主要分布东部，西南部丘陵山区，山谷多红黄壤，东部海拔 550 m 以上、西南部海拔 650 m 以上低山缓坡和台地多黄壤土，陡坡地段多粗骨土。

2.1.4　水文

宁波海域水文要素的时空变化主要受控于太平洋潮波、台湾暖流和江浙沿岸流；台湾暖流和江浙沿岸流的影响范围又受长江径流的影响。本区年平均水温为 17.6℃。8 月水温最高，表层水温达 25.9~30.6℃，平均为 28.1℃；2 月最低，表层水温为 8.7~11.2℃，平均 9.6℃。盐度的空间分布总体趋势是南高北低，港湾区外高内低。潮波的传播方向由在外海的 SE—NW 向，变为沿各狭窄的水道或垂向岸线传播；潮波逐渐由前进波转为驻波。本区的潮波性质除杭州湾南岸，即庵东至穿山一线属非正规半日潮，其余皆为正规半日潮。在本市南部近岸，象山县东部和象山港内潮差较大，均在 3.0 m 以上；进入港内潮差渐增，至港底接近 4.0 m。在北部自峙头至镇海，潮差为 1.20~1.75 m，为本区最小；由镇海向西，潮差又增，至西三高达 5.87 m。涨落潮历时，在杭州湾南岸龙山以东及象山港内涨潮历时大于落潮历时；

而龙山以西涨潮历时小于落潮历时，且越向西，历时差越大；象山县东部的松兰山站则落潮历时略大于涨潮历时。北部（游山站）波浪以风浪为主，南部（松兰山）以涌浪为主的混合浪占绝对优势，南部（松兰山）以南地区以涌浪为主的混合浪为ENE—ESE向。年平均波高和月平均波高（除冬季）南部略大于北部。最大波高游山站为2.6 m，波向NW，松兰山为1.7 m，波向ESE。

2.1.5 海洋环境质量

根据2016年宁波市海洋环境质量公报，宁波海域水环境状况总体稳定，夏季有所好转。宁波海域海水中主要超标因子为无机氮和活性磷酸盐，全年无机氮含量符合第一、第二类海水水质标准的测站均占1%，符合第三类海水水质标准的测站占2%，符合第四类海水水质标准的测站占8%，劣于第四类海水水质标准的测站占88%；宁波海域全年活性磷酸盐含量符合第一类海水水质标准的测站占4%，符合第二、第三类海水水质标准的测站占18%，符合第四类海水水质标准的测站占28%，劣于第四类海水水质标准的测站占50%。宁波近岸海域富营养化程度依然较重，主要集中在杭州湾南岸、甬江口、北仑大榭港区和象山港区域。

海域水体中石油类、铜、锌、镉、汞、砷、六六六、滴滴涕含量符合第一类海水水质标准，pH值、溶解氧、化学需氧量、铅化学需氧量和铅含量符合第二类海水水质标准，活性磷酸盐和无机氮含量劣于第四类海水水质标准。与“十二五”期间夏季海水水质相比，2016年同期符合第一、第二类海水水质标准的海域面积上升7%，劣于第四类海水水质标准的海域面积下降17%，水质状况总体有所好转。

宁波近岸海域沉积物综合质量分级为良好，表层沉积物中各项指标均符合第一类海洋沉积物质量标准，与“十二五”期间相比，硫化物、有机碳、铜、铅和镉含量有所下降，石油类和砷含量有所上升，升幅为12%和30%，锌、铬、汞、六六六、滴滴涕、多氯联苯含量基本稳定。

2.1.6 海洋生物

宁波海域内多种流系的交汇产生多变的温盐水体，内陆径流带来丰富的营养盐类，加上众多岛礁和细软的底质条件，为各类海洋生物提供了良好的繁衍、栖息、洄游环境。全市海洋生物种类多样，据2015年宁波年鉴统计，浮游植物共5门83种，其中，硅藻门65种，甲藻门18种；浮游动物共15类65种，其中，桡足类19种，浮游幼体类13种，水螅水母类8种，管水母4种，十足类、毛颚类和介形类各3种，栉水母、糠虾类、端足类和尾索动物各2种，浮游多毛类、磷虾类、介形类和枝角类各1种；底栖动物25种，其中，多毛类8种，软体动物6种，甲壳类4种，棘皮动物6种，其他1种。除此之外，还有如大黄鱼、带鱼、三疣梭子蟹等集群性强、数量大的洄游生物以及如中国毛虾、黄鲫、鲻梭鱼等，繁殖能力强，生长快，分布广泛的良性养殖品种。

2.1.7 海洋灾害

影响宁波市的海洋灾害主要有海洋赤潮、海水入侵、风暴潮及灾害性海浪。

赤潮是在特定的环境条件下，海水中某些浮游植物、原生动物或细菌爆发性增殖或高度聚集而引起水体变色的一种有害生态现象。宁波近岸海域赤潮频发，象山县东部沿海、象山港、象山县南部的三门湾是赤潮频发区，尤其在海水养殖密集区。近年来，由于海洋环境有所改善，赤潮的发生频率也明显下降。

海水入侵的主要原因是人为超量开采地下水导致水动力平衡的破坏。海水入侵会使灌溉地下水质变咸，土壤盐渍化。宁波市在象山县贤庠镇实施海水入侵监测，监测结果表明近几年的海水入侵程度均为轻微入侵。

风暴潮是指由强烈大气干扰，如热带气旋即台风、飓风或是温带气旋即寒潮等引起的海平面异常升降现象。相较于海洋赤潮和海水入侵，宁波市沿海受风暴潮影响较大，主要由台风造成或台风和冷空气共同影响造成。同时风暴潮还会引起灾害性海浪。

2.2　滨海湿地资源

2.2.1　生物资源

（1）植物资源

宁波环海湿地植被植物种类丰富，通过对重点区域的调查发现共有维管植物24科58属70种。

（2）动物资源

宁波重要滨海湿地共有水鸟8目23科142种。爬行动物11种，分别隶属于3目6科，其中龟鳖目2科2种，蜥蜴目1科1种，蛇目3科8种。两栖类共5种，隶属1目3科。

（3）潮间带生物资源

宁波市滨海湿地潮间带生物7类152种，平均密度为410.4个/m^2，平均生物量为448.80 g/m^2。

（4）浮游植物资源

宁波浅海水域浮游植物267种，以硅藻为主。网样浮游植物密度0.91~26 288×10^4 cells/m^3，平均密度为1 484×10^4 g/m^3。生物多样性一般。

（5）浮游动物资源

宁波浅海水域浮游动物隶属15类120种，浅水Ⅰ型网样密度为306.7个/m^3，生物量为707.3 mg/m^3，浅水Ⅱ型网样密度3 283.6个/m^3 生物量。

（6）底栖生物资源

宁波浅海水域底栖生物102种，以软体动物、甲壳动物和多毛类为主，密度为43.9个/m^2，生物量为11.8 g/m^2。杭州湾大部分海域、甬江口和北仑等海域底栖生物密度和生物量较低。

（7）游泳生物资源

宁波浅海水域游泳生物资源种类多、数量大、种群恢复力强的渔业资源，是我国重要的渔业产区之一。游泳生物209种，洄游性主要有带鱼、大黄鱼、鳓鱼、银鲳、鲐鱼、三疣梭子蟹、哈氏仿对虾和曼氏无针乌贼等，具有集群性强、数量大、季节变化明显等特点。浅海现存的水产资源总量至少在4.5×10^4 t以上，鱼产量估算约20×10^4 t。鱼卵密度为3.13个/m^3，主要见于象山港和南部海域；仔稚鱼密度为4.65个/m^3，象山港、三门湾和南部海域仔稚鱼密度相对较高。

2.2.2　非生物资源

（1）港口航道、锚地资源

宁波港口航道资源丰富，为我国大型深水港的理想港址，有河口港、海岸港、岛屿港等类型。港口资源作为宁波最大的优势资源，对宁波市海洋经济乃至海陆经济起到了巨大的推动作用。宁波港是我国大陆四大国际深水中转港之一，深水岸线170 m。北仑港区作为宁波港的核心港区，拥有生产性泊位300多座，可进出300 000吨级船舶；象山港万吨级船舶可自由出入港湾，具有开发大中泊位潜力，具备发展远洋和近海运输深水港的优越条件，是北仑港的重要后续开发基地；作为我国四大著名渔港之一的石浦港，尚有数千米岸线可供开发利用。这些港湾资源组合条件好，分布既广泛又相对集中。为建设多层次、多功能的组合港口提供了有利条件。进出航门多，有利于不同船型、多方位自由通航。岛屿作为天然屏障，形成了良好的避风避浪条件。宁波市锚地众多，这些锚地水面宽阔，水深适中，底质适宜，可锚泊10 000~150 000吨级的大型船舶。

（2）渔港资源

渔业港区、水产专用码头是渔船供给、停泊、避风、装卸渔获物资和补充渔需物资，为渔民服务的后方基地。宁波主要的渔港为宁波市宁波海洋渔业公司基地、宁波市渔业港区（省中转冷库）、水产第一批发部专用码头（白沙鱼市场）、清水浦渔业基地、镇海渔业港区、北仑区穿山渔业港区、鄞县大嵩港渔港、奉化桐照渔港、宁海县峡山渔港、象山县石浦港延昌渔业港区、象山县东门渔业港区、慈溪市龙山渔港、余姚市三江口渔港等33个。

（3）旅游资源

滨海湿地既是自然资源，同时也是一种景观资源。湿地资源对宁波旅游的贡献是巨大的。杭州湾国家湿地公园总面积43.5 km^2，是中国八大盐碱湿地之一，世界级观鸟胜地，集湿地恢复、湿地研究和环境教育于一体的湿地生态旅游区，湿地类型丰富，其中沿海庵东滩涂被列入中国重要湿地名录。分布在松兰山、白沙湾、皇城、昌国、横山岛、旦门岛山等地的海滨沙滩，沙细、坡缓、浪静，是天然的海水浴场。象山的东部近岸岛屿、宁海的强蛟群岛、象山韭山列岛自然保护区、宁波象山花岙岛国家级海洋公园和象山渔山列岛等皆有较好的旅游环境，植被保护良好，岛屿周围海洋渔业资源丰富。

（4）水资源

宁波市虽处亚热带季风湿润区，降雨总量丰沛，但由于人口密集，人均拥有量少，且水环境不佳，水质性缺水情况严重，总的来说，宁波仍属缺水型城市，潜在的水危机隐患可能性较大。2016年年降水量为1 903.0 mm，比多年平均值偏多25%，属丰水年份，水资源总量为103.84×10^8 m^3。全市总供水量为23.46×10^8 m^3，其中地表水源供水量为23.02×10^8 m^3，地下水源供水量为0.04×10^8 m^3，污水处理回用量及雨水利用量为0.40×10^8 m^3。全市总用水量为23.49×10^8 m^3，比2015年略曾，其中生活用水量为4.88×10^8 m^3，生产用水量为15.19×10^8 m^3，生态环境用水量为0.24×10^8 m^3，环境配水量为3.15×10^8 m^3。全市主要饮用水水源地水质良好，与2015年相比，总体情况进一步提升，其中水质为Ⅱ类及以上的占参评总数的88.9%，水质为Ⅲ类的占参评总数的7.4%。主要江河及平原河网水质有所改善。

目前，对海水资源的利用主要集中在工业冷却水、养殖用水和海水淡化三方面。浙江国华宁海电厂、大唐乌沙山电厂、宁波钢铁有限公司、宁波台塑化工有限公司等大型企业大规模直接利用海水替代淡水作为冷却水，初步统计，年海水冷却利用量达72.34×10^8 t。养殖用水方面，2015年宁波市海水养殖面积33 117 hm^2，换水量约3 300×10^4 m^3。海水淡化方面，浙江大唐乌沙山电厂一期4×600 MW机组循环水量83 m^3/s，同时二期工程同步配套建设日产10×10^4 t海水淡化项目，在解决电厂生产用水的同时，每天可供应淡水8×10^4 t，以满足当地的工业用水和生活用水，以缓解当地水资源紧缺状况。

（5）能源资源

宁波市位于东亚季风带，濒临开敞的东海，潮差大，波浪高，蕴藏着丰富的海洋能资源。海洋能资源主要包括潮汐能、潮流能、波浪能和风能等资源。潮汐能资源以象山港蕴藏量最丰富，其次是三门湾；波浪能资源主要在本市南部海域，洋面开阔，以涌浪为主的混合浪占绝对优势，其中，韭山海域是著名的大浪区，波浪能富集，开发意义大；年均有效风能为1 300~1 800 kW·h/（m^2·a），达全国最佳风能区标准。

（6）土地储备资源

宁波市海域辽阔，港湾众多、岸线曲折，在海岸水流作用下，长江排出的大量泥沙经海流搬运沉积在宁波沿海，形成大片面积大、分布集中、开发条件优越的淤涨型海岸滩涂资源，为宁波提供了丰富的海水养殖基地和后备土地资源。本市滩涂资源集中分布在杭州湾南岸、象山港内、大目洋沿岸和三门湾北岸四大片。围垦滩涂是宁波扩大陆域土地面积的一个主要途径，对缓解日益加剧的建设用地紧张的矛盾，促进宁波经济发展起了一定作用。

2.3　现场踏勘

2017 年 9—10 月，在结合卫星遥感解译的基础上，对宁波市北起余姚市黄家埠镇，西南至宁海县一市镇旗门塘宁海段，总计 800 余 km 岸线沿岸的 126 个湿地斑块的湿地类型、主要植被、经纬度及周围环境进行现场核查记录和影像拍摄；对 34 个控制点的经纬度和高程进行了精确测量。共获得调查表 160 份，照片 700 余张（表 2-1 和图 2-1 至图 2-6）。

表 2-1　现场核查站位

站位	北纬	东经	类型
1	30°16′53″	121°05′20″	主要芦苇，夹杂米草
2	30°22′21″	121°17′06″	主要芦苇，夹杂米草
3	30°22′15″	121°16′30″	芦苇，现割除芦苇围成规则块状
4	30°21′42″	121°17′17″	米草、灰绿藜
5	30°19′22″	121°21′14″	芦苇和一枝黄花，牧场和草场
6	30°19′50″	121°21′54″	稻田，牧业公司动物隔离场
7	30°14′23″	121°00′07″	芦苇为主，大面积覆盖
8	30°12′60″	120°57′04″	芦苇、一枝黄花、碱菀为主，掺杂碱蓬、藨草、米草
9	30°16′41″	121°03′18″	人工养殖塘
10	30°22′00″	121°10′23″	滩涂外部无植物，靠内部分主要为藨草
11	30°22′10″	121°14′24″	互花米草
12	29°47′09″	121°56′20″	梅山大桥西侧，梅山水道北侧，潮间带湿地，植被以米草为主，夹杂少量芦苇和一枝黄花
13	29°57′53″	121°43′52″	米草为主，少量芦苇
14	29°58′09″	121°44′13″	米草，甬江岸滩
15	29°58′26″	121°45′07″	潮间带，米草
16	29°57′15″	121°48′43″	潮间带米草，滩涂泥滩，小河河口米草
17	29°56′14″	121°51′14″	下三山大闸下游，河口泥滩，有小片米草丛
18	29°54′47″	121°55′16″	水产养殖池塘，但已经废弃，池塘边植被为芦苇，堤坝上侧为陆地
19	29°50′57″	122°03′47″	已填区域，少量植被，芦苇为主，一枝黄花等
20	29°50′43″	122°03′18″	已填区域，植被稀少，少量芦苇和一枝黄花，潮间带为泥滩，浅海有少量围网
21	29°50′24″	122°02′53″	码头后方港池潮间带，米草丛
22	29°49′21″	122°00′58″	潮间带为泥滩，堤坝以上为一枝黄花
23	29°49′14″	122°00′32″	码头后方港池潮间带，米草丛
24	29°48′39″	121°59′06″	潮间带米草丛，堤坝上侧有水产养殖塘，堤坝边有芦苇丛和少量一枝黄花
25	29°45′49″	121°55′08″	梅山水道与春晓大道旁，河道中间，工地正在施工，无植被
26	29°45′08″	121°55′23″	梅山水道，洋沙山，潮间带为人工沙滩

续表

站位	北纬	东经	类型
27	30°11′43″	121°31′37″	宁波牛奶集团北侧牧场
28	30°10′16″	121°31′52″	宁波牛奶集团东侧农田
29	30°20′27″	121°21′36″	淡水河，两岸以芦苇为主，夹杂一枝黄花
30	30°19′16″	121°04′48″	外围以芦苇为主，堤内后侧一枝黄花分布，内部滩涂
31	30°19′48″	121°05′24″	芦苇和人工养殖为主
32	30°22′04″	121°13′34″	养殖鱼塘
33	30°22′48″	121°19′01″	促淤潮间带，外有围塘，米草、芦苇
34	30°23′45″	121°17′56″	促淤潮间带，外有围塘，少量米草
35	29°47′34″	121°57′07″	潮间带米草丛群落，梅山大桥与滨海中路东南侧，堤坝上有芦苇丛，少量芦苇和米草
36	29°41′29″	121°50′20″	大嵩江口河口滩涂，植被以米草为主，河堤内侧植被以芦苇为主
37	29°39′05″	121°46′41″	潮间带有大面积米草，堤坝边有田菁、芦苇和一枝黄花，旁边有一个水产养殖基地（宁波海洋渔业研究院基地），堤坝上侧有水产养殖池塘
38	29°31′09″	121°29′49″	海面有围网养殖和浮筏养殖，渔家乐，浒苔吊养等，海堤内侧植被有芦苇和一枝黄花
39	29°28′18″	121°26′17″	潮间带以围网养殖为主，有少量米草，陆域为村庄
40	29°27′52″	121°28′12″	潮间带植被为米草，浅海有浮筏吊养养殖
41	29°25′27″	121°26′24″	潮间带湿地，植被为米草，浅海有养殖，堤坝上侧有池塘养殖
42	29°44′03″	122°08′56″	潮间带，有大片米草，堤坝上侧为养殖塘，塘边有米草和芦苇
43	29°30′01″	121°38′49″	潮间带，米草
44	29°32′05″	121°44′06″	潮间带，米草
45	29°32′36″	121°44′42″	潮间带，米草，浅海有网箱养殖
46	29°30′36″	121°46′08″	潮间带为大片米草，堤坝上侧有村庄
47	29°28′60″	121°45′47″	潮间带，高潮区有养鹅场，青蟹养殖塘，中低潮区有大片米草
48	29°29′25″	121°48′54″	潮间带，植被以米草为主
49	29°31′48″	121°49′37″	潮间带，植被以米草为主
50	29°38′16″	121°54′25″	潮间带，植被主要为米草
51	29°37′26″	121°53′38″	水产养殖池塘，植被有芦苇和碱蓬
52	29°38′04″	121°54′29″	水产养殖池塘，植被有米草、碱蓬
53	29°33′48″	121°57′58″	碱蓬，夹杂芦苇
54	29°32′45″	121°57′43″	水塘，少量碱蓬
55	29°32′56″	121°57′04″	芦苇
56	29°33′08″	121°57′29″	碱蓬，少量芦苇
57	29°31′50″	121°56′46″	芦苇、米草，有人工养殖鸭子
58	29°31′43″	121°57′32″	浅水湿地，少量碱蓬
59	29°30′51″	121°56′42″	水稻田
60	29°21′19″	121°55′30″	人工岸线，未合拢大堤，主要植被为米草
61	29°20′22″	121°56′31″	海湾，内分布有互花米草
62	29°10′13″	121°52′05″	堤坝外潮间带米草，内侧陆域芦苇
63	29°18′34″	121°47′53″	潮间带米草，人工岸线
64	29°21′19″	121°46′37″	潮间带米草，自然岸线
65	29°12′59″	121°45′58″	人工岸线外侧分布有芦苇，近堤坝处零星分布有碱蓬

续表

站位	北纬	东经	类型
66	29°09′59″	121°43′41″	根据走访周边居民，2016 年为荒地，周边分布有一年蓬和芦苇，目前已开垦待种，田中主要植物为狗尾草、芦苇和稗草
67	29°10′21″	121°44′53″	人工养殖塘
68	29°08′32″	121°41′10″	大部养殖塘周边田埂上分布为碱蓬，自然湿地部分主要为芦苇
69	29°12′03″	121°34′55″	塘内为围垦区，植被较少，有少量米草分布
70	29°04′24″	121°55′08″	该区域目前已被大坝合围，零星分布米草
71	29°05′40″	121°52′01″	内为围垦区，植被较少，有少量米草分布
72	29°05′27″	121°47′31″	调查结果及周围环境描述：堤内以米草为主，零星分布芦苇，堤外以米草为主

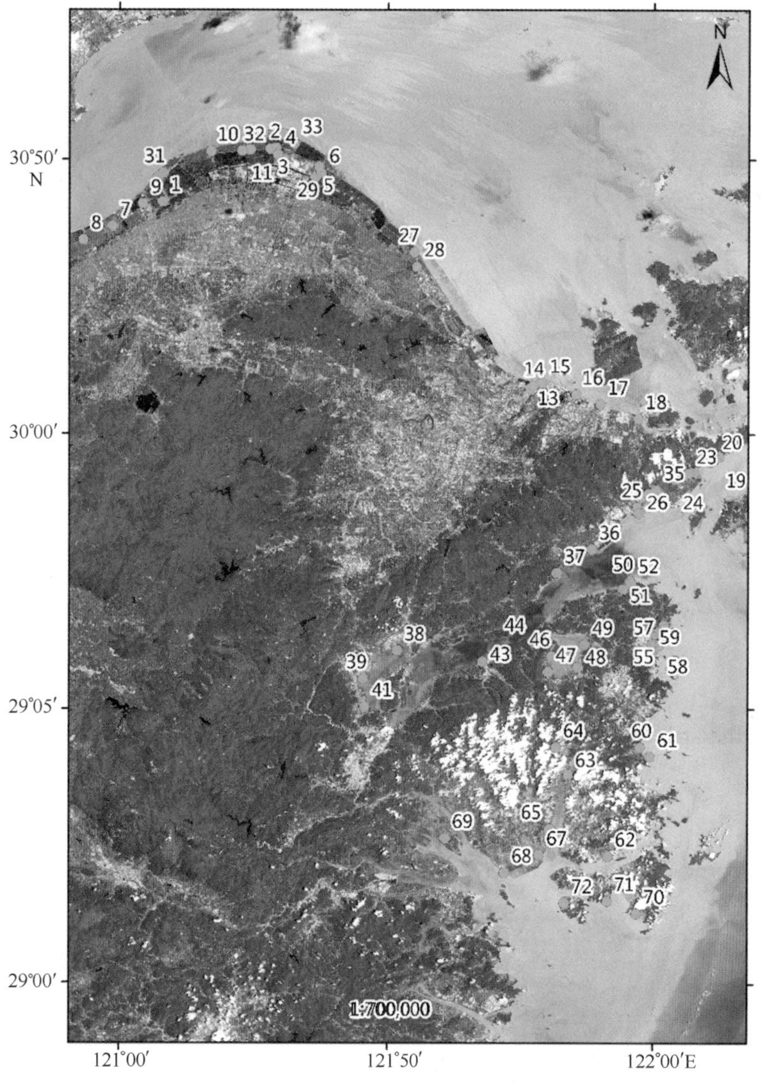

图 2-1　宁波市滨海湿地现场核查示意

图 2-2　杭州湾区域典型湿地

图 2-3　北仑区域典型湿地

图 2-4　象山港区域典型湿地

图 2-5　象山东部典型湿地

图 2-6　三门湾区域典型湿地

2.4　开发利用现状

2.4.1　杭州湾南岸

杭州湾南岸主要围填海区域位于姚慈平姚曹娥江口至镇海的甬江口之间，该区域岸线平直，本区域是以钱塘江和长江所携泥沙冲淤而成的滩涂为主，滩涂面积广阔。

杭州湾海涂也是中国八大盐碱湿地之一，属于典型的近海与海岸湿地生态系统。由于地处河流与海洋的交汇区，是我国东部大陆海岸冬季水鸟最富集的地区之一，也是东亚-澳大利亚候鸟迁徙路线中的重要驿站和世界濒危物种黑嘴鸥、黑脸琵鹭的重要越冬地与迁徙停歇地，生态区位十分重要。

2000 年被列为国家重要湿地（庵东沼泽区），2005 年在全球环境基金（GEF）和世界银行支持下，完成总面积 4 350 hm^2 的杭州湾湿地公园建设。

同时，受当地围海造地活动的影响，本区域内湿地面积灭失严重。滩涂的开发与环境保护之间的矛盾仍然存在。随着土地资源的紧张，加大了围垦力度，加剧了滩涂面积的萎缩，使生态功能退化。

从 20 世纪 80 年代中期开始，宁波市在庵东浅滩附近进行了大量围垦，其中，1987 年起，开始十塘的建设，至 2002 年 7 月完成中河洋浦至西部围垦西直塘，总长度为 30.6 km 海堤的建设，共 11.26×10^4 亩的滩涂围垦（表 2-2）。

表 2-2　杭州湾南岸十塘建设主要工程

工程名称	工程时间	围涂面积（$\times 10^4$ 亩）
四灶浦海涂水库工程	1994 年—1996 年 5 月	0.98
半掘浦围涂工程	1995 年 4 月—1997 年 10 月	0.59
淞浦围涂工程	1994 年 10 月—1996 年 10 月	0.45
龙山围涂工程	1997 年 10 月—2001 年 10 月	2.03
伏龙山围涂工程	1990 年 10 月—1993 年 10 月	0.51
四灶浦西侧围涂工程	2000 年 12 月—2004 年 12 月	6.70

2002 年起，开始十一塘的建设，至 2012 年 1 月完成杭州湾大桥东侧至龙山围涂工程西侧 27.71×10^4 亩滩涂围垦（表 2-3）。

表 2-3　杭州湾南岸十一塘建设主要工程

工程名称	工程时间	围涂面积（$\times 10^4$ 亩）
余姚治江围涂一期工程	2005 年—2010 年	2.00
余姚治江围涂二期工程	2005 年—2011 年	2.50
淡水泓围垦工程	2003 年 3 月—2008 年 12 月	2.93
徐家浦两侧围涂工程	2004 年 10 月—2008 年 9 月	10.62
慈溪市陆中湾两侧围涂工程	2008 年 10 月—2012 年 1 月	5.85
镇海新泓口围涂工程	2005 年—2008 年	0.81

近年来又实施了镇海泥螺山北侧一期围垦、镇龙铺两侧围垦等工程。受围垦工程的影响，甬江口左侧的海岸线不断向海域推进，边滩淤积，甬江口外游山深槽发生淤积。

2.4.2　镇海北仑段

本区域港口岸线资源丰富，近岸岸线开发活动剧烈，包括海堤、码头、防潮闸、道路、船坞，是宁波-舟山港码头主要分布区域，人工岸线占比在 88%左右。自然岸线主要为基岩岸线和原生沙砾质岸线，滩涂湿面积较小，湿地碎片化严重。

2.4.3　象山港

象山港是一个凹入内陆趋东北、西南走向的自然形成的半封闭港湾，东西长约 55 km，南北宽 5~10 km。湾内自然环境优良，适合浙东沿海绝大部分海洋生物生存。因此，生物种类比较丰富，既有典型的海洋性鱼类进港索饵和繁殖洄游，又有定居鱼类和滩涂穴居性贝类在此栖息、生长和繁衍。象山港湿地类型以浅海水域和潮间淤泥海滩为主，目前约有 1/4 滩涂用于养殖，主要养殖种类是鱼类、紫菜和海带。象山港海岸湿地是奉化湿地生物多样性保护与防风暴潮生态功能区，但由于港湾是狭长形半封闭港湾，海水交换不畅，很容易造成港区污染。目前，象山港湿地面临的主要威胁有围垦导致湿地面积减少、外来物种入侵、海洋生物捕捞过度、湿地生态系统遭受破坏、海水水质下降明显、局部海域富营养化以及自然灾害影响等。象山港海岸湿地的污染源主要是来自沿岸陆域的工农业生产、居民生活、海上作业船舶排放的污染物以及水产养殖区域投放饵料、港外海面漂入物和赤潮污染等。象山港围填海工程主要有梅山七姓涂、郭巨峙南、红胜海塘、西店湾、鄞州滨江投资创业中心二期等围涂工程，约 5×10^4 多亩。

2.4.4 象山港东部

目前，本区域除石浦镇北部和松兰山区域以岩石海岸和沙石海滩为主的自然岸线，沙质岸线资源丰富。其余区域围填海现象较为严重，2003—2016 年间共围填海 5.53×10^4 亩。

2.4.5 三门湾

三门湾海岸湿地以淤涨型滩涂为主，是迁徙候鸟重要的觅食地和停歇地。由于滩涂围垦、水产养殖等高强度经营活动，三门湾海岸湿地面积萎缩和水质污染现象突出。

蛇蟠涂围垦、下洋涂围垦、双盘三山涂围垦等重点围垦工程造成大量浅海水域和淤泥质滩涂湿地丧失，其中，宁海县下洋涂围垦工程和宁海县蛇蟠涂围垦工程、象山高塘岛乡花岙二期围涂工程、高塘岛乡黄沙岙围涂项目等各类工程，共围填海 8.85×10^4 亩。

三门湾西岸水产养殖场及浅海水域海水养殖面积较大，人工饵料的大量投放造成水体富营养化严重，特别是 20 世纪 80 年代中期到 21 世纪初的近 20 年间，水体及海底沉积物的 TOC、TN 埋藏通量显著上升，虽然近 10 年来富营养化趋势得到遏制，但水质状况仍不容乐观。

大米草、互花米草等外来入侵生物造成芦苇、香蒲等本土湿地植物退化。

2.5 保护现状

2.5.1 管理体制

原国家海洋局负责全国滨海湿地保护的监督管理，地方各级海洋主管部门实施本行政区域内滨海湿地保护修复工作，同时涉及各级国土、水利、农业、环境保护等各部门，宁波市尚未建立滨海湿地保护与合理利用综合管理协调机构。宁波市海洋与渔业局下设了余姚市农林局、慈溪市海洋与渔业局、镇海区农业局、北仑区海洋与渔业局、鄞州区海洋与渔业局、奉化市海洋与渔业局、象山县海洋与渔业局和宁海县海洋渔业局，分别对所辖滨海湿地进行管理和保护工作。

2.5.2 保护政策及制度

2.5.2.1 国内保护政策及制度

2000 年国家出台了《中国湿地保护行动计划》，是中国今后一个时期内实施湿地保护、管理和可持续利用的行动指南。2013 年国家出台了《湿地保护管理规定》，进一步明确了湿地保护管理的对象、目标、重点、责任主体和保护措施等。2016 年 12 月国家下发了《国务院办公厅关于印发湿地保护修复制度方案的通知》（国办发〔2016〕89 号），接着国家海洋局下发了《国家海洋局关于加强滨海湿地管理与保护工作的指导意见》（国海环字〔2016〕664 号），给全国的滨海湿地保护和管理工作指明了方向。

2.5.2.2 省内保护政策及制度

2005 年 5 月，浙江省人民政府组织编制《浙江省湿地保护规划》，2012 年颁布了《浙江省湿地保护条例》。2013 年年底省委第十三届四次全会紧密联系浙江实际，作出“五水共治”等重大决策，并明确要求划定湿地生态红线，推进生态文明和美丽浙江建设。2014 年出台了《浙江省人民政府办公厅关于加强湿地保护管理工作的意见》，明确了至 2020 年浙江省湿地保护管理工作的总体要求、主要任务和保障措施，使全省湿地生态保护、生态产业、生态文化工作进入了良性发展的新阶段。2017 年印发了《浙江省滨海湿地管理与保护实施方案》（浙海渔环〔2017〕1 号），给全省的滨海湿地管理和保护工作指明了方向。同年，发布了《浙江省海洋生态红线划定方案》，严守落实围填海管控、红线管控，以红线的概念保护滨海湿地。

2.5.2.3 市内保护政策及制度

国家和浙江省内各项保护政策和制度给宁波市滨海湿地保护工作指明了方向。近年来，宁波市从实际出发，根据自身区位特点在滨海湿地生态系统保护方面开展了许多工作。

（1）制定滨海湿地相关规划

2009 年，宁波市发布了《宁波市湿地保护与利用规划》，推动全市范围内滨海湿地保护工作，各县、市也进行了相应的湿地保护规划的编写。2012 年，制定了《宁波市渔山列岛国家级海洋生态特别保护区管理办法》，该办法的制定给当地环境保护提供了法律依据，对其他相关环境的保护起到了很好的带头示范作用，同时以“严格保护、生态优先”的原则对重要的滨海湿地区域进行了合理规划，制定了《象山港区域空间保护和利用规划》《渔山列岛国家级海洋特别保护区总体规划》《韭山列岛国家级自然保护区总体规划》《浙江杭州湾国家湿地公园总体规划（2016—2020）》等与滨海湿地有关的规划。

（2）出台滨海湿地相关规定

2010 年，宁波市委《关于推进生态文明建设的决定》，明确实施生态环境分区、分类保护，加快推进生态屏障建设，其中，实施海洋生态环境保护修复等一系列湿地保护工程列入了全市生态文明建设的重大生态工程。2016 年发布了《宁波市海洋生态环境治理修复若干规定》（市人民政府令第 231 号），为宁波市滨海湿地的整治修复规划指明了方向。

（3）推进相关制度建设

2006 年，宁波市人民政府出台了《关于建立生态补偿机制的指导意见》，近年初步形成了海洋工程建设项目生态补偿制度的制度。2014 年，全国范围内首次实施了象山港污染物总量考核制度，将沿港 5 个县、市、区主要陆源入海口污染物总量减排成效列入象山港区域年度工作目标责任考核。强化海洋污染联防联控制度，全面推行河长制，2016 年出台了《宁波市关于创建“污水零直排区”工作的实施意见》和《宁波市近岸海域漂浮垃圾监管处置管理实施办法》，2017 年印发了《宁波港域船舶污染物接收、转运、处置联单制度》，探索建立船舶污染物接收处置新机制，加快垃圾和污水接收、转运及处理处置设施建设，提高含油污水、化学品洗舱水等接收处置能力及污染事故应急能。建立“湾（滩）长制”制度，于 2017 年年底发布了《宁波市全面推行“湾（滩）长制”实施方案》，推进宁波海洋生态文明建设和海湾海滩环境保护，持续改善近滨海湿地海水环境质量。通过以上制度的建立，从源头上控制直接污染对宁波滨海湿地的影响，更好地保护了宁波滨海湿地。

这些各项保护政策和制度的颁布与实施，为宁波市滨海湿地资源保护管理和开发工作的规范化、法制化和制度化提供了强有力的法律和政策保障。

2.5.3 生态整治修复

在以上保护政策和制度的支撑下，宁波市积极开展了以下生态整治和修复工作。

（1）积极开展生态环境综合整治工作

2013 年，宁波市制定了《宁波市生态环境综合整治三年行动计划》，按照“整治一个、提升一个，整治一片、靓化一片”的要求，以重点区域综合整治、重污染行业整治提升为抓手，完成了水体环境、大气环境和土壤环境三大整治任务。

（2）积极开展治水工作

出台了2014—2017年度治污水实施方案，明确“治水”目标，大力实施了水源保护、河道清淤、工业治污、农村除污、污水处理五大工程。

（3）积极开展海洋漂浮垃圾清理工作

开展以“保护海洋生态环境，共建美丽生态宁波”为主题的象山港海域表层废弃物清理公益活动，每年清理象山港表层漂浮垃圾约1 000 m^3。

（4）强化海岛保护与管理工作

完成了全市海岛地名普查，设置了230个海岛岛碑，建立了宁波市海岛基础数据库，制作了宁波市海岛图集；启动海岛岸线的调查工作。

（5）积极开展蓝色海湾整治行动

积极开展象山港梅山湾综合治理工程和花岙岛生态岛礁建设工程获批国家海洋局蓝色海湾整治项目，项目预算总投资51 811.3万元，获得中央资金支持40 000万元。

（6）积极开展水生动物保护工作

每年处理水生野生动物事件50~130起，及时救助、饲养和放生水生野生动物100余头（尾），涉及江豚、娃娃鱼、鲸鱼、海豚、海龟等保护品种。

（7）积极开展增殖放流工作

近几年每年在象山港、韭山列岛等重要海域累计增殖放流海洋生物苗种（7~12）$\times10^8$尾（颗），主要放流品种为岱衢族大黄鱼、黄姑鱼、恋礁性鱼类、对虾、梭子蟹、青蛤、曼氏无针乌贼等。

（8）积极开展海洋牧场建设工作

结合“一打三整治”工作，在渔山海域投放“三无”船改造人工渔礁85艘，建成了宁波市最大的人工渔礁海洋牧场，渔山列岛海域获评首批国家级海洋牧场示范区，在渔山列岛海域形成总空方达10×10^4 m^3的浙江省最大人工渔礁群。开展象山港海洋牧场试验区建设，投放人工鱼礁1 015个，建成海藻场50 hm^2，形成了藻-鱼混合型立体生态鱼礁型牧场，在象山港海洋牧场试验区新建以海带、石花菜、铜藻为主的海藻场150亩，核心示范区建设项目基本完成。

（9）实施海域海岛海岸带整治修复工程

对奉化桐照、宁海横山岛、象山港海洋生态修复示范区象山县半边山新鹤沙滩岸线整治修复及海堤进行了修复，成效显著。开展海湾（海岸带）综合整治及修复项目，开展象山石浦港海岸带综合整治修复和宁波市近岸海域污染物监视监测能力建设，开展北仑区黄金海岸线生态修复工作，开展象山县松兰山海岸带修复及整治项目、宁波市象山县爵溪街道下沙及大岙沙滩修复项目、象山县檀头山岛整治修复与保护项目。

（10）积极开展养殖污染治理工作

开展池塘标准化改造、稻鱼轮作（共生）面积推广、生态养殖技术推广、生态养殖模式技术推广，开展部级水产健康养殖示范场创建，开展养殖尾水排污口整治工作。

这些整治修复活动的开展，对宁波市滨海湿地的保护和修复起到了很大的作用。

2.5.4 滨海湿地保护区

目前，宁波市主要的滨海湿地为杭州湾国家湿地公园（包括列入《中国重要湿地名录》的“庵东沼泽区湿地”）、象山渔山列岛国家级海洋生态特别保护区、宁波象山花岙岛国家级海洋公园、韭山列岛国家级海洋生态自然保护区、蓝点马鲛种质资源保护区等，同时还有初步建成了象山港贝类苗种保护区、南沙山鸟类保护区、缸爿山海滨木槿保护区等。这些保护区的规划和建立使受损海洋生态环境得到有效保护和修复。

同时，根据《浙江省湿地保护利用规划 2006—2020》，建设杭州湾河口海岸湿地自然保护区和象山港海岸湿地自然保护区两个保护区，近期为省级，在中远期通过升格建设使之成为国家级保护区；三门湾海岸湿地为省级重要滨海湿地。规划省级公园有象山西沪港湿地公园，中长期规划的自然保护区有三门湾鸟类自然保护小区、奉化南沙岛鸟类栖息自然保护小区、奉化缸爿山海槿保护小区、象山松兰山海滨木槿保护小区。

象山港分布有西沪港海岸湿地、缸爿山岛海岸湿地、南沙山岛海岸湿地等湿地，是宁波市滨海湿地资源相对保护较好的区域。

2.5.5　监督和管理执法

（1）海洋工程监视监管

每年对重点海洋工程建设项目的海洋环境保护措施落实情况进行监视监管，对在建海洋工程项目是否按照《环评》核准意见要求是否落实各项海洋环境保护措施并严格执行环保“三同时”制度进行核查，并针对在监视监管过程中发现的问题，执法人员当场向业主单位发出了相应的整改意见。

（2）海洋专项执法行动

开展“海盾”“碧海”“护岛”等专项执法行动，检查海域使用项目、海底管道和海洋工程建设项目、倾废船和采砂船、海岛等，对海洋违法案件进行罚款并进行整改处理。

（3）一打三整治专项行动

推进幼鱼保护、伏季休渔、渔具整治等海上渔业资源执法工作有效开展，加大违法查处力度，有效地形成了海上查、陆上打、港口清的良好态势，取得了阶段性明显成效。与海警、公安边防等海上执法部门实施常态化联合执法、线外检查、协作办案，建立了联合执法模式，探索“一打三整治”长效监管机制以遏制各类违法违规现象返潮。每年开展渔政执法，宁波市累计取缔涉渔“三无”船舶 3 800 余艘，查处各类渔业违法违规案件 1 900 余件，完成“船证不符”渔船整治 3 300 余艘，取缔违规禁用渔具 22.4 万余顶（张），渔业资源得到一定程度的保护。

以上这些举措进一步规范了滨海湿地开发活动，同时对滨海湿地的保护和修复起到很大的作用。

2.5.6　监测能力建设

（1）建立市县监测体系

象山县、宁海县、奉化市、鄞州区海洋环境监测站相继建成，地方监测能力得以加强，全市基本形成了由市级和县级二级海洋环境监测机构构成的整个滨海湿地监测体系。

（2）完善立体监测网络

近年来，宁波市监测调查能力进一步提升，到 2017 年年底为止，宁波市完成海上自动监测浮标 10 套、岸基自动站 2 个，在大型河流入海口、重点排污口邻近浅海海域投放了 6 个在线监测浮标（岸基站），对浮标数字化监控平台升级改，初步构建浮标系统，建成立体监测网络。

（3）提升应急监测能力

依托宁波市海洋环境监测中心试验平台，完成 1 个市级海洋环境应急监测实验室改造。

（4）初步形成综合管理平台

组织开展县级海域动管能力建设项目，初步建成宁波市海洋基础地理信息系统库、宁波市围填海系统建设以及宁波市海域综合管理平台。

2.5.7 资源调查与科学研究

（1）系统的湿地资源调查

2003 年开展了第一次全国湿地资源调查。1994—2000 年浙江省完成了《浙江省湿地资源调查与研究》项目，该项目历时 7 年，首次全面系统地摸清了浙江省湿地分布、类型及面积、湿地植被、湿地野生动物资源、湿地保护状况，全省调查研究成果对宁波市的湿地资源及保护利用现状作了较为详细的阐述。2013 年进行了第二次全国湿地资源调查，宁波部分也做了详细调查。

（2）保护区调查与研究

宁波市滨海湿地保护在选划初期均进行了保护区内的海洋生态环境、水产资源、潮间带生物资源、植被和植物资源、两栖、爬行和兽类、鸟类、江豚、岛礁、旅游和再生能资源、社会经济状况等方面的科学考察工作。其中神话之鸟——风头燕鸥，2004 年首次在韭山列岛保护区发现后，保护区一直与浙江野鸟会合作，全力保护该鸟，并从 2010 年开始，保护区管理局与浙江自然博物馆、俄勒冈州立大学合作，开展了极危鸟类中华风头燕鸥监测与招引项目，这是国内首个人工引导干预鸟类选择繁殖基地的试验，2017 年开展了韭山列岛“爱岛护鸟”活动暨中华凤头燕鸥种群恢复深度监测项目，铁墩岛招引鸟区记录到大凤头燕鸥 2 500 余只，中华凤头燕鸥 26 只，繁殖出大凤头燕鸥幼鸟 1 000 余只，中华凤头燕鸥幼鸟 10 只。

（3）在浅海海域生态和资源方面调查与研究

宁波市于 1984 年完成了海岸带、海涂资源调查和滩涂渔业调查，1989 年完成了海岛资源综合调查，1999 年完成了宁波市海洋污染基线调查。2000 年开始每年对近岸开展趋势性监测工作，2004 年完成的象山港海洋环境容量及污染物总量控制研究。这些调查研究成果为海洋生物资源的种群结构、数量分布及生态时空变化提供了科学的基础资料。2007 年“我国近海海洋综合调查与评价项目（908 项目）”对滨海湿地进行了系统调查，该项目是由国务院于 2003 年 9 月批准立项，国家海洋局组织实施的一项我国海洋发展史上投入最大、调查要素最多、任务涉及部门最广的海洋基础调查和评价工作。2015 年完成杭州湾入海污染物总量控制和减排技术研究。2016 年根据国家相关要求，选取象山县作为海洋资源环境承载能力监测预警试点县，进行了海洋资源环境承载能力监测预警研究。2017 年完成了大陆岸线调查及验收上报工作。2016 年开展了象山港生态红线划定方案试点研究。2017 年宁波市由海洋局牵头，对宁波市重要的滨海湿地进行了现场踏勘及相关资源和环境的调查工作。

目前，对滨海湿地的监测多集中在浅海海域（水质、沉积物、生物、地形和水文等），而对其他涉及的很少（仅涉及潮间带生物一部分以及鸟类监测）。对滨海湿地的动植物调查多以项目为主。

2.5.8 宣传与教育

宁波市每年定期组织开展大型“湿地日”“爱鸟周”和“国际生物多样性日”等宣传教育活动，同时组织开展了系列海洋日宣传活动，促进全社会认识滨海湿地、关注滨海湿地、善待海洋和保护滨海湿地，提高公众的滨海湿地意识。具体形式有悬挂滨海湿地生物多样性保护宣传横幅，制作宣传小册，分发环保袋，发送海洋宣传短信，伏休船员培训契机联合象山海洋技术培训学校进行联动，充分利用象山报社、香港大公报、新闻媒体、中央电视台 9 套《自然的力量》、中央电视台 10 套栏目组等深入开展韭山列岛自然保护区宣传活动，组织开展“海洋知识移动课堂”活动，提高渔民海洋环保意识。经过多年努力，收到了良好的宣传教育效果，使公众对滨海湿地和野生动植物特别是珍稀水禽的保护意识显著提高，保护湿地、保护野生动植物的观念已深入人心，并逐步变成广大群众的自觉行动。

第3章　滨海湿地类型分布特征

宁波市滨海湿地面积在浙江全省占比较大，及时定性、定量获取湿地信息是湿地研究的重要前提。近年来遥感技术不断发展并逐渐成为湿地资源调查与监测最有效手段之一（杨存建等，2001），国内应用遥感数据进行湿地分类与制图也越来越受到重视（张柏，1996）。本次滨海湿地调查利用遥感（RS）和地理信息系统（GIS）技术，以实地调查为基础，开展宁波市滨海湿地基本状况监测，结合调访收集资料和其他专业调查成果资料进行综合分析。

3.1　遥感监测

3.1.1　数据源

区域范围为余姚市、慈溪市、镇海区、北仑区、鄞州区、奉化区、象山县和宁海县共8个宁波市沿海县（市、区）辖区内滨海湿地。结合分辨率高于30 m的要求，选择Landsat8 OLI_TIRS卫星数字产品，条带号为118，行编号为39、40的两景影像（图3-1），时间范围选择在2015年1月1日至2017年7月20

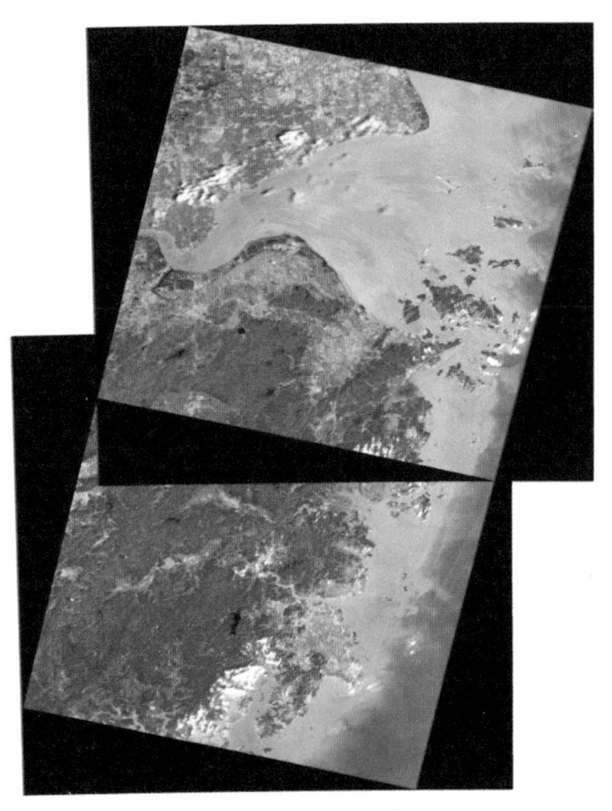

图3-1　采用的两景遥感影像

日期间。筛选出最为合适并且云量小于5%的影像共2组，分别为2016年7月20日和2017年4月2日。考虑到季节因素，外业调查时间为夏季，因此选择2016年7月20日的两景影像作为工作底图更为合适（选取同期影像有利于现场辨认），2017年4月2日两景影像作为补充资料［数据来源于地理空间数据云平台（http：//www. gscloud. cn）］。此次滨海湿地范围以海平面以下6 m为下界，以《浙江省海洋功能区划（2011—2020年）》的陆域一侧边界为上界。

3.1.2 滨海湿地类型分类体系

具体分类体系参照《滨海湿地监测技术方法》附录B（表3-1）。根据现场调查成果和相关资料，确定宁波范围内有浅海水域、砂石海滩、泥质海滩、潮间盐水沼泽-芦苇、潮间盐水沼泽-碱蓬、潮间盐水沼泽-互花米草、潮间盐水沼泽-藨草、潮间盐水沼泽-其他、河口水域、沙洲/沙岛、海岸性咸水湖、海岸性淡水湖、库塘、水产养殖场、稻田、开放式养殖及其他共17种滨海湿地类型。按照滨海湿地分类体系及滨海湿地类型制图符号表示系统制作lyr图层，以县级行政单位为调查区划的最小单位，利用空间分辨率为15 m的TM假彩色融合影像，结合实地调查，区分不同类型斑块，提取湿地类型及空间属性数据。

表3-1 滨海湿地分类体系、划分标准及遥感解译标志（引用自《滨海湿地监测技术方法》）

类	型（代码）	说明	亚型（代码）	说明	划分技术标准			解译标志
					形状	颜色	纹理	
自然滨海湿地	浅海水域（01）	低潮时水深小于6 m的永久性水域，以海洋部门最新资料的低潮线与6 m水深线进行划定	—	—	面状	深青色	细腻	
	岩石海岸（02）	底部基质75%以上是岩石和砾石，包括近海岩石性岛屿、海岩峭壁	—	—	面状或条带状	白色或青绿色	细腻	
	沙石海滩（03）	由砂质或沙石组成的，植被盖度小于30%的疏松海滩	—	—	条带状	中间白色，近海呈青绿色，近岸呈褐色	较细腻	
	淤泥质海滩（04）	位于潮间带，由淤泥质组成的泥/沙海滩，植被盖度小于30%	—	—	片状或条带状	靛青	较细腻	

续表

类	型（代码）	说明	亚型（代码）	说明	划分技术标准			解译标志
					形状	颜色	纹理	
自然滨海湿地	潮间盐水沼泽（05）	位于潮间带，常年积水或过湿的盐水沼泽，植被盖度不低于30%，包括盐碱沼泽、盐水草地、海滩盐沼、高位盐水沼泽。典型沼泽植被类型包括：芦苇、碱蓬、海三棱藨草、柽柳、米草	芦苇（051）	位于潮间带，植被盖度不低于30%的自然生长的芦苇	无规则形状	蔷薇红	细腻，有不规则潮沟痕迹	
			碱蓬（052）	位于潮间带，植被盖度不低于30%的成片碱蓬	无规则形状	驼绒色	较粗糙	
			互花米草（053）	位于潮间带，植被盖度不低于30%的成片互花米草	无规则形状	—	—	—
			藨草（054）	位于潮间带，植被盖度不低于30%的成片藨草属植物	无规则形状	—	—	—
			其他（055）	其他类型	—	—	—	—
	红树林（06）	由红树植物为主组成的潮间沼泽。包括红树科和半红树科，常见的主要种有白骨壤、木榄、秋茄、桐花树等	—	—	无规则形状	由深红渐变至红色	粗糙	
	河口水域（07）	从近口段的潮区界（潮差为零）至口外海滨段的淡水舌锋缘之间的永久性水域	—	—	自然弯曲或局部明显平直，边界明显	水绿	细腻	
	沙洲/沙岛（08）	河口四周冲积形成的沙滩、沙洲、沙岛（包括水下部分），植被盖度小于30%	—	—	带状或不规则形状	青色、蓝色或灰蓝色	较粗糙，有明显层次感	
	海岸性咸水湖（09）	地处海滨区域有一个或多个狭窄水道与海相通的湖泊，包括海岸性微咸水、咸水或盐水湖（咸淡属性调查得到）	—	—	规则	深蓝色	细腻	
	海岸性淡水湖（10）	起源于潟湖，与海隔离后演化而成的淡水湖泊（咸淡属性调查得到）	—	—	不规则，多自然形状	深蓝色或灰色80%	较细腻	
	珊瑚礁（11）	包括珊瑚礁及基质由珊瑚聚集生长而成的邻近浅海水域	—	—	根据实地调查、勘测与海洋主管部门资料确定空间分布和面积			—
	海草床（12）	包括低潮线以下大面积连片分布的藻类、海草和热带海草植物生长区，植被盖度不低于30%	—	—	根据实地调查、勘测与海洋主管部门资料确定空间分布和面积			—

续表

类	型（代码）	说明	亚型（代码）	说明	划分技术标准			解译标志
					形状	颜色	纹理	
人类利用区	库塘（13）	为蓄水、城市景观、农村生活为主要目的而建造的，面积不小于 5 hm^2 的蓄水区	—	—	几何形状明显，大多为规则形状	深青或蓝黑色	细腻	
	水产养殖场（14）	以水产养殖为主要目的而修建的人工湿地	—	—	较规则的条带状	深青或水绿色	边界清晰，黑白相间	
	稻田（15）	能种植水稻的农田	—	—	形状规则，有田埂、沟渠等农用设施	蔷薇红	细腻	
	盐田（16）	为获取盐业资源而修建的晒盐场所或盐池，包括卤水池、晒水池、盐垛	—	—	规则矩形且连片分布	深绿、白色	边界清晰，方格状灰白相间，粗糙	
	开放式养殖（17）	在开放式海域进行养殖活动的区域	—	—	规则矩形且连片分布	—	—	—
	其他（18）	未能分出来的类别	—	—	—	—	—	—

注：①Landsat－8 OLI，轨道号：120/32，2014 年 9 月 15 日，标准假彩色合成（NIR、Red、Green 波段 RGB 合成），比例尺 1∶100 000；②红树林，Landsat-8 OLI，轨道号：124/045，2013 年 10 月 26 日，标准假彩色合成（NIR、Red、Green 波段 RGB 合成），比例尺 1∶100 000。

3.1.3 技术流程

首先对获取的遥感影像进行波段合成与融合，使融合后的影像同时具有多波段的多光谱信息和全色波段的较高分辨率。融合后影像分辨率为 15 m。同时，根据海图等深线文件和浙江省海洋功能区划范围 shp 文件，分别确定滨海湿地的下界和上界，获取滨海湿地范围面文件，按照滨海湿地分类体系及滨海湿地类型制图符号表示系统制作 lyr 图层。根据遥感影像效果初步判断，宁波市滨海湿地中同物异谱、同谱异物情况较多，因此此处遥感解译主要考虑采用人机交互式目视解译方法。在遥感解译的同时请专家现场踏勘，选择特征性较为明显的斑块进行确认性验证，部分难以判断的地物斑块进行现场判别，以提高湿地类型判别的准确程度。

3.2 滨海湿地类型及分布特征

根据遥感解译判读结果、现场调查成果和相关资料，将各湿地斑块及其属性进行汇总统计，得到宁波沿海各县（市、区）滨海湿地类型种类和总面积等属性信息［以下统计面积单位均为公顷（hm^2）］。在现场踏勘过程中，发现藨草掺杂在互花米草中生长，从遥感影像上难以区分，因此将藨草归在互花米草类型下，表示为互花米草（藨草）。宁波市湿地总体分布如图 3-2 所示。

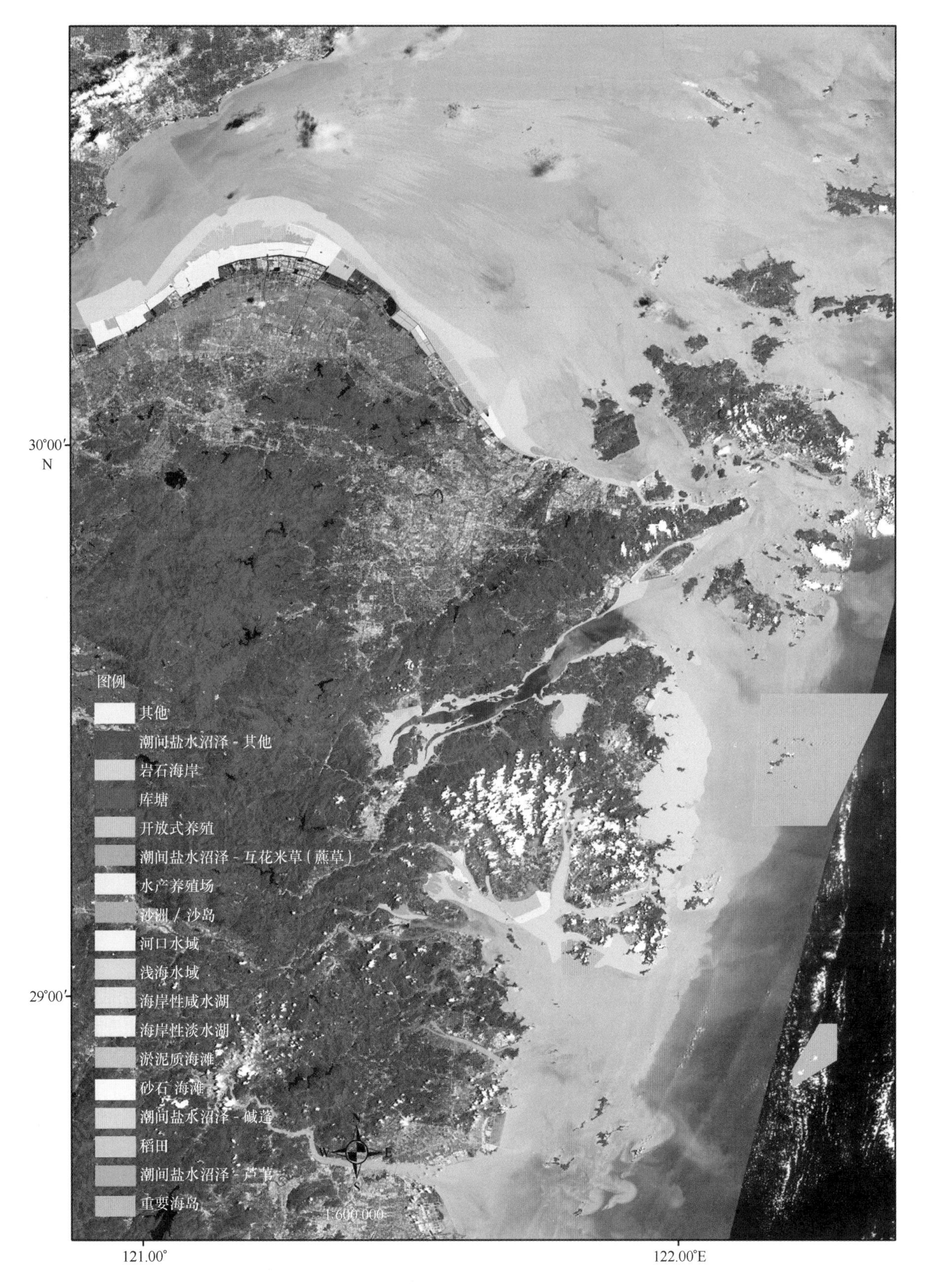

图 3-2　宁波市湿地总体分布

3.2.1 余姚市

余姚市滨海湿地总面积共 13 784 hm^2。人为利用区面积为 4 947 hm^2，占总面积的 35.9%，类型包括库塘、水产养殖场及其他用地。其中，建筑开发、待开发的荒地等其他用地的占地面积最广，占人为利用区面积的 88.5%。自然滨海湿地面积为 8 837 hm^2，占总面积的 64.1%，类型包括浅海水域、淤泥质海滩、潮间盐水沼泽-芦苇、沙洲/沙岛及海岸性咸水湖。自然滨海湿地范围内还是以浅海水域分布为主，占自然滨海湿地总面积的 88.9%。淤泥质海滩沿海岸带呈细长条带状分布，潮间带植物以芦苇为主，沿岸少量分布，面积仅占自然滨海湿地总面积的 5%。余姚市滨海湿地类型如图 3-3 和表 3-2 所示。

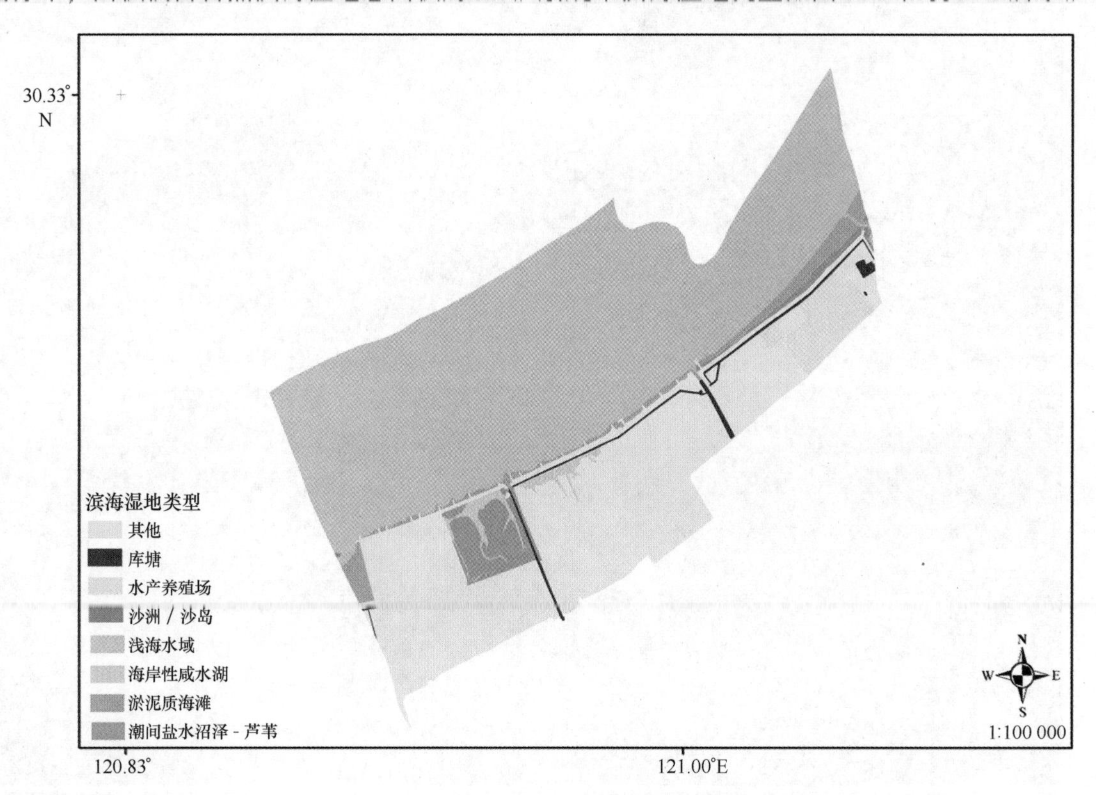

图 3-3　余姚市滨海湿地类型

表 3-2　余姚市滨海湿地类型面积　　单位：hm^2

类型	面积	类型	面积
浅海水域	7 859	海岸性咸水湖	155
淤泥质海滩	385	库塘	158
潮间盐水沼泽-芦苇	436	水产养殖场	409
沙洲/沙岛	2	其他	4 380
总计	13 784		

3.2.2 慈溪市

慈溪市滨海湿地总面积共 55 021 hm^2。人为利用区面积为 14 063 hm^2，占总面积的 25.6%，类型包括库塘、水产养殖场、稻田及其他。其中，水产养殖场面积占人为利用区面积的一半，为主要人为利用类型。自然滨海湿地面积为 40 958 hm²，占总面积的 74.4%，类型包括浅海水域、淤泥质海滩、潮间盐水沼泽-芦苇、潮间盐水沼泽-互花米草（藨草）、海岸性咸水湖及海岸性淡水湖。自然滨海湿地范围内以浅海水域分布为主，占自然滨海湿地总面积的 61.4%。第二大湿地类型为淤泥质海滩，占自然湿地总面积的 30.2%，潮间带植物则以芦苇和互花米草（藨草）为主。慈溪市滨海湿地类型如图 3-4 和表 3-3 所示。

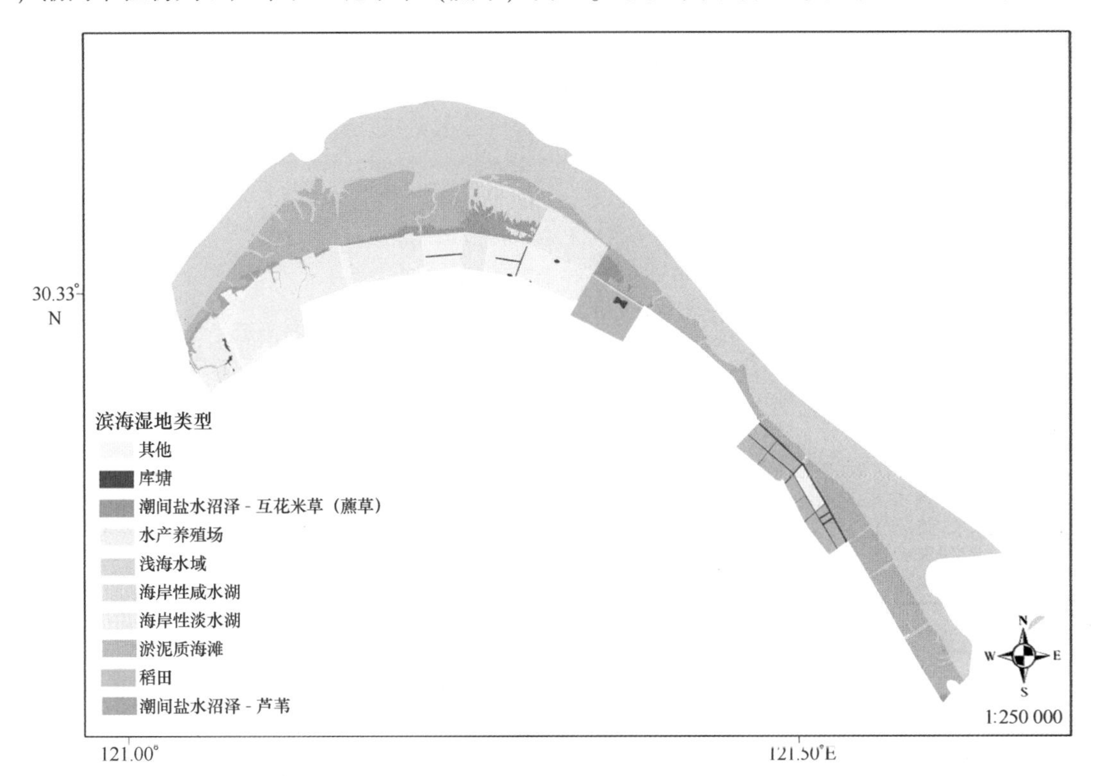

图 3-4　慈溪市滨海湿地类型

表 3-3　慈溪市滨海湿地类型面积　　单位：hm²

类型	面积	类型	面积
浅海水域	25 162	海岸性淡水湖	642
淤泥质海滩	12 349	库塘	430
潮间盐水沼泽-芦苇	750	水产养殖场	7 302
潮间盐水沼泽-互花米草（藨草）	983	稻田	2 818
海岸性咸水湖	1 072	其他	3 513
总计	55 021		

3.2.3　镇海区

镇海区滨海湿地总面积共 7 715 hm²。人为利用区面积为 1 136 hm²，占总面积的 14.7%，类型为其他用地。自然滨海湿地面积为 6 579 hm²，占总面积的 85.3%，类型包括浅海水域、淤泥质海滩、潮间盐水沼泽-芦苇、潮间盐水沼泽-互花米草（藨草）及河口水域。自然滨海湿地范围内以浅海水域分布为主，占自然滨海湿地总面积的 89. 3%，淤泥质海滩、芦苇、互花米草（藨草）分别占自然滨海湿地总面积的 8. 5%、0. 6%、0. 6%。镇海区滨海湿地类型如图 3-5 和表 3-4 所示。

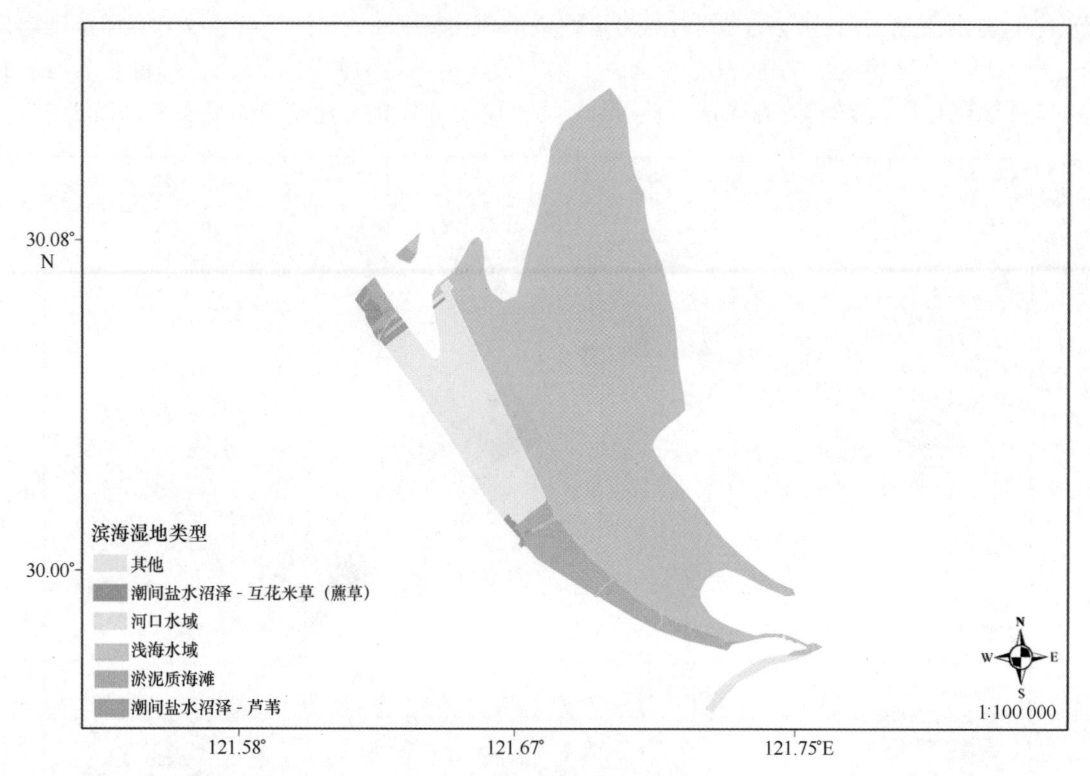

图 3-5　镇海区滨海湿地类型

表 3-4　镇海区滨海湿地类型面积　　单位：hm^2

类型	面积	类型	面积
浅海水域	5 872	潮间盐水沼泽-互花米草（藨草）	42
淤泥质海滩	558	河口水域	68
潮间盐水沼泽-芦苇	39	其他	1 136
总计	7 715		

3. 2. 4　北仑区

北仑区滨海湿地总面积共 7 948 hm^2。人为利用区面积为 637 hm^2，占总面积的 8. 0%，类型为库塘及其他用地。自然滨海湿地面积为 7 311 hm^2，占总面积的 92. 0%，类型包括浅海水域、淤泥质海滩、潮间盐水沼泽-芦苇、潮间盐水沼泽-互花米草（藨草）、潮间盐水沼泽-其他及河口水域。此处自然滨海湿地较为狭长，范围内大片为浅海水域，占自然滨海湿地总面积的 94. 2%，淤泥质海滩、芦苇、互花米草（藨草）及其他潮间盐水沼泽仅有少量分布。北仑区滨海湿地类型如图 3-6 和表 3-5 所示。

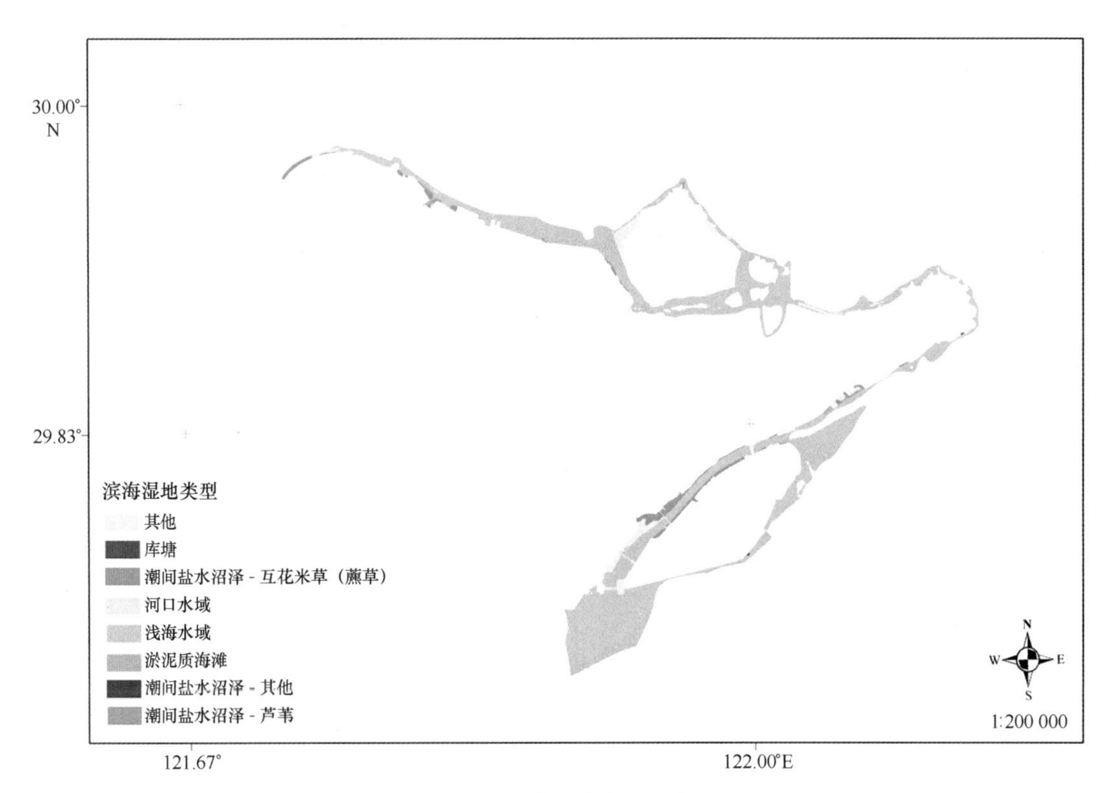

图 3-6　北仑区滨海湿地类型

表 3-5　北仑区滨海湿地类型面积　　单位：hm^2

类型	面积	类型	面积
浅海水域	6 884	潮间盐水沼泽-其他	2
淤泥质海滩	14	河口水域	33
潮间盐水沼泽-芦苇	41	库塘	2
潮间盐水沼泽-互花米草（藨草）	337	其他	635
总计	7 948		

3.2.5　鄞州区

鄞州区滨海湿地总面积共 838 hm^2。人为利用区面积为 42 hm^2，占总面积的 5.0%，类型为其他。自然滨海湿地面积为 796 hm^2，占总面积的 95.0%，类型包括浅海水域、潮间盐水沼泽-互花米草（藨草）及河口水域。此处滨海湿地类型较少，自然湿地范围内大片为浅海水域，占自然滨海湿地总面积的 87.0%，潮间盐水沼泽以互花米草（藨草）为主，占自然湿地面积的 6.6%。鄞州区滨海湿地类型如图 3-7 和表 3-6 所示。

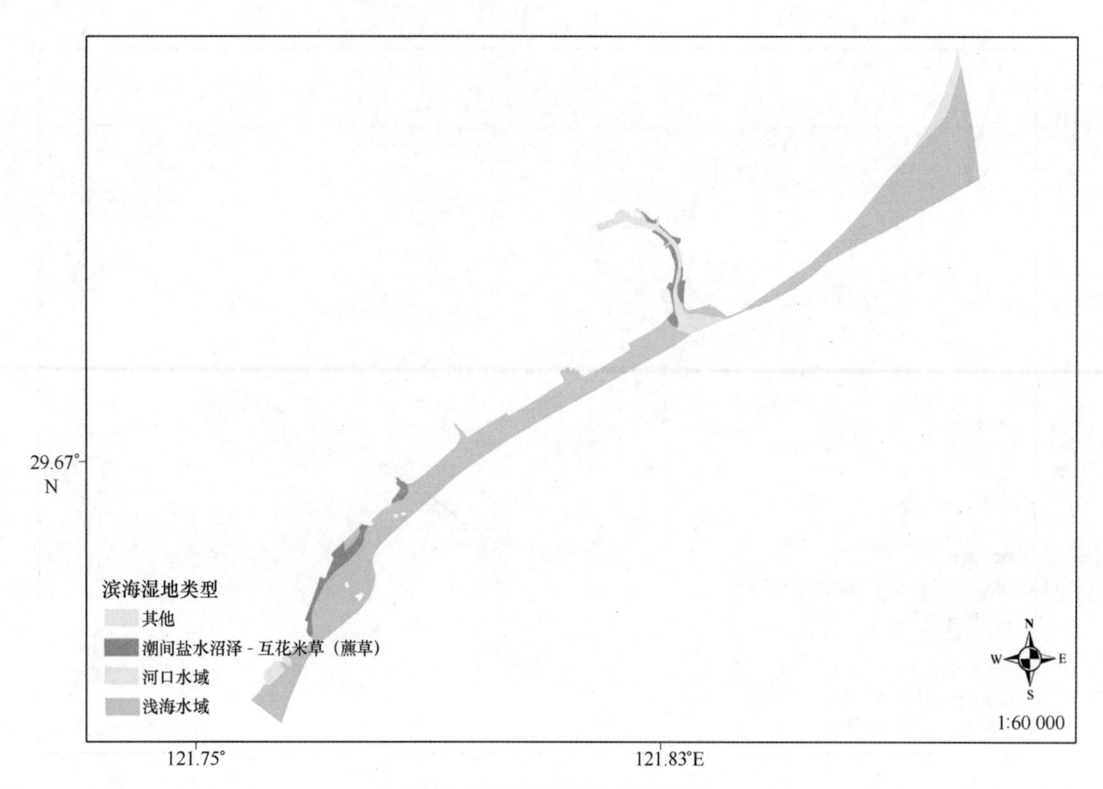

图 3-7　鄞州区滨海湿地类型

表 3-6　鄞州区滨海湿地类型面积　　单位：hm^2

类型	面积	类型	面积
浅海水域	692	河口水域	51
潮间盐水沼泽-互花米草（藨草）	53	其他	42
总计	838		

3.2.6　奉化区

奉化区滨海湿地总面积共 4 217 hm^2。人为利用区面积为 802 hm^2，占总面积的 19.0%，类型为水产养殖场、开放式养殖及其他。其中，养殖成为人为利用的主要类型，尤其开放式养殖，占人为利用面积的 77.1%。自然滨海湿地面积为 3 415 hm^2，占总面积的 81.0%，类型包括浅海水域、砂石海滩、淤泥质海滩及潮间盐水沼泽-互花米草（藨草）。自然湿地范围内大片为浅海水域，占自然滨海湿地总面积的 93.5%，沿岸有少量砂石海滩和淤泥质海滩分布，潮间盐水沼泽以互花米草（藨草）为主，占自然湿地面积的 1.3%。奉化区滨海湿地类型如图 3-8 和表 3-7 所示。

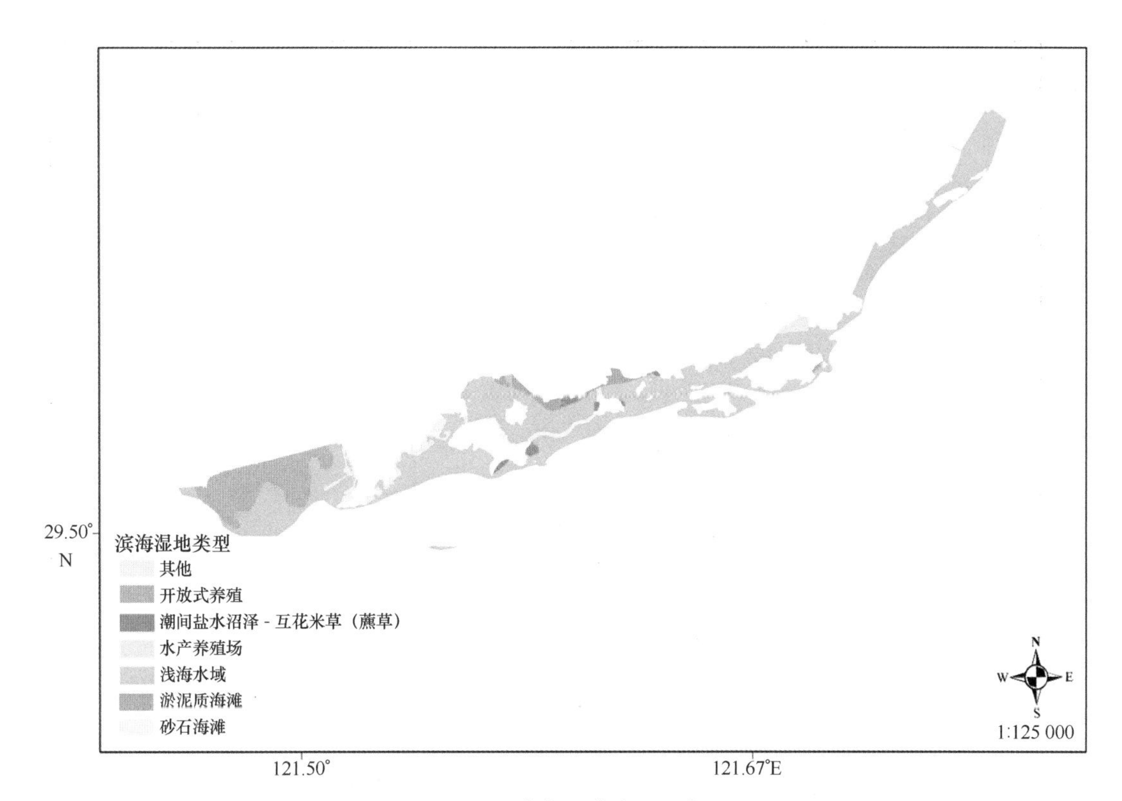

图 3-8　奉化区滨海湿地类型

表 3-7　奉化区滨海湿地类型面积　　　单位：hm^2

类型	面积	类型	面积
浅海水域	3 192	水产养殖场	44
砂石海滩	56	开放式养殖	619
淤泥质海滩	123	其他	139
潮间盐水沼泽-互花米草（藨草）	44		
总计	4 217		

3.2.7　宁海县

宁海县滨海湿地总面积共 24 042 hm^2。人为利用区面积为 5 628 hm^2，占总面积的 23.4%，类型为水产养殖场、稻田、开放式养殖及其他。其中，水产养殖场为主要人为利用类型，占人为利用面积的 50.0%，稻田作为第二大利用类型，占 36.7%。自然滨海湿地面积为 18 414 hm^2，占总面积的 76.6%，类型包括浅海水域、潮间盐水沼泽-芦苇、潮间盐水沼泽-碱蓬及潮间盐水沼泽-互花米草（藨草）。自然湿地范围内大面积为浅海水域，占自然滨海湿地总面积的 83.6%，分布有芦苇、碱蓬、互花米草（藨草）等多类潮间盐水沼泽，其中芦苇为主要类型呈大面积分布，占自然湿地面积的 13.8%。宁海县滨海湿地类型如图 3-9 和表 3-8 所示。

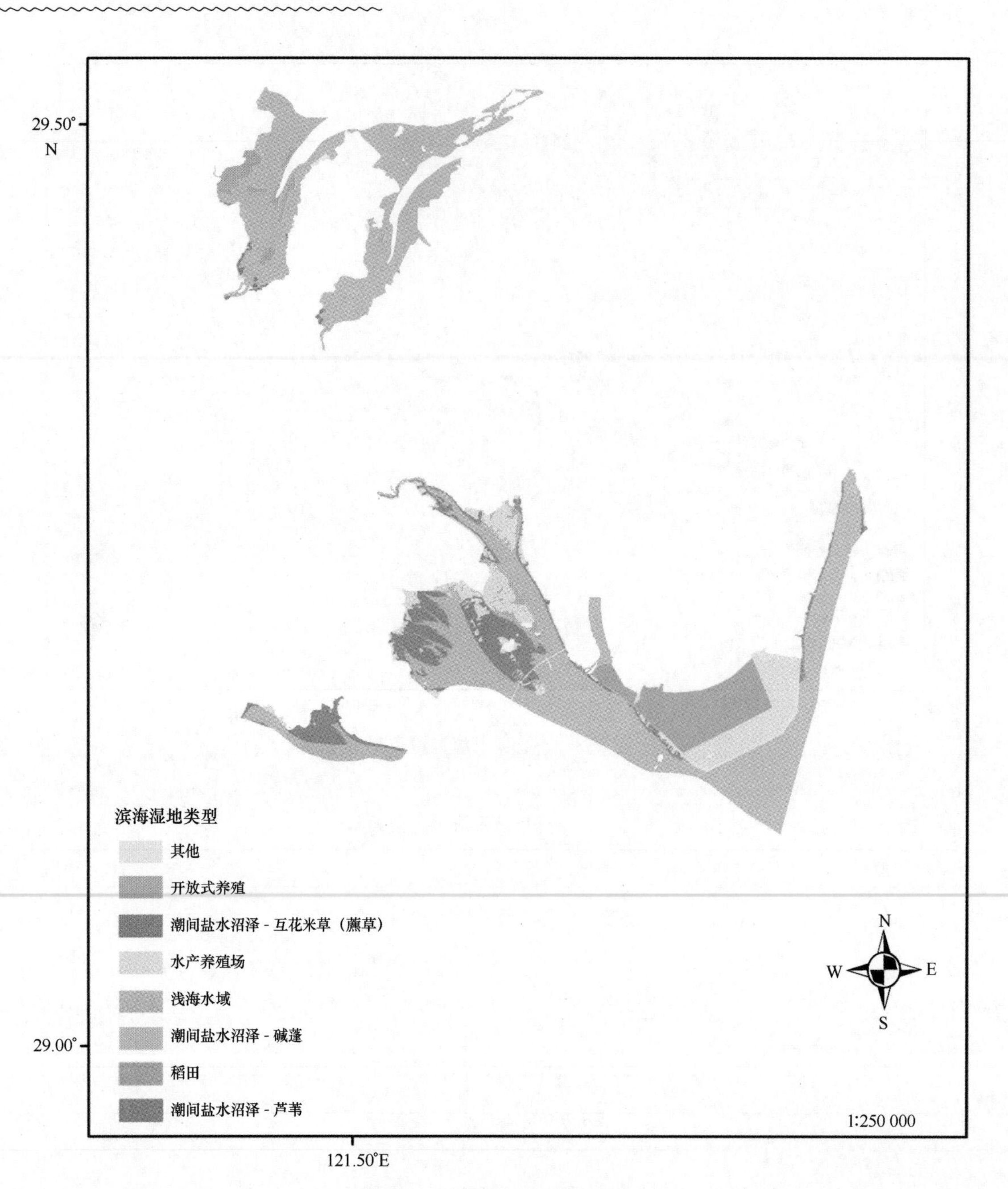

图 3-9　宁海县滨海湿地类型

表 3-8　宁海县滨海湿地类型面积　　单位：hm^2

类型	面积	类型	面积
浅海水域	15 401	水产养殖场	2 817
潮间盐水沼泽-芦苇	2 532	稻田	2 065
潮间盐水沼泽-碱蓬	398	开放式养殖	485
潮间盐水沼泽-互花米草（藨草）	83	其他	261
总计	24 042		

3.2.8 象山县

象山县滨海湿地总面积共 124 216 hm^2。人为利用区面积为 1 871 hm^2，占总面积的 1.5%，类型为库塘、水产养殖场、稻田、开放式养殖及其他。其中，水产养殖场为主要人为利用类型，占人为利用面积的 53.9%。自然滨海湿地面积为 122 345 hm^2，占总面积的 98.5%，类型包括浅海水域、砂石海滩、淤泥质海滩、潮间盐水沼泽-芦苇、潮间盐水沼泽-碱蓬、潮间盐水沼泽-互花米草（蘸草）、海岛、其他及海岸性咸水湖。自然湿地范围内大面积为浅海水域，占自然滨海湿地总面积的 48.1%，分布有少量芦苇、碱蓬、互花米草（蘸草）等多类潮间盐水沼泽。象山县滨海湿地类型如图 3-10 和表 3-9 所示。

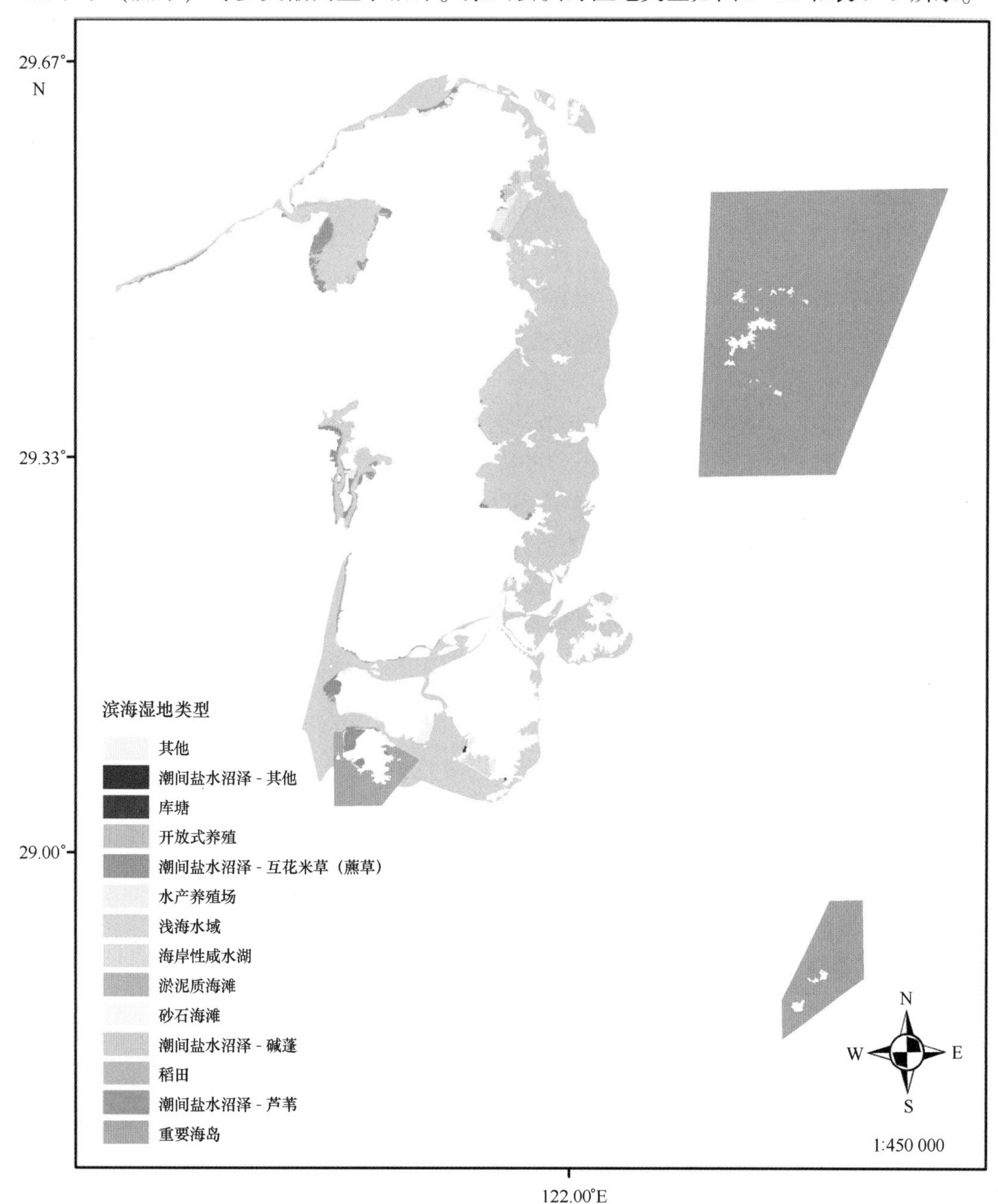

图 3-10 象山县滨海湿地类型

表 3-9 象山县滨海湿地类型面积 单位：hm^2

类型	面积	类型	面积
浅海水域	59 766	潮间盐水沼泽-互花米草（蕉草）	2 188
砂石海滩	8	潮间盐水沼泽-其他	15
淤泥质海滩	179	海岸性咸水湖	1 130
潮间盐水沼泽-芦苇	234	库塘	5
潮间盐水沼泽-碱蓬	228	水产养殖场	1 008
稻田	98	海岛	58 597
开放式养殖	71	其他	689
总计	124 216		

3.2.9 宁波市全域

宁波市滨海湿地总面积为 237 781 hm^2。其中，人为利用区面积为 29 126 hm^2，占总面积的 12.2%，类型为库塘、水产养殖场、稻田、开放式养殖及其他；自然滨海湿地面积为 208 655 hm^2，占总面积的 87.8%，类型包括浅海水域、砂石海滩、淤泥质海滩、潮间盐水沼泽-芦苇、潮间盐水沼泽-碱蓬、潮间盐水沼泽-互花米草（蕉草）、潮间盐水沼泽-其他、河口水域、沙洲/沙岛、海岸性咸水湖、海岸性淡水湖及海岛。自然湿地范围内大面积为浅海水域，占自然滨海湿地总面积的 52.5%，分布有芦苇、碱蓬、互花米草（蕉草）等多类潮间盐水沼泽，以芦苇和互花米草为主。其中芦苇占自然滨海湿地面积的 1.7%，互花米草占 1.7%，为主要潮间盐水沼泽类型，宁波市全域均有少量分布，芦苇在宁海县滨海湿地分布相对较多，而互花米草（蕉草）则在象山县湿地范围内较多。碱蓬仅在宁海县和象山县有少量分布。各湿地类型分布比例如图 3-11 所示，宁波市滨海湿地类型面积统计如表 3-10 所示。

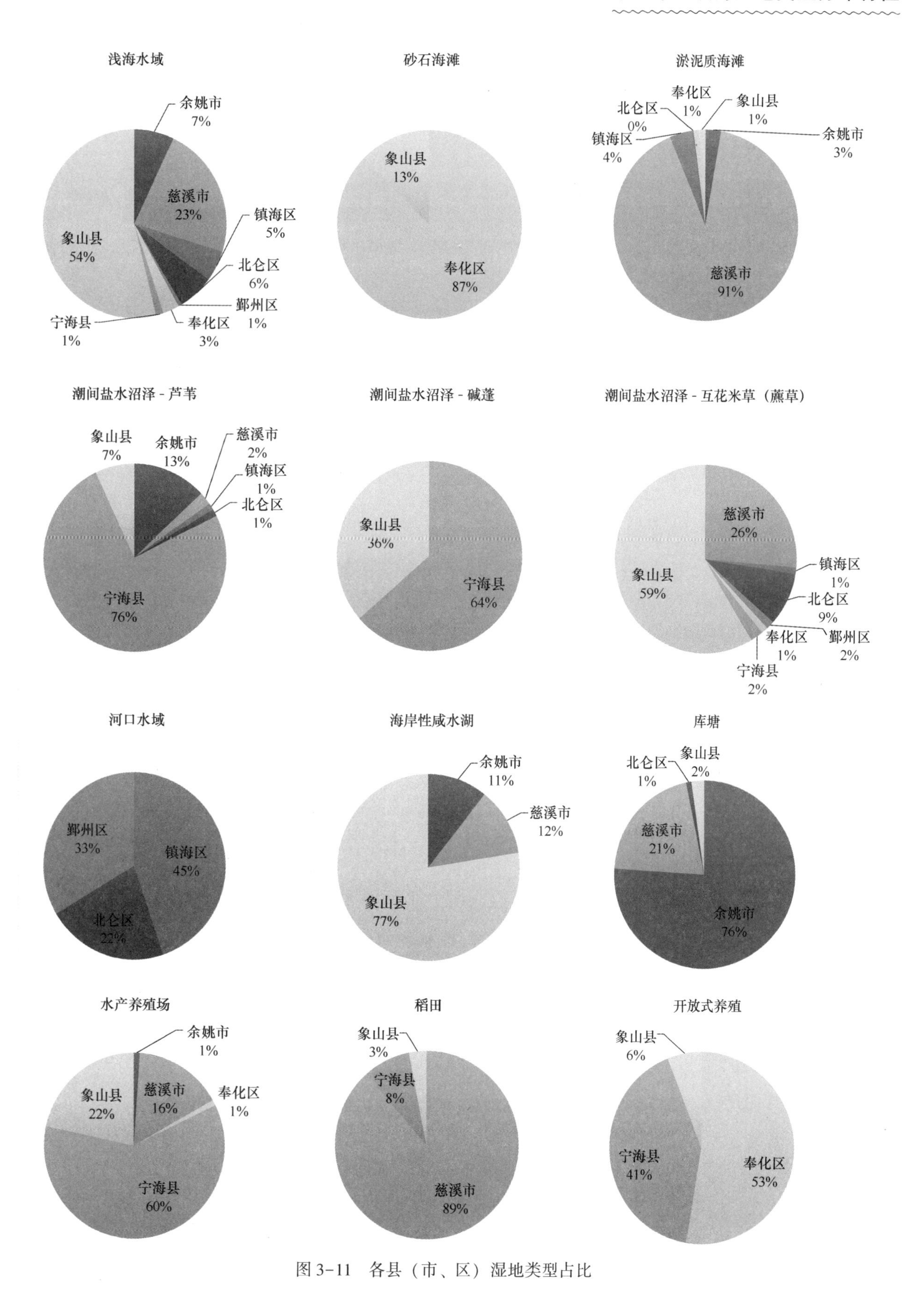

图 3-11　各县（市、区）湿地类型占比

表 3-10　宁波市滨海湿地类型面积统计

湿地类型	宁波市 余姚市 面积（hm^2）	宁波市 慈溪市 面积（hm^2）	宁波市 镇海区 面积（hm^2）	宁波市 北仑区 面积（hm^2）	宁波市 鄞州区 面积（hm^2）	宁波市 奉化区 面积（hm^2）	宁波市 宁海县 面积（hm^2）	宁波市 象山县 面积（hm^2）	宁波市 范围面积 （hm^2）	各类型在宁波 滨海湿地中 所占比例（%）
浅海水域	7 859	25 162	5 872	6 884	692	3 192	15 401	59 766	124 828	52.5
砂石海滩	—	—	—	—	—	56	—	8	64	0.03
淤泥质海滩	385	12 349	558	14	—	123	—	179	13 608	5.7
潮间盐水沼泽-芦苇	436	750	39	41	—	—	2 532	234	4 032	1.7
潮间盐水沼泽-碱蓬	—	—	—	—	—	—	398	228	626	0.3
潮间盐水沼泽-互花米草（�草）	—	983	42	337	53	44	83	2 188	3 730	1.6
潮间盐水沼泽-其他	—	—	—	2	—	—	—	15	17	0.01
河口水域	—	—	68	33	51	—	—	—	152	0.06
沙洲/沙岛	2	—	—	—	—	—	—	—	2	0.001
海岸性咸水湖	155	1 072	—	—	—	—	—	1 130	2 357	0.99
海岸性淡水湖	—	642	—	—	—	—	—	—	642	0.3
库塘	158	430	—	2	—	—	—	5	595	0.3
水产养殖场	409	7 302	—	—	—	44	2 817	1 008	11 580	4.9
稻田	—	2 818	—	—	—	—	2 065	98	4 981	2.1
开放式养殖	—	—	—	—	—	619	485	71	1 175	0.5
海岛	—	—	—	—	—	—	—	58 597	58 597	24.6
其他	4 380	3 513	1 136	635	42	139	261	689	10 795	4.5
总计	13 784	55 021	7 715	7 948	838	4 217	24 042	124 216	237 781	100

第4章　宁波市滨海湿地环境和资源特征

2017 年，本项目组织了对宁波市滨海湿地环境和资源的调查工作，调查内容包括海水质量、底质、潮间带生物资源、渔业资源、植物及植被资源、鸟类资源、两栖类和爬行类动物资源等。其中海水质量、底质、潮间带生物和渔业资源由宁波市海洋环境监测中心调查，其他部分委托有相关能力的专家开展。

4.1　海水质量现状

2017 年 7 月（夏季）和 10 月（秋季）低潮区海水水质现状调查结果统计分别如表 4-1 和表 4-2 所示，各元素含量及超标情况如下。

（1）盐度

7 月，盐度范围为 24.16~25.99，平均为 24.74；10 月，盐度范围为 8.53~26.41，平均为 16.61。

（2）pH 值

7 月，pH 值范围为 7.48~8.12，平均为 7.86；均符合第一类海水水质标准（GB 3097—1997）；10 月，pH 值范围为 7.44~8.12，平均为 7.76；均符合第一类海水水质标准（GB 3097—1997）。

（3）溶解氧（DO）

7 月，溶解氧含量范围为 5.32~6.94 mg/L，平均为 6.08 mg/L；其中 57.9%的站位海水符合第一类海水水质标准（GB 3097—1997），42.1%的站位海水符合第二类海水水质标准（GB 3097—1997）。

10 月，溶解氧含量范围为 4.85~8.88 mg/L，平均为 7.82 mg/L；除了 C05 站位海水溶解氧含量符合第三类海水水质标准（GB 3097—1997）外，其余 18 个站位海水溶解氧含量符合第一类海水水质标准（GB 3097—1997）。

（4）化学耗氧量（COD）

7 月，化学耗氧量含量范围为 0.68~2.95 mg/L，平均为 1.46 mg/L；其中 78.9%的站位海水符合第一类海水水质标准（GB 3097—1997），21.1%的站位海水符合第二类海水水质标准（GB 3097—1997）。

10 月，化学耗氧量含量范围为 0.75~3.38 mg/L，平均为 2.34 mg/L；其中 21.1%的站位海水符合第一类海水水质标准（GB 3097—1997），57.9%的站位海水符合第二类海水水质标准（GB 3097—1997），21.1%的站位海水符合第三类海水水质标准（GB 3097—1997）。

（5）油类

7 月，油类含量范围为 0.017~0.032 mg/L，平均为 0.024 mg/L；均符合第一类海水水质标准（GB 3097—1997）。

10 月，油类含量范围为 0.016~0.034 mg/L，平均为 0.023 mg/L；均符合第一类海水水质标准（GB 3097—1997）。

表 4-1　低潮区海水水质现状调查结果（2017 年 7 月）

监测站位	pH 值	盐度	DO (mg/L)	COD (mg/L)	油 (mg/L)	活性磷酸盐 (mg/L)	亚硝酸盐-氮 (mg/L)	硝酸盐-氮 (mg/L)	铵盐-氮 (mg/L)	无机氮 (mg/L)	Hg (μg/L)	As (μg/L)	Cd (μg/L)	Cu (μg/L)	Cr (μg/L)	Zn (μg/L)	Pb (μg/L)
C09	8.12	2.909	6.94	1.45	0.020	0.018 6	0.024	0.848	0.008	0.880	0.018	2.8	0.11	4.4	0.67	14	0.46
C10	7.83	22.098	6.65	0.91	0.019	0.045 5	0.009	0.723	0.017	0.749	0.023	1.7	0.08	3.1	0.47	12.8	0.45
C12	7.48	24.613	5.56	1.71	0.020	0.022 0	0.007	0.949	0.007	0.963	0.025	1.4	0.1	2.8	0.47	14.3	0.48
C13	7.89	25.093	5.54	0.99	0.026	0.043 3	0.031	0.669	0.017	0.717	0.024	2.3	0.08	2.4	0.52	12.7	0.51
C08	7.82	25.485	6.06	0.96	0.028	0.032 8	0.023	0.598	0.009	0.630	0.024	1.8	0.08	2.2	0.45	13.0	0.52
C14	8.04	25.724	6.49	0.74	0.022	0.023 5	0.019	0.616	0.011	0.646	0.026	1.3	0.06	2.6	0.49	15.2	0.58
C15	7.92	26.565	6.84	1.16	0.020	0.019 2	0.015	0.459	0.005	0.479	0.029	1	0.07	2.3	0.57	14.9	0.56
C16	7.80	2.252	6.22	1.95	0.017	0.020 1	0.016	0.493	0.003	0.512	0.026	0.7	0.07	2.5	0.56	13.5	0.39
C11	7.87	17.514	6.46	0.80	0.024	0.027 2	0.017	0.596	0.007	0.620	0.022	1.7	0.070	2.7	0.75	13.9	0.39
C01	7.98	4.758	6.74	2.45	0.020	0.047 4	0.048	1.914	0.015	1.977	0.016	2.5	0.06	2.4	0.78	15.1	0.58
C02	7.82	5.475	6.05	1.77	0.018	0.018 3	0.030	1.482	0.010	1.522	0.032	2.2	0.08	2.9	0.71	14.5	0.57
C03	7.68	11.859	5.45	2.85	0.022	0.020 8	0.007	1.007	0.006	1.020	0.024	1.7	0.09	3.2	0.71	14.3	0.38
C04	7.94	16.957	6.88	1.09	0.031	0.023 3	0.007	1.575	0.005	1.587	0.024	1.6	0.07	2.1	0.66	15.8	0.38
C05	7.90	20.912	5.36	1.18	0.024	0.022 6	0.011	1.445	0.005	1.461	0.026	2	0.07	2.4	0.74	12.6	0.33
C07	7.84	27.364	5.54	1.14	0.026	0.016 8	0.005	1.183	0.009	1.197	0.032	1.4	0.13	2.3	0.74	14.1	0.37
C06	7.77	27.267	5.80	0.68	0.032	0.020 5	0.004	1.192	0.007	1.203	0.03	1.6	0.09	2.4	0.60	12.1	0.43
C17	7.76	20.839	5.43	2.03	0.028	0.023 6	0.022	0.763	0.005	0.790	0.028	2.5	0.08	2.3	0.56	12.5	0.33
C18	7.95	27.158	5.32	2.31	0.026	0.031 6	0.005	0.819	0.006	0.830	0.032	1.4	0.06	2.7	0.79	13.9	0.48
C19	7.86	30.877	6.13	1.58	0.026	0.018 9	0.023	0.926	0.009	0.958	0.032	1.3	0.06	1.9	0.73	7.6	0.42

表 4-2 低潮区海水水质现状调查结果（2017 年 10 月）

监测站位	pH 值	盐度	DO (mg/L)	COD (mg/L)	油 (mg/L)	活性磷酸盐 (mg/L)	亚硝酸盐-氮 (mg/L)	硝酸盐-氮 (mg/L)	铵盐-氮 (mg/L)	无机氮 (mg/L)	Hg (μg/L)	As (μg/L)	Cd (μg/L)	Cu (μg/L)	Cr (μg/L)	Zn (μg/L)	Pb (μg/L)
C05	7.51	11.45	4.85	3.36	0.025	0.051 9	0.037	2.121	0.020	2.178	0.024	0.8	0.07	2.2	0.42	9.8	0.50
C06	7.48	14.14	7.98	3.16	0.027	0.078 2	0.016	1.476	0.063	1.555	0.024	1.1	0.07	2.9	0.45	5.7	0.25
C07	7.53	14.17	7.55	2.17	0.016	0.072 9	0.033	1.956	0.055	2.044	0.026	0.9	0.08	2	0.45	9.0	0.50
C08	7.44	18.79	7.12	1.47	0.020	0.092 1	0.036	1.524	0.056	1.616	0.024	1.2	0.06	2.2	0.38	3.4	0.24
C13	7.47	18.96	7.48	3.38	0.018	0.080 0	0.022	1.278	0.011	1.311	0.019	1.8	0.09	1.9	0.48	3.7	0.12
C09	7.51	23.83	7.68	3.02	0.021	0.045 8	0.011	1.278	0.065	1.354	0.024	0.8	0.08	3.7	0.49	4.2	0.34
C10	7.48	26.41	7.24	0.75	0.020	0.090 2	0.032	0.884	0.048	0.964	0.022	1.0	0.11	2.9	0.42	2.9	0.26
C11	7.60	18.26	8.37	2.63	0.017	0.095 5	0.044	2.135	0.027	2.206	0.018	0.7	0.12	3.6	0.37	3.8	0.15
C12	7.58	21.95	7.18	1.11	0.017	0.064 9	0.016	1.577	0.064	1.657	0.025	0.9	0.09	3.0	0.43	5.2	0.29
C16	7.57	12.86	7.06	1.37	0.018	0.041 4	0.011	0.704	0.034	0.749	0.02	1.0	0.09	3.5	0.47	4.5	0.58
C17	7.56	24.20	7.19	2.18	0.023	0.081 9	0.034	0.992	0.022	1.048	0.022	1.7	0.10	3.0	0.48	4.6	0.60
C14	8.04	17.786	8.50	2.55	0.032	0.034 9	0.004	0.599	0.056	0.659	0.028	1.0	0.09	3.2	0.43	8.2	0.66
C15	8.07	9.714	8.88	2.06	0.023	0.033 7	0.004	0.773	0.064	0.841	0.026	0.9	0.09	2.4	0.5	8.4	0.68
C18	8.05	15.573	8.76	2.80	0.027	0.048 1	0.010	0.919	0.052	0.981	0.026	1.4	0.09	3.3	0.54	6.8	0.30
C19	8.10	24.431	8.63	2.08	0.034	0.038 3	0.008	0.657	0.052	0.717	0.025	1.2	0.07	2	0.45	6.5	0.63
C03	8.12	12.123	8.30	2.61	0.032	0.032 8	0.021	0.815	0.045	0.881	0.026	1.5	0.10	2.2	0.43	4.9	0.19
C04	8.12	11.607	8.44	2.45	0.021	0.032 5	0.020	0.892	0.044	0.956	0.022	1.4	0.08	3.8	0.42	4.5	0.22
C01	8.11	8.529	8.69	2.75	0.033	0.068 7	0.008	1.114	0.054	1.176	0.022	1.3	0.09	1.9	0.47	7.6	0.80
C02	8.10	10.786	8.66	2.57	0.019	0.043 5	0.009	0.912	0.064	0.985	0.022	1.5	0.10	3.8	0.48	8.1	0.65

（6）活性磷酸盐

7月，活性磷酸盐含量范围为0.016 8~0.047 4 mg/L，平均为0.026 1 mg/L；其中73.7%的站位海水符合第二类海水水质标准（GB 3097—1997），15.8%的站位海水符合第三类海水水质标准（GB 3097—1997），10.5%的站位海水超第四类海水水质标准（GB 3097—1997）。

10月，活性磷酸盐含量范围为0.032 5~0.095 5 mg/L，平均为0.059 3 mg/L；其中31.6%的站位海水符合第四类海水水质标准（GB 3097—1997）；其余68.4%的站位海水超第四类海水水质标准（GB 3097—1997）。

（7）无机氮

7月，无机氮含量范围为0.479~1.977 mg/L，平均为0.986 mg/L；其中C15站位海水符合第四类海水水质标准（GB 3097—1997），其余18个站位海水超第四类海水水质标准（GB 3097—1997）。

10月，无机氮含量范围为0.659~2.206 mg/L，平均为1.257 mg/L；19个站位海水均超第四类海水水质标准（GB 3097—1997）。

（8）重金属（As、Hg、Cd、Pb、Zn、Cu、Cr）

7月和10月，重金属（As、Hg、Cd、Pb、Zn、Cu、Cr）各元素含量较低，均符合第一类海水水质标准（GB 3097—1997）。

4.2 底质质量现状

潮间带（海涂）沉积物现状调查结果统计如表4-3所示，各元素含量及超标情况如下。

（1）硫化物

硫化物含量范围为（0.7~23.2）$\times10^{-6}$，平均为7.2$\times10^{-6}$；均符合第一类海洋沉积物质量（GB 18668—2002）。

（2）有机碳

有机碳含量范围为（0.12~1.33）$\times10^{-2}$，平均为0.74$\times10^{-2}$；均符合第一类海洋沉积物质量（GB 18668—2002）。

（3）重金属（As、Hg、Cd、Pb、Zn、Cu、Cr）

重金属（As、Hg、Cd、Pb、Zn）含量较低，均符合第一类海洋沉积物质量（GB 18668—2002）。

Cu含量范围为（2.0~39.4）$\times10^{-6}$，平均为30.3$\times10^{-6}$；78.9%的站位沉积物符合第一类海洋沉积物质量（GB 18668—2002）；21.1%的站位沉积物符合第二类海洋沉积物质量（GB 18668—2002）。

Cr含量范围为（16.3~85.8）$\times10^{-6}$，平均为62.0$\times10^{-6}$；89.5%的站位沉积物符合第一类海洋沉积物质量（GB 18668—2002）；10.5%的站位沉积物符合第二类海洋沉积物质量（GB 18668—2002）。

（4）石油类

石油类含量范围为（17.9~625.6）$\times10^{-2}$，平均为141.7$\times10^{-2}$；19个站位中除C13号站位超第一类海洋沉积物质量（GB 18668—2002）；其余各站位均符合第一类海洋沉积物质量（GB 18668—2002）。

表 4-3　潮间带（海涂）沉积物现状调查结果

监测站位	硫化物 ($\times10^{-6}$)	有机碳 (%)	含水率 (%)	Hg ($\times10^{-6}$)	As ($\times10^{-6}$)	Zn ($\times10^{-6}$)	Cr ($\times10^{-6}$)	Pb ($\times10^{-5}$)	Cu ($\times10^{-6}$)	Cd ($\times10^{-6}$)	油 ($\times10^{-6}$)	pH 值	E（mv）
C01	0.9	0.12	25.8	0.013	2.94	60.7	46.7	14.5	21.2	0.08	17.9	7.78	282
C02	1.4	0.69	46.3	0.047	5.46	66.4	51.3	15.8	25.1	0.12	28.1	7.68	142
C03	2.1	0.73	62.7	0.065	6.83	73.6	64.8	22.0	31.7	0.15	27.6	7.48	118
C04	1.8	0.75	54.7	0.053	5.14	94.6	71.1	25.7	34.5	0.14	27.9	7.82	89
C05	2.1	0.74	52.2	0.049	4.95	95.8	64.4	22.8	31.8	0.11	20.2	7.78	53
C06	1.7	0.44	40.4	0.034	4.16	62.3	47.9	15.0	21.8	0.08	33.1	7.68	66
C07	1.9	0.67	50.6	0.051	5.29	81.9	61.5	27.3	30.7	0.13	50.2	7.74	92
C08	20.5	0.83	43.4	0.061	5.43	77.7	64.3	24.2	32.7	0.12	58.7	7.72	38
C09	12.1	0.86	45.6	0.055	5.63	85.7	85.8	29.8	39.2	0.16	40.3	8.01	28
C10	10.7	0.77	43.4	0.061	6.01	85.1	70.0	27.5	35.7	0.12	84.8	7.86	35
C11	23.2	1.30	64.0	0.064	6.46	137.8	68.3	36.8	39.4	0.18	107.5	7.82	105
C12	12.1	0.86	45.8	0.075	5.94	96.3	67.4	27.7	35.0	0.11	277.7	7.60	78
C13	8.8	0.80	45.1	0.059	5.67	87.4	73.1	28.1	35.0	0.12	625.6	7.78	66
C14	0.7	0.14	30.8	0.013	3.1	19.7	16.3	6.1	2.0	0.19	356.4	7.84	308
C15	2.1	0.51	43.2	0.071	6.02	70.0	50.4	18.5	25.1	0.11	212.2	7.78	130
C16	6.3	1.33	50.6	0.072	6.94	81.7	60.9	27.0	30.5	0.13	239.6	7.02	119
C17	14.4	0.90	50.3	0.077	7.13	77.1	62.9	23.7	32.4	0.12	318.7	7.62	32
C18	1.7	0.91	57.0	0.055	5.83	85.8	85.7	29.6	39.2	0.16	97.6	7.85	84
C19	13.2	0.67	46.0	0.049	5.04	87.7	65.2	25.0	31.9	0.10	67.3	7.78	52

4.3 植物区系和植被现状

4.3.1 植物区系

4.3.1.1 物种多样性

宁波滨海湿地植物种类丰富，共有维管植物24科58属70种（表4-4）。其中种类较多的优势科有禾本科（Gramineae）（15种，占21.42%）、菊科（Compositae）（13种，占18.57%）、莎草科（Cyperaceae）（6种，占8.57%）、豆科（Leguminosae）（5种，占7.14%）、藜科（Chenopodiaceae）（6种，占8.57%）、蓼科（Polygonaceae）（4种，占5.71%）。种类较多的优势属有狗尾草属（*Setaria*）、蓼属（*Polygonum*）、碱蓬属（*Suaeda*）、薹草属（*Carex*）、藜属（*Chenopodium*）、翅果菊属（*Pterocypsela*）等。其中典型湿地植物35种，占整个湿地植物种类的50%。

表4-4 宁波滨海湿地植物名录

序号	种类
	（一）禾本科（Gramineae）
1	*芦苇 *Phragmites australis*（Cav.） Trin. ex Steud.
2	毛马唐 *Digitaria chrysoblephara* Fig. & De Not.
3	*稗 *Echinochloa crusgalli*（L.）P. Beauv. var. *Crusgalli*
4	*长芒稗 *E. caudata* Roshev.
5	皱叶狗尾草 *Setaria plicata*（Lam.）T. Cooke var. *Plicata*
6	大狗尾草 *S. faberi* R. A. W. Herrm.
7	狗尾草 *S. viridis*（L.）P. Beauv. subsp. Viridis
8	牛筋草 *Eleusine indica*（L.）Gaertn.
9	*拂子茅 *Calamagrostis epigeios*（L.）Roth var. Epigeios
10	*獐茅 *Aeluropus littoralis* var. *sinensis*
11	狗牙根 *Cynodon dactylon*（L.）Pers.
12	假俭草 *Eremochloa ophiuroides*（Munro）Hack.
13	*白茅 *Imperata cylindrica*（L.）Beauv.
14	*互花米草 *Spartina alterniflora* Loisel.（外来入侵植物）
15	*大米草 *S. anglica* Hubb.（外来入侵植物）
	（二）菊科（Compositae）
16	小白酒草 *Conyza canadensis*（L.）Cronq.
17	钻形紫菀 *Aster subulatus* Michx（外来入侵植物）
18	*野艾蒿 *Artemisia lavandulifolia* DC.
19	加拿大一枝黄花 *Solidago canadensis* L.（外来入侵植物）
20	菊苣 *Cichorium intybus* L.
21	多裂翅果菊 *Pterocypsela laciniata*（Houtt.）Shih
22	翅果菊 *P. indica*（L.）Shih
23	*碱菀 *Tripolium vulgare* Nees

续表

序号	种类
24	狼杷草 *Bidens tripartita* L.
25	华泽兰 *Eupatorium chinense* L.
26	* 鳢肠 *Eclipta prostrata*（L.）L.
27	* 匍匐苦荬菜 *Ixeris repens*（Linn.） A. Gray
28	* 普陀狗娃花 *Heteropappus arenarius* Kitam.
	（三）莎草科（Cyperaceae）
29	* 海三棱藨草 *Scirpus xmaviqueter* Tang et Wang（中国特有植物）
30	* 筛草 *Carex kobomugi* Ohwi
31	* 矮生薹草 *C. pumila* Thunb.
32	* 糙叶薹草 *C. scabrifolia* Steud
33	* 绢毛飘拂草 *Fimbristylis sericea*（Poir.） R. Br.
34	* 香附子 *Cyperus rotundus* L.
	（四）豆科（Leguminosae）
35	* 田菁 *Sesbania cannabina*（Retz.） Poir.
36	草木犀 *Melilotus officinalis*（L.） Pall
37	野大豆 *Glycine soja Siebold* & Zuccarini（国家二级保护植物）
38	鸡眼草 *Kummerowia striata*（Thunb.） Schindl.
39	截叶铁扫帚 *Lespedeza cuneata*（Dum. Cours.） G. Don
	（五）苋科（Amaranthaceae）
40	* 莲子草 *Alternanthera sessilis*（L.） R. Br. ex DC（外来入侵植物）
	（六）藜科（Chenopodiaceae）
41	狭叶尖头叶藜 *Chenopodium acuminatum* Willd. subsp. *virgatum*（Thunb.） Kitam.
42	灰绿藜 *Ch. glaucum* L.
43	菱叶藜 *Ch. bryoniifolium* Bunge
44	* 盐地碱蓬 *Suaeda salsa*（L.） Pall.
45	* 南方碱蓬 *S. australis*（R. Br.） Moq.
46	* 盐角草 *Salicornia europaea* L.
	（七）蓼科（Polygonaceae）
47	* 羊蹄 *Rumex japonicus* Houtt.
48	* 春蓼 *Polygonum persicaria* L.
49	* 酸模叶蓼 *P. lapathifolium* L. var. *Lapathifolium*
50	* 萹蓄 *P. aviculare* L.
	（八）马齿苋科（Portulacaceae）
51	马齿苋 *Portulaca oleracea* L.
	（九）伞形科（Umbelliferae）
52	野胡萝卜 *Daucus carota* L.（外来入侵植物）
53	* 珊瑚菜 *Glehnia littoralis* Fr. Schmidt ex Miq.（国家二级保护植物）（中国特有植物）

续表

序号	种类
	（十）柽柳科（Tamaricaceae）
54	*柽柳 *Tamarix chinensis* Lour.
	（十一）茄科（Solanaceae）
55	龙葵 *Solanum nigrum* L.
	（十二）唇形科（Labiatae）
56	杭州石荠苎 *Mosla hangchowensis* Matsuda
	（十三）马鞭草科（Verbenaceae）
57	*单叶蔓荆 *Vitex trifolia* L. var. *simplicifolia* Cham.
	（十四）萝藦科（Asclepiadaceae）
58	萝藦 *Metaplexis japonica*（Thunb.）Makino
	（十五）柳叶菜科（Onagraceae）
59	*柳叶菜 *Epilobium hirsutum* L.
	（十六）桑科（Moraceae）
60	葎草 *Humulus scandens*（Lour.）Merr.
	（十七）商陆科（Phytolaccaceae）
61	美洲商陆 *Phytolacca Americana* L.（外来入侵植物）
	（十八）葡萄科（Vitaceae）
62	异叶蛇葡萄 *Ampelopsis humulifolia* Bunge var. *Heterophylla*
63	乌蔹莓 *Cayratia japonica*（Thunb.）Gagnep.
	（十九）败酱科（Valerianaceae）
64	宽裂缬草 *Valeriana fauriei* Briq.
	（二十）旋花科（Convolvulaceae）
65	*肾叶打碗花 *Calystegia soldanella*（Linn.）R. Br.
66	菟丝子 *Cuscuta chinensis* Lam.
	（二十一）榆科（Ulmaceae）
67	榔榆 *Ulmus parvifolia* Jacq
	（二十二）杨柳科（Salicaceae）
68	旱柳 *Salix matsudana* Koidz.
	（二十三）眼子菜科（Potamogetonaceae）
69	*菹草 *Potamogeton crispus* L.
	（二十四）川蔓藻科（Ruppiaceae）
70	*川蔓藻 *Ruppia maritima* Linn.

注：带*号物种为典型湿地植被物种（依据中国环境生态网）。外来入侵物种及国家保护植物均在名录中标出。

濒危保护植物有野大豆和珊瑚菜，均为国家二级保护植物。野大豆见于杭州湾湿地周围，分布面积狭窄，数量稀少（图 4-1）。珊瑚菜见于象山海滨沙地（图 4-2）。

图 4-1　国家二级保护植物——野大豆

图 4-2　国家二级保护植物——珊瑚菜

典型的盐生植物有 15 种，有旱柳（*Salix matsudana*）、萹蓄（*Polygonum aviculare*）、野大豆（*Glycine soja*）、黄花草木犀（*Melilotus officinalis*）、田菁（*Sesbania cannabina*）、野胡萝卜（*Daucus carota*）、芦苇（*Phragmites australis*），碱蓬属（*Suaeda*）2 种（南方碱蓬 *Suaeda australis*，盐地碱蓬 *S. salsa*），苦荬菜属（*Ixeris*）1 种，互花米草（*Spartina alterniflora*）等。

4.3.1.2　科属组成

宁波滨海湿地植物区系以含 1~2 种的小科为主，共 17 科（表 4-5）。占总科数的 78.3%。含 10 种以上的大科仅有 2 科，即禾本科（Mramineae）（15 种）、菊科（Asteraceae）（13 种）；含 5 种以上的大科依次为莎草科（Cyperaceae）（6 种）、豆科（Leguminosae）（5 种）、藜科（Chenopodiaceae）（6 种）。

表 4-5　宁波滨海湿地维管植物科属种分布

分类群	科数（科）	科比例（%）	属数（属）	属比例（%）	种数（种）	种比例（%）
双子叶植物	20	83.33	41	70.69	47	67.14
单子叶植物	4	16.67	17	29.31	23	32.86
总计	24	100	58	100	70	100

4.3.1.3 生活型

草本植物26种，占总植物种数的89.99%，其中以1~2年生草本为主，占草本植物种数的41.26%。在木本植物中，落叶乔木、落叶灌木比例相当，木质藤本种类较少，常绿木质藤本仅2种，落叶木质藤本1种。这与其生活在滨海湿地有关，该地区植被处于演替前期阶段。

由于土壤条件的限制，宁波滨海湿地区以天然植被为主，绝大部分植物都是自然演替和外部侵入物种。杭州湾湿地的植物由盐生植物和入侵植物组成，从植物物种分类来看，植物主要有藜科、菊科、禾本科、豆科、还有杨柳科（Salicaceae）、蓼科、苋科（Amaranthaceae）、伞形科（Umbelliferae）、桑科（Moraceae）、柽柳科（Tamaricaceae）、茄科（Solanaceae）等，以草本为主。象山东部砂生植被形成规律演替的湿地植被，主要有砂钻苔草、单叶蔓荆、矮生薹草、绢毛飘拂草等。三门湾与镇海湿地主要有互花米草组成的单一群落为主，还有藜科的一些种类，如碱蓬子。

4.3.1.4 地理成分

宁波滨海湿地植物区系中含15个分布类型中的11个（表4-6）。该区系以泛热带分布、北温带分布2个类型为主，共有28属，占总属数的48.28%，其次是旧世界温带分布4属。热带分布成分8属占13.79%。中国特有种有2个，分别是海三棱藨草和珊瑚菜，占总种数的2.86%。从属的分布区类型及百分比来看，植物区系具有明显的亚热带到北温带的过渡性。同时，值得指出的是该区系中世界分布有14属，这也说明了该区系植物的入侵性及与植物的全球分布范围有着广泛的联系。与浙江省湿地植物区系（陈征海等，2002）比较，宁波滨海种子植物中的泛热带分布、北温带分布2个类型明显偏高；而热带亚洲和热带美洲间断分布、中国特有分布、热带亚洲至热带大洋洲分布、东亚和北美洲间断分布和东亚分布等类型却明显低于浙江省湿地植物区系。这与该地属于围垦年限较短的新湿地的特殊生境有关。由于土壤的盐碱性质，宁波滨海工业区典型的盐生植物有15种，自然入侵的盐生植物主要有泛热带分布型的田菁属（*Sesbania*），北温带分布型的柳属（*Salix*）和蓼属（*Polygonum*），世界分布型的藜属（*Chenopodium*）和马唐属（*Digitaria*）等。

表4-6 宁波滨海湿地种子植物属的分布区类型

序号	分布区类型	属数（属）	占总属数比例（%）	浙江省湿地植物属数（属）	占全省总属数比例（%）
1	世界分布	14/58	24.13	79	17.72
2	泛热带分布	14/58	24.13	107	13.08
4	旧世界热带分布	4/58	6.90	15	26.67
5	热带亚洲至热带大洋洲分布	1/58	1.72	15	6.67
6	热带亚洲至热带非洲分布	1/58	1.72	13	7.69
7	热带亚洲分布	2/58	3.45	20	10
8	北温带分布	10/58	17.24	88	15.9
8-4	北温带和南温带间断分布	4/58	6.90		
9	东亚和北美洲间断分布	3/58	5.17	18	16.67
10	旧世界温带分布	2/58	3.45	34	5.88
12	中亚分布	2/58	3.45	2	100
14	东亚分布	2/58	3.45	32	12.5
14（SJ）	中国—日本分布	2/58	3.45		

4.3.1.5　外来入侵植物

宁波滨海湿地外来入侵植物 7 种，占总数的 11.42%，隶属于 5 科 7 属，包括互花米草、大米草、钻形紫菀、加拿大一枝黄花、空心莲子草、野胡萝卜和美洲商陆。以互花米草分布最广，几乎遍布宁波市滨海湿地（图 4-3）。

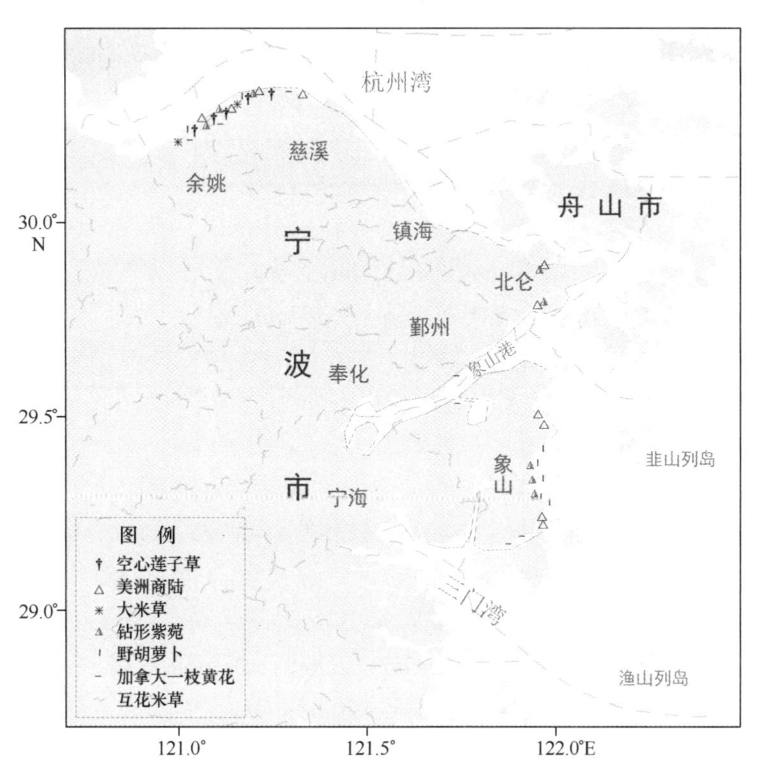

图 4-3　宁波滨海湿地外来入侵物种分布示意

4.3.2　植被类型与群落分布

参照浙江省湿地植被分类系统（李根有等，2002），宁波市滨海湿地植被分为灌丛湿地植被型组和草本湿地植被型组 2 个植被型组，包括盐生灌丛湿地型、高草湿地型、低草湿地型和水域植被型 4 个植被型，共计 28 个植被群。

一、灌丛湿地植被型组——盐生灌丛湿地型

（1）柽柳灌丛 Form. *Tamarix chinensis*

（2）单叶蔓荆灌丛 Form. *Vitex trifolia* var. *simplicifolia*

（3）南方碱蓬灌丛 Form. *Suaeda australis*

二、草本湿地植被型组

Ⅰ高草湿地型

（一）禾草高草湿地亚型

（1）芦苇群落 Form. *Phragmires australis*

（2）互花米草群落 Form. *Spartina alternif lora*

（3）大米草群落 Form. *Spartina anglica*

（4）狗尾草群落 Form. *Setaria* spp.

（5）稗群落 Form. *Echinochloa crusgalli*

（6）白茅群落 Form. *Imperata cylindrica* var. *major*

（二）杂类草高草湿地亚型

（1）水烛群落 Form. *Typha angustif lora*

（2）酸模叶蓼群落 Form. *Polygonum lapathifolium*

（3）碱篷群落 Form. *Suaeda* spp.

（4）田菁群落 Form. *Sesbania cannabina*

（5）草木樨群落 Form. *Melilotus*

（6）碱菀群落 Form. *Tripolium vulgare*

（7）白酒草群落 Form. *Conyza* spp.

（8）钻形紫菀群落 Form. *Astersublatus*

Ⅱ低草湿地型

（一）禾草低草湿地亚型

（1）狗牙根群落 Form. *Cynodon dactylon*

（2）假俭草群落 Form. *Fimbristylis sericea*

（3）假俭草、绢毛飘拂草群落 Form. *Eremochloa ophiuroides*

（二）苔草低草湿地亚型

（1）矮生苔草群落 Form. *Carex pumila*

（2）糙叶苔草群落 Form. *Carex scabrifolia*

（3）砂钻苔草群落 Form. *Carexkobomugi*

（三）杂类草低草湿地亚型

（1）香附子群落 Form. *Cyperus rotundus*

（2）海三棱草群落 Form. *Scirpus mariqueter*

Ⅲ水域植被型

（一）沉水植物亚型

（1）菹草群落 Form. *Potamogeton crispus*

（2）川蔓藻群落 Form. *Ruppia maritima*

4.3.2.1 宁波滨海植物群落的水平分布特征

（1）杭州湾湿地植被的水平分布特征

杭州湾湿地植物群落以芦苇群落、大米草群落和海三棱藨草群落为主。群落分布格局为裸滩—海三棱藨草（互花米草）—芦苇（互花米草）。

海三棱藨草空间跨度最大，有 2 km 左右。多数被海水浸淹，植物多样性单一，很少伴生种。海三棱藨草分为内、中、外 3 个分布带。内带为近海的海三棱藨草定居带，分布格局为集群分布；中带为海三棱藨草生长最适的中潮位地带，分布格局为均匀分布；外带为海三棱藨草与芦苇的交错区，分布格局为随机分布。内外带明显不同，如外带平均高度（12±1.45）cm，内带平均高度为（50±7.35）cm，内带明显高于外带。外带盖度为 15%，内带平均盖度 81%，说明外带盖度小于内带。外带生物量为（192±9.23）g/m^2，内带生物量为（401±101）g/m^2，内带明显高于外带。随高程增高，海三棱藨草逐渐被芦苇和互花米草取代，芦苇的高度不断增加，盖度不断增大，生物量也在不断增加。伴生种有碱菀、野艾蒿、加拿大一枝黄花等多年生植物。

近年来，在长江口许多重要湿地先后引入外来种互花米草，实施种青促淤造陆工程。引入的互花米草快速扩散，导致海三棱藨草群落的面积迅速减少。已经入侵演替的各个阶段。低海拔区互花米草的种群为先锋种群，形成时间短呈斑块状分布，单株生物量小。高海拔的互花米草群落形成时间较久远，常常成片分布，单株生物量大。其群落生活在1~3 m的高程范围内，常与芦苇群落呈斑块状交错分布，以环状包围的形式与芦苇群落形成竞争，互花米草环内的芦苇长势较差，而互花米草长势明显好于芦苇。互花米草植株高度较高，有时也与碱蓬群落交错分布。互花米草群落内无伴生种。由于互花米草的入侵改变整个群落即演替格局，形成两类扩散前沿即互花米草扩散前沿与互花米草+海三棱藨草扩散前沿。演替类型有：①光滩—互花米草群落——海三棱藨草—互花米草——互花米草—芦苇群落，互花米草—碱蓬群落；②光滩——海三棱藨草—互花米草——互花米草—芦苇群落，两种格局。滩涂围垦由来已久，随着条件较好的潮上带已大部分被围垦，自然盐沼日趋减少，互花米草已成为许多岸段的主要建群物种。

（2）象山海滨沙地植被水平分布特征

海滨沙地植被多分布于象山县东部。象山海滨分布有3个典型的海滨沙地植被样地。以地理位置分别标志为海滨沙地（一）（29.470 534N，121.966 795E）、海滨沙地（二）（29.452 666N，121.974 674E）（地名称：白沙湾）、（三）（29.437 286N，121.962 514E）（地名称：黄金海岸）。海滨沙地（一）主要分布有肾叶打碗花群落、狗牙根群落、假俭草群落、矮生苔草群落。这些植物群落多数位于高潮带。中潮带及低潮带，已经被开发为游泳区，植被受到严重破坏。在高潮带的群落中，优势群落为矮生苔草及狗牙根群落。呈镶嵌分布。肾叶打碗花群落零散分布于其他群落之间。假俭草群落只有少量分布，呈集群分布状态。海滨沙地（二）地理名称为白沙湾，这里受人为干扰较少，保存有较完好的沙生植被群落，沙生植被的水平分布格局也最完整。群落类型有单叶蔓荆群落、肾叶打碗花群落、匍匐苦荬菜群落、砂钻苔草群落、小白酒草群落、矮生苔草群落从高潮线始，向着高程，直到堤岸，群落的演替规律，或水平分布格局为，矮生苔草群落—匍匐苦荬菜群落 肾叶打碗花群落—砂钻苔草群落—绢毛飘拂草群落—单叶蔓荆筛草群落—单叶蔓荆群落—小白酒草及蒿草群落。单叶蔓荆群落分布于沙滩后缘。

矮生苔草是先锋群落，生于高盐的低潮区水线上，本身具有深而长的根茎。匍匐苦荬菜伴生于其间。肾叶打碗花总是作为砂质、沙砾质、砾石质土地的优势种或伴生种出现在海滨地带。肾叶打碗花分布在砂钻苔草的靠海一侧。绢毛飘拂草常组成单一群落，其外侧为单叶蔓荆群落，构成顶级群落。

4.3.2.2 滨海湿地植物群落多样性组成及其特征

（1）芦苇（*Phragmites australis*）群落

芦苇群落是滩涂上最常见的植物群落，有时与其他植物群落镶嵌分布，有时大面积占领一片涂面，形成沼泽状。它们常生于含盐量较低之地。从生态序列来看，多数为海—裸滩—海三棱藨草—芦苇，芦苇往往生长在海滩最内侧。如慈溪海塘滨海湿地，沿着海塘大坝分布着大面积的芦苇群落，而且多数成为单一优势种的群落。但是其分布多数集中于沿岸，可能是其生长需要低盐环境有关。由于互花米草的侵入，往往形成芦苇与互花米草的群落斑块镶嵌水平分布结构。在慈溪海塘的大面积滩涂上往往也形成海三棱藨草与芦苇交错镶嵌的斑块水平分布结构。在慈溪海塘池塘湿地或水塘湿地，由于人为开挖养殖池，在池塘边缘往往分布大面积的芦苇群落。镇海及北仑的沿海湿地也分布有大量芦苇群落，其分布也是近岸分布，或靠近堤坝分布。而三门湾的滨海湿地大面积芦苇群落较少，只是分布于堤坝一线。象山滨海湿地人为开发相当严重，自然的芦苇群落已经受到破坏，在沿海大坝的堤外已很少见到芦苇群落，但堤内的低盐区，则仍有较大面积的芦苇群落分布。其高度为0.56~1.65 m，盖度为 50%~100%，生物量为 0.45~3.87 kg，多度为 13~92 m^2，基部直径为 4~7 mm。群落的伴生种有小白酒草（*Conyza canadensis*）、苦苣菜（*Sonchus oleraceus*）、钻形紫菀（*Aster subulatus*）、盐地碱蓬（*Suaeda salsa*）、海三棱藨草（*Scirpus xmaviqueter*）、狭叶香蒲（*Typha angustifolia*）、田菁（*Sesbania cannabina*）。

杭州湾湿地芦苇群落，往往形成单一优势种群落，而象山北仑及镇海的芦苇群落种类较为复杂，往往形成复合群落。而且是一种不稳定的芦苇群落（图 4-4）。

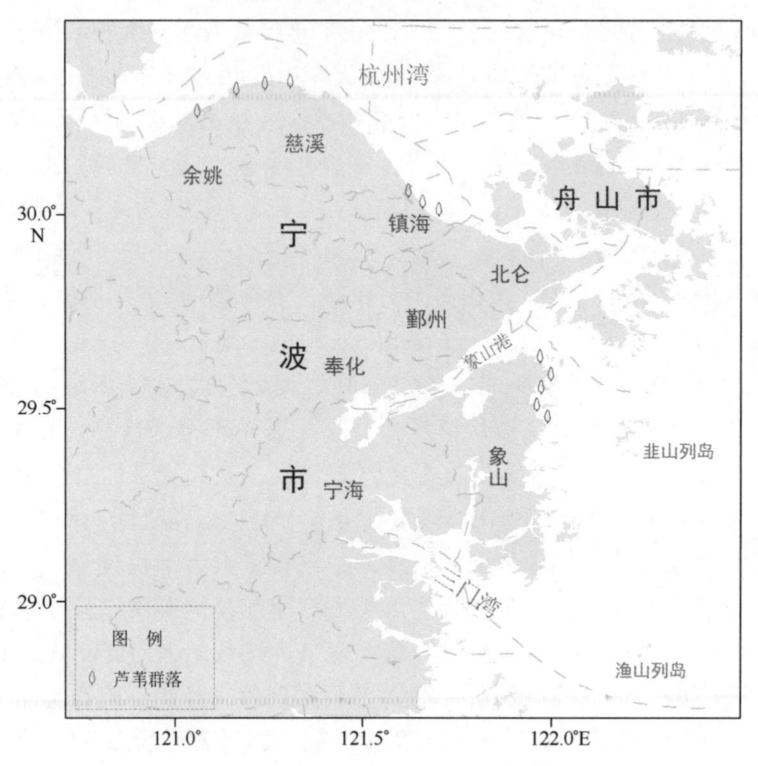

图 4-4　宁波滨海湿地芦苇群落主要分布区

芦苇群落是本区的占优势的植被类型，是具有多种生态功能的植被类型，除了具有显著的经济效益外，还具有减少水分蒸发、保持土壤水分、调节空气湿度、增加土壤有机质和改造滩涂的作用。

（2）海三棱藨草（*Scirpus xmaviqueter*）群落

海三棱藨草是中国特有种，主要分布在长江口和杭州湾一带的潮间带，常形成单种群群落，是长江口盐沼的优势植物，具有防浪、促淤和控制海岸侵蚀的作用。多生于较湿的滩涂上，往往与裸滩相连接，有时也生于浅海水中，为群落演替的初级阶段，土壤为新形成的滩涂盐土，含盐量较高，为 0.43%~0.78%，pH 值为 8.10~9.07，一般植物很难生存。在潮上带的滩涂中，有时也可以见到海三棱藨草群落与芦苇群落、獐茅群落呈镶嵌状生长。

潮上带海三棱藨草，群落单一，由于频繁受到潮水干扰，盖度为 15%~70%，高度为 0.35~0.64 m，多度为 7~315 m^2，鲜重质量为 0.11~0.6 kg/m^2，茎秆基部直径为 3~5 cm。群落往往构成复合群落，伴生种有互花米草、芦苇、盐地碱蓬、南方碱蓬。中潮带以内海三棱藨草，生长良好，与互花米草交错生长，平均盖度为 81%，高度为（50±7.35）cm，密度为（1 938±110）株/m^2，地上生物量平均为（401±101）g/m^2。海三棱藨草带空间跨度最长处为 2 km。由于被潮水淹没时间长，植物多样性很低，未记录到伴生种。

海三棱藨草多分布于杭州湾湿地，镇海湿地只有少量分布。而象山和三门湾分布就更少。杭州湾湿地公园未受到人为破坏与干扰，可能保护了海三棱藨草的原生态环境。而象山与三门湾海岸带人为干扰严重，海三棱藨草的自然生长环境遭到破坏，分布面积逐渐趋于减少（图4-5）。

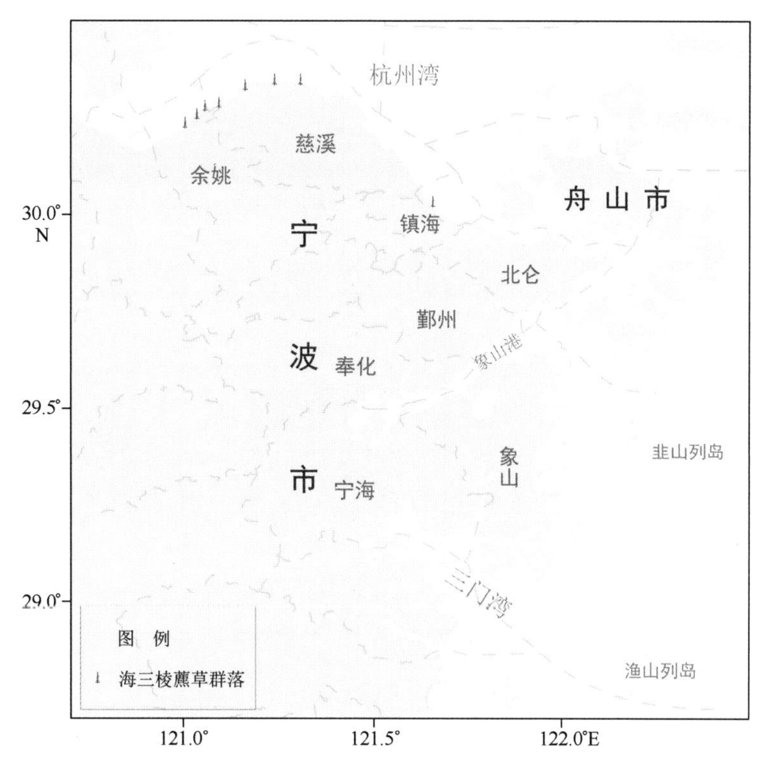

图4-5 宁波滨海湿地海三棱藨草群落主要分布区

低潮区的先锋物种海三棱藨草生长良好，颜色葱绿，海三棱藨草的优势度随着高程的增高总体呈降低趋势。

（3）互花米草（*Spartina alterniflora*）群落

互花米草为多年生草本植物。原产北美东海岸，是当地盐沼优势种，具有很强的促进泥沙沉降的能力。由于无意传播和有意引入，互花米草已经在许多河口湾和海湾的潮间带形成了严重的入侵。

在高潮带的互花米草常与芦苇群落呈斑块状交错分布，互花米草群落常常以环状包围的形式与芦苇群落形成竞争，互花米草长势明显好于芦苇。在景观格局上表现出明显的成带分布状态。互花米草具有较高的生物量、较快的生长速率、较高的个体高度、较大的郁闭度。高度为1.2~2 m，盖度为80%~95%，多度为45~123株/m^2，鲜重生物量为0.3~3.84 kg/m^2，植株基径为4~6 mm。

在低潮带，互花米草侵入海三棱藨草群落，与其呈镶嵌状分布。高度为1.15~1.6 m，盖度为85%~90%，多度为74~75株/m^2，鲜重生物量为2.3~3.81 kg/m^2，基径为6 m左右。互花米草群落都是单一优势种群落，没有伴生植物出现（图4-6）。

在三门湾滨海湿地中，多数为互花米草构成的优势种群落。大多呈带状分布的大片群落。种群密度很大，生物量很高，盖度几乎为100%，占有极大的竞争优势。北仑的滨海湿地也很相似，只是其生长环境在较深的水中。杭州湾滨海湿地的互花米草群落较为复杂，低潮带的互花米草群落往往与海三棱藨草群落镶嵌分布，混杂生长，海三棱藨草的密度和单位面积结实枝条数显著高于互花米草，其他几个生长特征（高度、盖度、多度、鲜重生物量等）则显著低于互花米草。从竞争趋势来看，互花米草的种间竞争能力显著大于土著种海三棱藨草。互花米草对土著种海三棱藨草发生了竞争取代。而高潮带的互花米

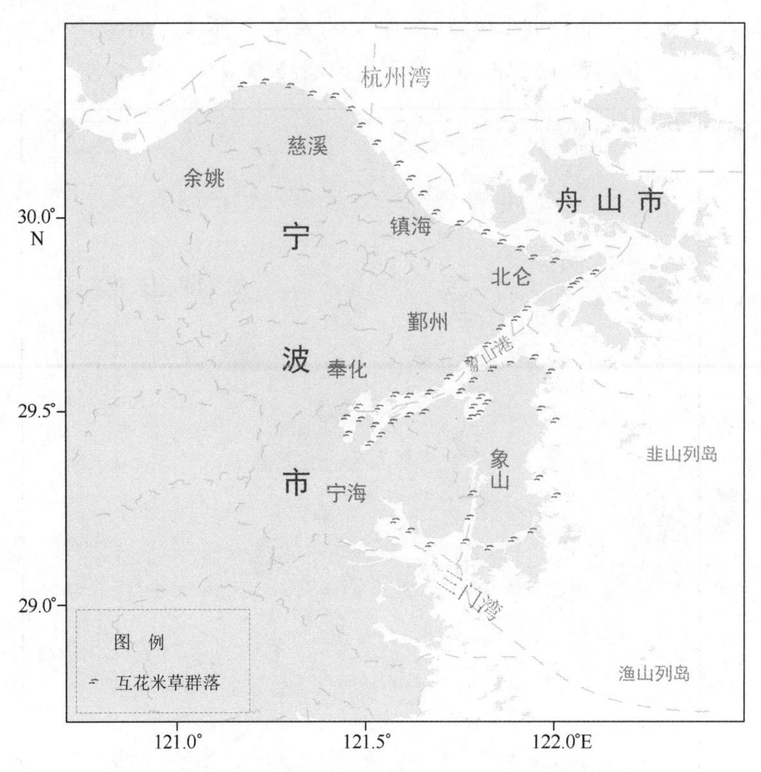

图 4-6 宁波滨海湿地互花米草群落主要分布区

草群落既与芦苇群落镶嵌分布，也与海三棱藨草镶嵌分布，并分别与之形成竞争态势。互花米草的扩散使海三棱藨草群落、芦苇群落大面积减少，在高度、盖度、鲜重生物量、多度和总生物量等方面都高于海三棱藨草与芦苇群落。

互花米草生物量较高，为潮滩湿地提供了巨大的初级生产力，互花米草群落的氮容量也较高，仅次于芦苇，在氮素生物地球化学循环中占有十分重要的位置，因此，互花米草群落正在逐渐成为一种潜在的优势种。

（4）盐地碱蓬（*Suaeda salsa*）群落

盐地碱蓬是一种常见的沿海滩涂植物，根群较弱，入土浅，在体外由于潮水冲刷频繁，故无法形成大面积的种群。但是，此植物耐盐、耐旱，在内陆适宜生长，植株高大，繁殖力强。这个群落多分布于土壤含盐量较高而又较干燥的滩地上，如三门湾滨海湿地的高潮带，人工修筑的石砾滩地，盐分含量极高，分布着带状的大片盐地碱蓬群落，而且长势良好。在杭州湾海塘湿地，盐地碱蓬多分布于围堤的周围，其生长环境较为干燥，有时与其他盐生植物伴生。在镇海与北仑，盐地碱蓬群落也多分布于堤坝附近。盐地碱蓬高度为 0.2~0.54 m，高度为 50%~85%，多度为 22~207 株/m^2，鲜重生物量为 0.13~1.95 kg/m^2，基径为 3~4 mm。群落伴生物有钻形紫菀（*Aster subulatus*）、海三棱藨草（*Scirpus xmaviqueter*）、芦苇（*Phragmites australias*）等（图 4-7）。

（5）南方碱蓬（*Suaeda australis*）群落

南方碱蓬隶属藜科碱蓬属，肉质小灌木，叶片条形而半圆柱，粉绿色或带紫红色。团伞花序，华北绿色或带紫红色，内面红色，花果期为 7—11 月。

南方碱蓬主要分布于高潮带和围垦区含盐量较高的地区。实地观察发现，南方碱蓬主要分布于裸露的光滩，植被覆盖率低，水分蒸发快；盐地碱蓬却常与其他物种混生，植被对土壤覆盖率高，土壤水分

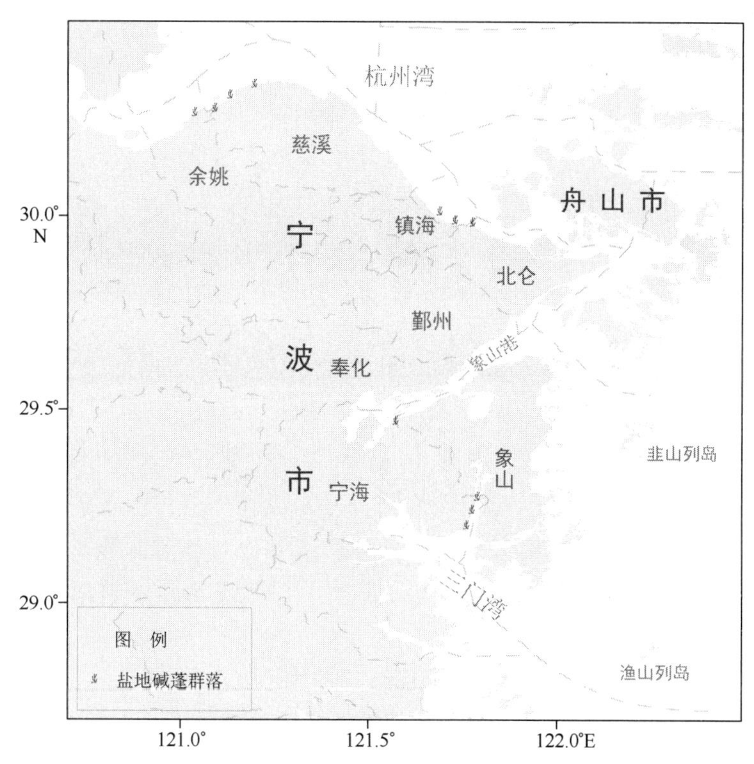

图 4-7　宁波滨海湿地盐地碱蓬主要分布区

蒸发少，土壤含水量较高。在杭州湾湿地公园的高潮带，近堤岸处可以见到少量的南方碱蓬，而且与盐地碱蓬混生。在象山围垦区分布大面积的南方碱蓬群落，而且为单一种群群落，很少有伴生种，其生境几乎为次生裸地。其分布也有水平规律，近海区的南方碱蓬群落高度小，鲜重生物量小，而远海区的南方碱蓬高度大，鲜重生物量大。这可能与盐度的梯度有关。

植株高度为 0.75～1.65 m，盖度为 15%～70%，多度为 7～58 株/m^2，鲜重生物量为 2～3.25 kg/m^2。基径为 0.8～4 mm。伴生植物较少，只发现碱菀一种，而且有时发现碱菀与南方碱蓬呈镶嵌状分布。

（6）野大豆（*Glycine soja*）群落

野大豆属于国家二级保护植物，生境狭窄，处于濒危状态。野大豆分布在中国从寒温带到亚热带广大地区，喜水耐湿，多生于山野以及河流沿岸、湿草地、湖边、沼泽附近或灌丛中，稀见于林内和风沙干旱的沙荒地。山地、丘陵、平原及沿海滩涂或岛屿可见其缠绕他物生长。野大豆还具有耐盐碱性及抗寒性，在土壤 pH 值为 9.18～9.23 的盐碱地上可良好生长。

在杭州湾湿地的高潮上带，沿着围堤大坝分布有大量的野大豆群落。该植物为蔓生状态，缠绕其他植物上升。在湿地沼泽中其伴生植物有狗尾草（*Setaria viridis*）、草木樨（*Melilotus suaveolens*）、羊蹄（*Rumex japonicus*）、田菁、野艾蒿等。滨海湿地野大豆群落高度为 0.25～0.3 m，由于植株为蔓生，单株植物长度达 1.5～2.0 m。盖度可以达到 45%～55%，多度为 10～17 株/m^2，鲜重生物量为 0.47～0.59 kg。基径为 4 mm 左右。

野大豆具根瘤和蜜腺，营养丰富，用途广泛，产量高，是沿海开发潜力巨大、开发前景广阔的一种固氮、蜜源、饲用植物。同时，它在扩大栽培大豆种质资源方面，具有潜在的应用价值，是我国大豆高产、优质、多抗育种的有价值的重要基因源，也是遗传多样性的重要保护材料。

（7）獐茅（*Aeluropus littoralis* var. *sinensis*）群落

獐茅是禾本科盐生植物，广泛分布于各省内陆以及沿海的盐渍土壤地区，是一种优良固沙植物和盐碱地区放牧的优良牧草，还具有药用价值，为盐生植物中的泌盐植物，抗旱能力很强。

獐茅群落多分布于杭州湾湿地，而且分布于低盐的远海区。常常与芦苇群落交错混生。其群落中常伴生有钻形紫菀、加拿大一枝黄花、野胡萝卜、翅果菊等植物。在象山、三门湾滨海湿地中未见獐茅群落分布，而镇海滨海湿地中有少量分布。獐茅群落高度一般为 1.2~1.5 m，盖度为 80 左右，多度为 50 株/m^2，鲜重生物量一般低于芦苇，为 0.5~0.8 kg/m^2。

在野外调查中我们发现，獐茅群落多数生长于次生的围垦裸地上，常常与芦苇群落形成竞争状态。其伴生群落还有盐地碱蓬群落。芦苇、盐地碱蓬、獐茅 3 种群落往往形成斑块镶嵌结构。

（8）加拿大一枝黄花（*Solidago canadensis*）群落

1935 年作为观赏植物引入中国，是外来生物。引种后逸生成杂草，并且是恶性杂草，是多年生植物，根状茎发达，繁殖力极强，传播速度快，生长优势明显，生态适应性广阔，与周围植物争阳光、争肥料，直至其他植物死亡，从而对生物多样性构成严重威胁，列入《中国外来入侵物种名单》。滨海湿地的加拿大一枝黄花群落主要分布于杭州湾湿地的堤坝沿岸附近，常成片生长，由于盖度较大，群落伴生植物不多，主要有翅果菊、狗尾草等。在堤岸附近，其群落生长态势也与芦苇群落形成竞争。在镇海及象山的围塘堤坝附近也常见到加拿大一枝黄花群落。一般加拿大一枝黄花群落的群落土壤湿度较小。常伴生一些旱生植物。群落高度为 1.3~1.5 m，盖度为 65%~70%，多度为 55~60 株/m^2，鲜重生物量为 2.11~2.34 kg/m^2，基径为 4~5 mm。

加拿大一枝黄花群落目前具有侵占滨海湿地其他植被生态位的趋势。应积极采取措施加以治理。

（9）狗尾草（*Setaria viridis*）群落

狗尾草群落分布广泛，在杭州湾滨海湿地、镇海、北仑滨海湿地、象山滨海湿地、三门湾滨海湿地均有分布。常生长于干燥的堤坝内侧及堤坝之上。常常与野大豆、稗草、钻形紫菀、草木樨等植物伴生。植株高度为 0.6~1 m，盖度为 10%~40%，多度为 68~80 株/m^2，鲜重生物量为 0.15~1.66 kg/m^2，基径为 3~4 mm。从调查来看狗尾草群落分布于湿地边缘。

（10）小白酒草（*Conyza canadensis*）群落

小白酒草原产北美，现世界广泛分布。1860 年在山东烟台被采集到，7 年内，相继在浙江（宁波）、江西（九江）、湖北（宜昌）和四川（南溪）出现，现在几乎遍布全中国。小白酒草的生态适应性较强，它在寒温带至热带的各种气候条件下均能生活。对土壤条件要求不严格，从沙土到黏壤均能生长；适应的土壤 pH 值为 5.5~8.5；常常群生形成单一小群落。

在慈溪海塘湿地、象山湿地、镇海北仑湿地、三门湾湿地均有小白酒草群落分布。一般分布于湿地边缘，含盐量较低处。其生长环境要求土壤疏松。在土壤较结实的硬质土壤没有该群落的分布。常见的伴生植物有苦苣菜（*Sonchus oleraceus*）、芦苇、钻形紫菀（*Aster subulatus*）、碱菀（*Tripolium vulgare*）等。群落高度为 0.9~1.7 m，盖度为 45%~75%，多度为 20~60 株/m^2，鲜重生物量为 0.05~2.0 kg/m^2，基径为 4~5 mm。

小白酒草是一种入侵性较强的杂草，是我国境内现有入侵植物中最为重要的种类之一，与其他许多植物物种形成了生态位重叠与竞争，今后应该重视对这一重要外来入侵植物的综合管理。

（11）田菁（*Sesbania cannabina*）群落

田菁是豆科田菁属一年生灌木状草本植物。田菁耐盐，耐涝，生长迅速，抗逆性强，是一种适于盐碱土种植的夏季绿肥作物。田菁在含可溶性盐分 0.25 的土壤中能正常出苗，当幼苗扎根后，耐盐性显著提高。植株生长越高大，抗盐性也越强，土壤含盐量在 0.4 左右也能正常生长，土壤含盐量在 0.8 左右仍能生长，但长势很差。田菁的致死土壤盐分浓度约 0.883。田菁表层土壤盐分浓度与芦苇相近，而土壤深层的盐分浓度低于芦苇群落。实际调查中我们发现，田菁群落多与芦苇伴生，并组成镶嵌格局。在慈溪海塘湿地、象山湿地、镇海湿地均有田菁群落分布。主要分布于海塘边缘，堤坝附近。伴生植物有钻形紫菀、狗尾草、芦苇等。群落高度为 1~2.3 m，盖度为 65%~85%，多度为 8~23 株/m^2，鲜重生物量为 2.46~2.88 kg/m^2，基径为 7~10 mm。

田菁茎秆可以沤剥纤维提取田菁胶，叶可做猪饲料，改良土壤和抑制杂草生长，具有重要的经济价值及生态应用。

（12）单叶蔓荆（*Vitex trifolia* var. *simplicifolia*）群落

单叶蔓荆又名蔓荆子，系马鞭草科牡荆属落叶小灌木，单叶蔓荆是一种新的地被防风固沙、沙荒绿化的先锋植物。其生长环境多为沙丘、流动沙丘及砂埋的环境。茎匍匐蔓生地面，落地生根，根系比较发达，深度可达土层3 m以上，有很强的固沙保土蓄水保墒和改土肥地的功能。单叶蔓荆作为沙岸地区固沙保土的主要灌木树种，有以纯林存在，多数以灌草混交形成稳定的单叶蔓荆灌草群落，其中单叶蔓荆-筛草群落就是稳定性高的一种典型群落类型，这种群落分布在距潮上线 10~100 m 范围内风积土壤上，处于潮上线前沿地带，地势较高，耐沙埋，耐干旱瘠薄和短期海浸，固沙力强，群落稳定，有很强的扩繁能力。单叶蔓荆-筛草群落多度、密度低，但盖度大。单叶蔓荆群落多分布于象山沙质海滩，在杭州湾湿地及镇海湿地、三门湾湿地均未见分布。群落伴生物种主要有绢毛飘拂草、小白酒草、筛草、矮生苔草等。群落高度为 0.15~0.26 m^2，盖度为 50%~80%，多度为 65~140/m^2，鲜重生物量为 0.22~0.45 kg/m^2，基径为 5~6 mm。

自高潮线至基干林带之间的灌草带是飞沙的主要来源，也是海洋性灾害比较严重的区域，单叶蔓荆对于固定沙丘，保护滨海生态起到了不可替代的作用。

（13）砂钻苔草（*Carex kobomugi*）群落

砂钻苔草又名筛草，是莎草科薹草属多年生草本植物。筛草一般生长于潮间带和潮上带的沙质海滩，一般在近海地下水位较高的沙滩内缘，随着地势倾斜或缓升到沙堤，基本纵深距潮上线 10~60 m，一般 20~50 m。由于风沙吹动，筛草经常被流沙掩埋。对砂生环境及盐土环境有极强的适应性，常组成单一的筛草群落，有时与肾叶打碗花、矮生苔草、单叶蔓荆、匍匐苦荬菜等植物伴生。在野外调查中我们只发现于象山的沙质海滩，在杭州湾湿地、镇海湿地、三门湾湿地均未发现。群落高度为 0.19~0.23 m，盖度为 35%~45%，多度为 57~100 株/m^2，鲜重生物量为 0.15~0.18 kg/m^2。

筛草是砂质海岸沿海滩涂植物群落的先锋物种，筛草既能固沙保水，改善生态环境，又易管理、耐贫瘠，是治理我国土壤沙化的首选优良植物。

（14）矮生苔草（*Carex pumila*）群落

矮生苔草是典型的多年生沙生植被，多分布于一年生砂引草之后的低潮带至中潮带上。并常与匍匐苦荬菜、肾叶打碗花及筛草群落混生而成镶嵌分布。据前人的研究报道，矮生苔草的耐盐性明显高于其他植物，如芦苇等。甚至可以耐受一定时间的水淹。矮生苔草依靠种子与根茎繁殖。在高程地区可以见到结实植株，在低程地区未见结实植株，可能依靠根茎营养繁殖。伴生植物有白茅、假俭草、单叶蔓荆、绢毛飘拂草等。群落高度为 0.06~0.1 m，盖度为 26%~30%，多度为 25~74 株/m^2，鲜重生物量为 0.09~0.4 kg/m^2。

矮生苔草也是典型的滨海防风固沙植物，是滩涂植物的先锋物种、在群落演替、植被恢复中具有不可替代的作用。

（15）肾叶打碗花（*Calystegia soldanella*）群落

肾叶打碗花为旋花科多年生草本植物，是我国温和气候区沿海地带盐碱土的指示植物。群落分布于低中潮带，常成片生长。有时也与匍匐苦荬菜混生，或镶嵌分布。其群落中也常伴生有矮生苔草、砂钻苔草等植物。该植物具有长长的匍匐根状茎，属于浅根性植物，具有极强的耐砂埋习性。同时也具有极强的耐盐特性。但距海岸稍远的沙土台地上，由于海水浪花不能经常到达这里，虽然可看到砂钻苔草等植物，但见不到肾叶打碗花的生长，这可能是由于肾叶打碗花根系太浅，不像砂钻苔草等植物根系深，可从底层吸取盐分，而海水浪花又不能经常到达这里，使盐分供给不够所致。在宁波滨海湿地主要分布于象山沙质海岸带，杭州湾湿地、镇海湿地、三门湾湿地很少见到。群落高度约 0.05 m，盖度为 30%~45%，多度为 104~280 株/m^2，鲜重生物量为 0.23~1.12 kg/m^2。

由于肾叶打碗花的茎具有匍匐性，覆盖性很强，因此具有很高的护滩抗风性能，故而肾叶打碗花在滨海城市的园林应用中具有广阔的发展前景。

（16）假俭草（*Eremochloa ophiuroides*）—狗牙根（*Cynodon dactylon*）群落

该群落主要分布于象山沙质海岸，其他滨海湿地未见分布。生长于高潮带、中潮带，低潮带未见，往往假俭草与狗牙根伴生在一起组成混合群落。其伴生植物为矮生苔草等。假俭草是禾本科假俭草属一种多年生草本植物，它植株低矮，具有强壮的匍匐茎，其地上匍匐茎长度有时可蔓延至 2~3 m，犹如在沙滩上游走的长蛇。中国长江流域是其分布中心。可以说宁波海岸带分布着大量的假俭草群落。据前人研究，假俭草具有良好的耐盐性。假俭草高度为 0.05~0.15 m，盖度为 12%~15%，多度为 29/m^2 左右，鲜重生物量为 0.04~0.3 kg/m^2。狗牙根与假俭草伴生。多数丛生。高度为 0.1~0.3 m，盖度为 20%~45%，鲜重生物量为 0.04~0.06 kg/m^2，多度为 10~84/m^2。

假俭草与狗牙根能固化沙滩，防止流沙侵蚀，水土流失，对维护滨海生态具有重要作用。

（17）狭叶香蒲（*Typha angustifolia*）—芦苇（*Phragmites australias*）群落

狭叶香蒲为香蒲科多年生草本植物，又名水烛，常组成单一性的群落，也与芦苇组成混合群落。多分布于海岸高程地带，盐分较低处，由于其耐盐性低于芦苇，所以分布范围较芦苇群落的外侧。宁波滨海湿地多见于杭州湾湿地及镇海湿地，而象山湿地及三门湾湿地未见。狭叶香蒲高度在 2.1 m 左右，盖度为 80%左右，多度为 90/m^2 左右，鲜重生物量为 1.57 kg/m^2 左右。

4.4 动物现状

4.4.1 鸟类

4.4.1.1 鸟类多样性

（1）鸟类群落概况

根据 2015—2016 年的历史资料和 2017 年的现场调查，宁波滨海湿地区域共记录水鸟 8 目 22 科 136 种，约占浙江省 198 种［《中国鸟类分类与分布名录（第三版）》，郑光美，2017，科学出版社］水鸟的 68.69%。杭州湾国家湿地公园及其周边滨海湿地调查记录到 7 目 17 科 115 种；宁波镇海北仑滨海湿地调查记录到 7 目 10 科 37 种；象山港滨海湿地调查记录到 6 目 11 科 41 种；韭山列岛自然保护区共记录到水鸟 6 目 15 科 69 种；三门湾滨海湿地共记录到水鸟 6 目 11 科 60 种（表 4-7）。

宁波滨海湿地的水鸟种类中有黑鹳、东方白鹳、中华秋沙鸭、白鹤和遗鸥共 5 种国家Ⅰ级重点保护动物；赤颈䴙䴘、角䴙䴘、斑嘴鹈鹕、卷羽鹈鹕、岩鹭、彩鹮、白琵鹭、黑脸琵鹭、小天鹅、白额雁、鸳鸯灰鹤和小杓鹬等 13 种国家Ⅱ级重点保护动物；凤头䴙䴘、黑脚信天翁、鸿雁、豆雁、小白额雁、灰雁、赤麻鸭、翘鼻麻鸭、棉凫、赤颈鸭、罗纹鸭、赤膀鸭、花脸鸭、绿翅鸭、绿头鸭、斑嘴鸭、针尾鸭、白眉鸭、琵嘴鸭、红头潜鸭、青头潜鸭、白眼潜鸭、凤头潜鸭、斑背潜鸭、鹊鸭、斑头秋沙鸭、红胸秋沙鸭、黑尾鸥和黑嘴鸥共 29 种省级重点保护动物。

表 4-7　宁波滨海湿地水鸟名录

种名	区系	居留	IUCN 濒危等级	保护等级	CITES 附录等级	中澳	中日	分布区域					
								三门湾	韭山列岛	象山港	杭州湾	北仑	其他
一、潜鸟目 Gaviiformes													
（一）潜鸟科 Gaviidae													
红喉潜鸟 *Gavia stellata*	Pa	W					Y		√		√	√	
黑喉潜鸟 *Gavia arctica*	Pa	W					Y				√		√
二、䴙䴘目 Podicipediformes													
（二）䴙䴘科 Podicipedidae													
小䴙䴘 *Tachybaptus ruficollis*	E	R						√		√	√	√	√
凤头䴙䴘 *Podiceps cristatus*	Pa	W		省重点			Y	√		√	√	√	
角䴙䴘 *Podiceps auritus*	Pa	W		Ⅱ			Y				√		√
黑颈䴙䴘 *Podiceps nigricollis*	Pa	W					Y	√			√	√	√
三、鹱形目 Procellariiformes													
（三）信天翁科 Diomedeidae													
黑脚信天翁 *Diomedea nigripes*	E	R	易危（VU）	省重点		Y			√				
（四）鹱科 Procellariidae													
褐燕鹱 *Bulweria bulwerii*	E	S					Y		√				
白额鹱 *Calonectris leucomelas*	O	R				Y			√				
（五）海燕科 Hydrobatidae													
黑叉尾海燕 *Oceanodroma monorhis*	O	R	近危（NT）				Y		√				
四、鹈形目 Pelecaniformes													
（六）鹈鹕科 Pelecanidae													
卷羽鹈鹕 *Pelecanus crispus*	Pa	W	易危（VU）	Ⅱ	附录Ⅰ						√		
（七）鸬鹚科 Phalacrocoracidae													
普通鸬鹚 *Phalacrocorax carbo*	E	W						√	√	√	√	√	√
（八）军舰鸟科 Fregatidae													
黑腹军舰鸟 *Fregata minor*	E	S				Y			√				

续表

种名	区系	居留	IUCN 濒危等级	保护等级	CITES 附录等级	中澳	中日	分布区域					
								三门湾	韭山列岛	象山港	杭州湾	北仑	其他
五、鹳形目 Ciconiiformes													
（九）鹭科 Ardeidae													
苍鹭 *Ardea cinerea*	E	R						√	√	√	√	√	√
草鹭 *Ardea purpurea*	O	S					Y				√		
大白鹭 *Casmerodius albus*	Pa	S				Y	Y	√	√	√	√	√	√
中白鹭 *Mesophoyx intermedia*	E	S					Y	√	√		√		√
白鹭 *Egretta garzetta*	E	R						√	√	√	√	√	√
黄嘴白鹭 *Egretta eulophotes*	Pa	S	易危（VU）	Ⅱ				√	√				
岩鹭 *Egretta sacra*	Pa	R		Ⅱ					√				
牛背鹭 *Bubulcus ibis*	E	S				Y	Y	√	√	√	√		√
池鹭 *Ardeola bacchus*	E	S						√	√	√	√	√	√
绿鹭 *Butorides striatus*	E	S					Y		√				
夜鹭 *Nycticorax nycticorax*	E	R					Y	√	√	√	√		√
黄斑苇鳽 *Ixobrychus sinensis*	E	S				Y	Y	√	√	√	√		√
栗苇鳽 *Ixobrychus cinnamomeus*	O	S									√		√
黑苇鳽 *Dupetor flavicollis*	O	S						√			√		
大麻鳽 *Botaurus stellaris*	Pa	W					Y				√		
（十）鹳科 Ciconiidae													
黑鹳 *Ciconia nigra*	Pa	W		Ⅰ	附录Ⅱ		Y				√		
东方白鹳 *Ciconia boyciana*	O	W	濒危（EN）		附录Ⅰ						√		√
（十一）鹮科 Threskiornithidae													
白琵鹭 *Platalea leucorodia*	Pa	W		Ⅱ	附录Ⅱ		Y	√			√		√
黑脸琵鹭 *Platalea minor*	Pa	P	濒危（EN）	Ⅱ			Y	√			√		√

续表

种名	区系	居留	IUCN 濒危等级	保护等级	CITES 附录等级	中澳	中日	分布区域					
								三门湾	韭山列岛	象山港	杭州湾	北仑	其他
六、雁形目 Anseriformes													
（十二）鸭科 Anatidae													
小天鹅 *Cygnus columbianus*	Pa	W		Ⅱ			Y				√		
鸿雁 *Anser cygnoides*	Pa	W	易危（VU）	省重点			Y				√		
豆雁 *Anser fabalis*	Pa	W		省重点			Y		√	√	√		√
白额雁 *Anser albifrons*	Pa	W		Ⅱ			Y				√		√
小白额雁 *Anser erythropus*	Pa	W	易危（VU）	省重点			Y				√		
灰雁 *Anser anser*	Pa	W		省重点					√		√		
赤麻鸭 *Tadorna ferruginea*	O	W		省重点			Y				√		√
翘鼻麻鸭 *Tadorna tadorna*	Pa	W		省重点			Y				√	√	
鸳鸯 *Aix galericulata*	O	W		Ⅱ							√		
赤颈鸭 *Anas penelope*	Pa	W		省重点			Y	√			√	√	√
罗纹鸭 *Anas falcata*	Pa	W		省重点			Y	√			√	√	√
赤膀鸭 *Anas strepera*	Pa	W		省重点			Y		√	√	√		
花脸鸭 *Anas formosa*	Pa	W		省重点	附录Ⅱ		Y				√		√
绿翅鸭 *Anas crecca*	Pa	W		省重点			Y	√	√	√	√	√	√
绿头鸭 *Anas platyrhynchos*	Pa	W		省重点			Y	√		√	√	√	√
斑嘴鸭 *Anas poecilorhyncha*	E	W		省重点				√	√	√	√	√	√
针尾鸭 *Anas acuta*	Pa	W		省重点			Y		√		√	√	√
白眉鸭 *Anas querquedula*	Pa	W		省重点		Y	Y	√			√		√
琵嘴鸭 *Anas clypeata*	Pa	W		省重点		Y	Y	√		√	√	√	√
红头潜鸭 *Aythya ferina*	Pa	W		省重点			Y				√	√	√
青头潜鸭 *Aythya baeri*	Pa	W	极危（CR）	省重点			Y		√		√		

续表

种名	区系	居留	IUCN 濒危等级	保护等级	CITES 附录等级	中澳	中日	分布区域					
								三门湾	韭山列岛	象山港	杭州湾	北仑	其他
白眼潜鸭 *Aythya nyroca*	O	W	近危（NT）	省重点					√				
凤头潜鸭 *Aythya fuligula*	Pa	W		省重点			Y				√	√	√
斑背潜鸭 *Aythya marila*	Pa	W		省重点			Y				√		
鹊鸭 *Bucephala clangula*	Pa	W		省重点				√					
斑头秋沙鸭 *Mergellus albellus*	Pa	W		省重点			Y				√		
普通秋沙鸭 *Mergus merganser*	Pa	W		省重点			Y		√		√		√
中华秋沙鸭 *Mergus squamatus*	Pa	W	濒危（EN）	I							√		
七、鹤形目 Gruiformes													
（十三）鹤科 Gruidae													
白鹤 *Grus leucogeranus*	Pa	W	极危（CR）	I	附录 I						√		
（十四）秧鸡科 Rallidae													
普通秧鸡 *Rallus aquaticus*	O	W					Y				√		√
红脚苦恶鸟 *Amaurornis akool*	O	R								√	√		√
白胸苦恶鸟 *Amaurornis phoenicurus*	O	S									√	√	√
董鸡 *Gallicrex cinerea*	O	S					Y				√		√
黑水鸡 *Gallinula chloropus*	E	S					Y	√		√	√	√	√
白骨顶 *Fulica atra*	Pa	W						√		√	√	√	√
八、鸻形目 Charadriiformes													
（十五）水雉科 Jacanidae													
水雉 *Hydrophasianus chirurgus*	O	S				Y					√		
（十六）反嘴鹬科 Recurvirostridae													
黑翅长脚鹬 *Himantopus himantopus*	Pa	W					Y	√		√	√		√
反嘴鹬 *Recurvirostra avosetta*	Pa	W					Y	√	√	√	√		√

续表

种名	区系	居留	IUCN 濒危等级	保护等级	CITES 附录等级	中澳	中日	分布区域					
								三门湾	韭山列岛	象山港	杭州湾	北仑	其他
（十七）蛎鹬科 Haematopodidae													
蛎鹬 *Haematopus ostralegus*	O	R							√				√
（十八）燕鸻科 Glareolidae													
普通燕鸻 *Glareola maldivarum*	Pa	P				Y	Y		√	√	√		√
（十九）鸻科 Charadriidae													
凤头麦鸡 *Vanellus vanellus*	Pa	W					Y				√		√
金鸻 *Pluvialis fulva*	Pa	W				Y	Y	√	√	√	√		√
灰鸻 *Pluvialis squatarola*	Pa	W				Y	Y	√	√		√	√	√
剑鸻 *Charadrius hiaticula*	Pa	V				Y					√		
长嘴剑鸻 *Charadrius placidus*	Pa	W							√				
金眶鸻 *Charadrius dubius*	Pa	W				Y		√	√	√	√		√
环颈鸻 *Charadrius alexandrinus*	Pa	W						√	√	√	√	√	√
蒙古沙鸻 *Charadrius mongolus*	Pa	P				Y	Y	√	√		√		√
铁嘴沙鸻 *Charadrius leschenaultii*	Pa	P				Y	Y		√		√		√
红胸鸻 *Charadrius asiaticus*	Pa	W				Y					√		
（二十）鹬科 Scolopacidae													
针尾沙锥 *Gallinago stenura*	Pa	P						√					
扇尾沙锥 *Gallinago gallinago*	Pa	W					Y		√	√	√		√
半蹼鹬 *Limnodromus semipalmatus*	Pa	P				Y					√		
长嘴半蹼鹬 *Limnodromus scolopaeus*	Pa	V									√		
黑尾塍鹬 *Limosa limosa*	Pa	P	近危（NT）			Y	Y	√	√		√		√
斑尾塍鹬 *Limosa lapponica*	Pa	P				Y	Y	√	√		√		√
小杓鹬 *Numenius minutus*	Pa	P		Ⅱ		Y		√	√		√		√
中杓鹬 *Numenius phaeopus*	Pa	P				Y	Y	√	√		√		√
白腰杓鹬 *Numenius arquata*	Pa	W	近危（NT）			Y	Y	√	√	√	√	√	√

续表

种名	区系	居留	IUCN 濒危等级	保护等级	CITES 附录等级	中澳	中日	分布区域					
								三门湾	韭山列岛	象山港	杭州湾	北仑	其他
大杓鹬 *Numenius madagascariensis*	Pa	P	易危（VU）			Y	Y		√		√	√	√
鹤鹬 *Tringa erythropus*	Pa	P					Y	√		√	√		√
红脚鹬 *Tringa totanus*	Pa	W				Y	Y	√		√	√	√	√
泽鹬 *Tringa stagnatilis*	Pa	P				Y	Y	√			√	√	√
青脚鹬 *Tringa nebularia*	Pa	W				Y	Y	√		√	√	√	√
小青脚鹬 *Tringa guttifer*	Pa	P	濒危（EN）	Ⅱ				√		√			
白腰草鹬 *Tringa ochropus*	Pa	W					Y	√		√	√		√
林鹬 *Tringa glareola*	Pa	P				Y	Y				√		√
翘嘴鹬 *Xenus cinerea*	Pa	P				Y	Y	√			√		√
矶鹬 *Actitis hypoleucos*	Pa	W				Y	Y	√	√	√	√		√
灰尾漂鹬 *Heteroscelus brevipes*	Pa	P				Y	Y				√		√
翻石鹬 *Arenaria interpres*	Pa	P				Y	Y	√			√		√
大滨鹬 *Calidris tenuirostris*	Pa	P	易危（VU）			Y	Y	√	√		√		√
红腹滨鹬 *Calidris canutus*	Pa	P				Y	Y	√	√		√		√
红颈滨鹬 *Calidris ruficollis*	Pa	P				Y	Y	√	√	√	√	√	√
小滨鹬 *Calidris minuta*	Pa	P							√				
青脚滨鹬 *Calidris temminckii*	Pa	P					Y				√		√
长趾滨鹬 *Calidris subminuta*	Pa	P				Y	Y				√		√
尖尾滨鹬 *Calidris acuminata*	Pa	P				Y	Y	√	√		√		√
弯嘴滨鹬 *Calidris ferruginea*	Pa	P				Y	Y		√		√		√
黑腹滨鹬 *Calidris alpina*	Pa	W				Y	Y	√	√	√	√	√	√
勺嘴鹬 *Calidris pygmeus*	Pa	P	极危（CR）	省重点			Y				√		
阔嘴鹬 *Limicola falcinellus*	Pa	P				Y	Y		√		√		√
流苏鹬 *Philomachus pugnax*	Pa	P				Y	Y				√		
红颈瓣蹼鹬 *Phalaropus lobatus*	Pa	P				Y	Y				√		

续表

种名	区系	居留	IUCN 濒危等级	保护等级	CITES 附录等级	中澳	中日	分布区域					
								三门湾	韭山列岛	象山港	杭州湾	北仑	其他
（二十一）鸥科 Laridae													
黑尾鸥 *Larus crassirostris*	E	S		省亘点				√	√	√	√	√	√
普通海鸥 *Larus canus*	Pa	W					Y	√			√		√
银鸥 *Larus argentatus*	Pa	W					Y				√		
灰背鸥 *Larus schistisagus*	Pa	W						√	√				√
西伯利亚银鸥 *Larus vegae*	Pa	W							√	√	√	√	√
黄腿银鸥 *Larus cachinnans cachinnans*	Pa	W							√		√	√	√
红嘴鸥 *Larus ridibundus*	Pa	W					Y	√	√	√	√	√	√
黑嘴鸥 *Larus saundersi*	Pa	W	易危（VU）	省亘点				√	√	√	√	√	√
遗鸥 *Larus relictus*	Pa	P	易危（VU）	Ⅰ							√		√
（二十二）燕鸥科 Sternidae													
鸥嘴噪鸥 *Gelochelidon nilotica*	O	P							√		√		√
红嘴巨燕鸥 *Hydroprogne caspia*	O	S				Y					√	√	
中华凤头燕鸥 *Thalasseus bernsteini*	O	S	极危（CR）	Ⅱ					√				
大凤头燕鸥 *Thalasseus bergii*	E	S		省重点					√				
粉红燕鸥 *Sterna dougallii*	E	S		省重点			Y		√				
黑枕燕鸥 *Sterna sumatrana*	E	S		省重点					√				
普通燕鸥 *Sterna hirundo*	E	R				Y	Y	√	√	√	√		√
白额燕鸥 *Sterna albifrons*	E	R				Y	Y		√		√		√
褐翅燕鸥 *Sterna anaethetus*	E	S		省重点		Y	Y		√				
灰翅浮鸥 *Chlidonias hybrida*	Pa	R							√		√		
白翅浮鸥 *Chlidonias leucoptera*	Pa	W				Y		√	√	√	√		√

IUCN 濒危等级为极危（CR）的有青头潜鸭和白鹤 2 种（图 4-8 和图 4-9）；濒危（EN）的有栗头鳽、东方白鹳、黑脸琵鹭、中华秋沙鸭 4 种；近危（NT）的有斑嘴鹈鹕、白眼潜鸭、黑尾塍鹬、白腰杓鹬 4 种；易危（VU）的有黑脚信天翁、卷羽鹈鹕、鸿雁、小白额雁、大杓鹬、大滨鹬、黑嘴鸥、遗鸥 8 种。

图 4-8　极危鸟类——青头潜鸭

图 4-9　极危鸟类——白鹤

（2）鸟类群落分布

根据 2016—2017 年的 8 次现场调查共记录水鸟 136 种（表 4-8），8 次调查总共记录数量为 236 002 只，分属 8 目 22 科，其中韭山列岛只记录水鸟物种，不记录数量。在不同目的鸟类中，鸻形目的鸟类种类最多，为 68 种，数量也是最多，为 144 504 只，占总数的 61.23%；雁形目鸟类种类次之，为 28 种，数量也是第二位，为 33 778 只，占总数的 14.31%；数量较多的还有鹳形目 29 543 只（12.52%）以及鹤形目 24 095 只（10.21%）；其他数量超过 1 000 只的有䴙䴘目和鹈形目鸟类。潜鸟目只记录到 4 只，鹱形目仅在韭山列岛有记录。

杭州湾国家湿地公园及其周边滨海湿地共记录到鸟类 115 种，数量为 153 119 只，占总数的 64.88%，主要为鸻鹬类、鹭类和雁鸭类；宁波镇海北仑滨海湿地共记录到鸟类 37 种，数量为 7 981 只，占总数的 3.38%，主要为鸻鹬类和鸭类；象山港滨海湿地共记录到的鸟类 41 种，数量 10 851 只，占总数的 4.60%，主要为鸻鹬类和鸭类；三门湾滨海湿地共记录到水鸟 60 种，数量为 42 351 只，占总数的 17.95%，主要为鸻鹬类和鸥类；其他湿地样线共记录到水鸟 87 种，数量为 21 700 只，占总数的 9.19%。

表 4-8　宁波滨海湿地水鸟不同目的种类和数量

目	科	种	数量
潜鸟目 Gaviiformes	1	2	4
䴙䴘目 Podicipediformes	1	4	2 037
鹱形目 Procellariiformes	3	4	0
鹈形目 Pelecaniformes	3	3	2 041
鹳形目 Ciconiiformes	3	19	29 543
雁形目 Anseriformes	1	28	33 778
鹤形目 Gruiformes	2	7	24 095
鸻形目 Charadriiformes	8	69	144 504

（3）优势种

2015—2017 年，现场调查累计数量超过 1 000 只的常见鸟种，有小䴙䴘、普通鸬鹚、苍鹭、白鹭、牛背鹭、夜鹭、赤颈鸭、罗纹鸭、绿翅鸭、绿头鸭、斑嘴鸭、琵嘴鸭、白骨顶、黑水鸡、灰鸻、金眶鸻、环颈鸻、蒙古沙鸻、铁嘴沙鸻、黑尾塍鹬、中杓鹬、白腰杓鹬、红脚鹬、青脚鹬、红颈滨鹬、尖尾滨鹬、黑腹滨鹬、红嘴鸥、黑嘴鸥、大凤头燕鸥和白翅浮鸥共 31 种（按照种类排序）。

黑腹滨鹬的累计数量达到 64 676 只，占调查区域鸟类总数的 27. 40%，为调查中显示的宁波滨海湿地的水鸟优势种。

调查中种群占比 5%～10%的有：白鹭，累计数量达到 24 121 只，占调查区域鸟类总数的 9. 37%；白骨顶，累计数量达到 23 753 只，占调查区域鸟类总数的 9. 22%；黑尾塍鹬，累计数量达到 18 665 只，占调查区域鸟类总数的 7. 25%。赤颈鸭、罗纹鸭、绿翅鸭、斑嘴鸭、灰鸻、金眶鸻、环颈鸻、蒙古沙鸻、铁嘴沙鸻、中杓鹬、白腰杓鹬、青脚鹬、尖尾滨鹬、黑嘴鸥、大凤头燕鸥和白翅浮鸥 16 种水鸟的数量均超过调查期间记录的水鸟总数的 1%。这 19 种水鸟为宁波滨海湿地的常见种。

单次调查数量超过 500 只的有小䴙䴘、普通鸬鹚、苍鹭、白鹭、牛背鹭、夜鹭、赤颈鸭、罗纹鸭、绿翅鸭、绿头鸭、斑嘴鸭、琵嘴鸭、白骨顶、黑水鸡、灰鸻、金眶鸻、环颈鸻、蒙古沙鸻、铁嘴沙鸻、黑尾塍鹬、中杓鹬、白腰杓鹬、红脚鹬、青脚鹬、红颈滨鹬、尖尾滨鹬、黑腹滨鹬、黑尾鸥、红嘴鸥、黑嘴鸥、大凤头燕鸥、白额燕鸥和白翅浮鸥共 33 种水鸟。

红喉潜鸟、黑喉潜鸟、角䴙䴘、黑脚信天翁、褐燕鹱、白额鹱、黑叉尾海燕、卷羽鹈鹕、黑腹军舰鸟、草鹭、岩鹭、绿鹭、黑苇鳽、大麻鳽、黑鹳、东方白鹳、白额雁、小白额雁、灰雁、鸳鸯、青头潜鸭、白眼潜鸭、鹊鸭、中华秋沙鸭、白鹤、普通秧鸡、红脚苦恶鸟、白胸苦恶鸟、董鸡、水雉、红胸鸻、半蹼鹬、长颈瓣蹼鹬、小青脚鹬、青脚滨鹬、流苏鹬、勺嘴鹬、红嘴巨燕鸥共 38 种水鸟的总数量未超过 10 只。

4. 4. 1. 2　鸟类分布特征

1）鸟类居留型和区系

2015—2017 年，调查区域共记录到 136 种鸟类，按居留型组成可分为留鸟、冬候鸟、夏候鸟、旅鸟和迷鸟。其中留鸟 13 种，占调查区域水鸟种类的 9. 56%；冬候鸟 66 种，占调查区域水鸟种类的 48. 53%；夏候鸟 24 种，占调查区域水鸟种类的 17. 65%；旅鸟 31 种，占调查区域水鸟种类的 22. 79%；迷鸟 2 种，占调查区域水鸟种类的 1. 47%。可以看出，调查区域即宁波滨海湿地项目调查区湿地水鸟中以冬候鸟居多，旅鸟次之，迷鸟种类最少（表 4-9）。

表 4-9　调查区域鸟类居留型组成

类型	组成	种类	百分比（%）
居留型	留鸟	13	9. 56
	冬候鸟	66	48. 53
	夏候鸟	24	17. 65
	旅鸟	31	22. 79
	迷鸟	2	1. 47
区系组成	东洋种	22	16. 18
	古北种	96	70. 59
	广布种	18	13. 24

按区系组成可分为东洋种、古北种和广布种。其中古北种96种，占调查区域水鸟种类的70.59%；广布种18种，占调查区域水鸟种类的13.24%；东洋种22种，占调查区域水鸟种类的16.18%。

2）主要水鸟类群分布

（1）鹭类分布

鹭类属于较大型涉禽类，主要有苍鹭、白鹭、牛背鹭以及夜鹭等，数量较多，主要分布在杭州湾南岸的养殖塘区域以及三门湾、象山港的滩涂湿地内，低潮位时会有部分到潮间带觅食。宁波滨海湿地鹭类主要分布区如图4-10所示。

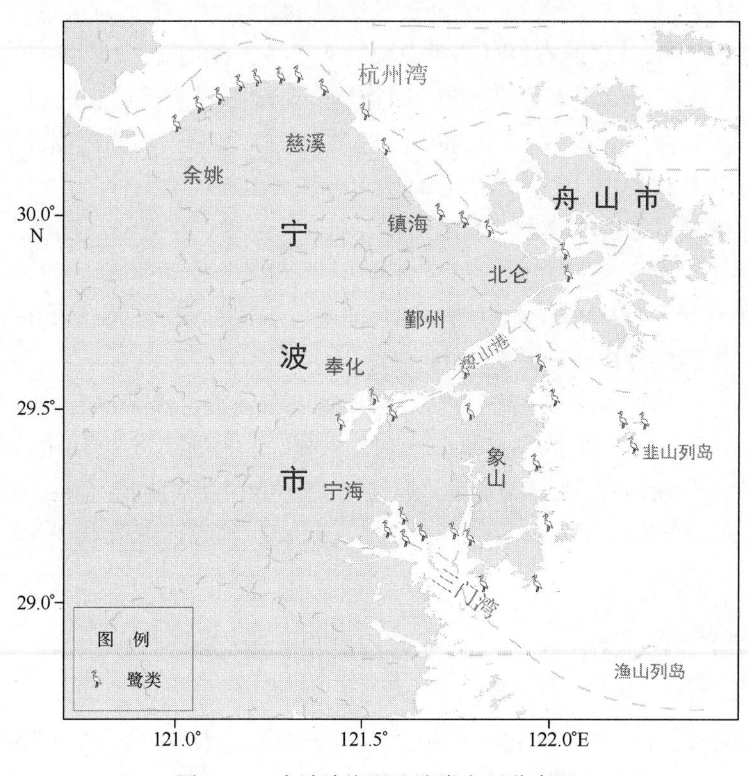

图4-10　宁波滨海湿地鹭类主要分布区

（2）鸻鹬类分布

鸻鹬类可分为鸻类和鹬类两大类，属于鸻形目鸟类，鸻鹬类是宁波滨海湿地分布水鸟的一个主要类群，其冬季越冬数量和迁徙数量均在500只以上。在项目调查区分布的主要鸻鹬类物种有黑腹滨鹬、红颈滨鹬、青脚鹬、矶鹬、白腰杓鹬、环颈鸻、金眶鸻、金鸻等。其主要分布在滨海湿地的潮间带滩涂和养殖塘区域，一般低潮期在滩涂上觅食，高潮期在堤内养殖塘的塘基上停歇。宁波滨海湿地鸻鹬类主要分布区如图4-11所示。

（3）雁鸭类分布

雁鸭类是雁形目鸟类的统称，是栖息于水边的中型或大型游禽类。雁鸭类是宁波滨海湿地分布水鸟的另一个重要类群，主要出现在冬季。在项目调查区分布的主要雁鸭类物种有罗纹鸭、赤颈鸭、绿翅鸭、斑嘴鸭和绿头鸭等。其主要分布在滨海湿地内的养殖塘、水库和靠近滩涂的海面。宁波滨海湿地雁鸭类主要分布区如图4-12所示。

（4）鸥类分布

鸥类可分为一般鸥类和燕鸥类鸟类，是栖息于水边的中型或小型游禽类。在宁波滨海湿地分布的主

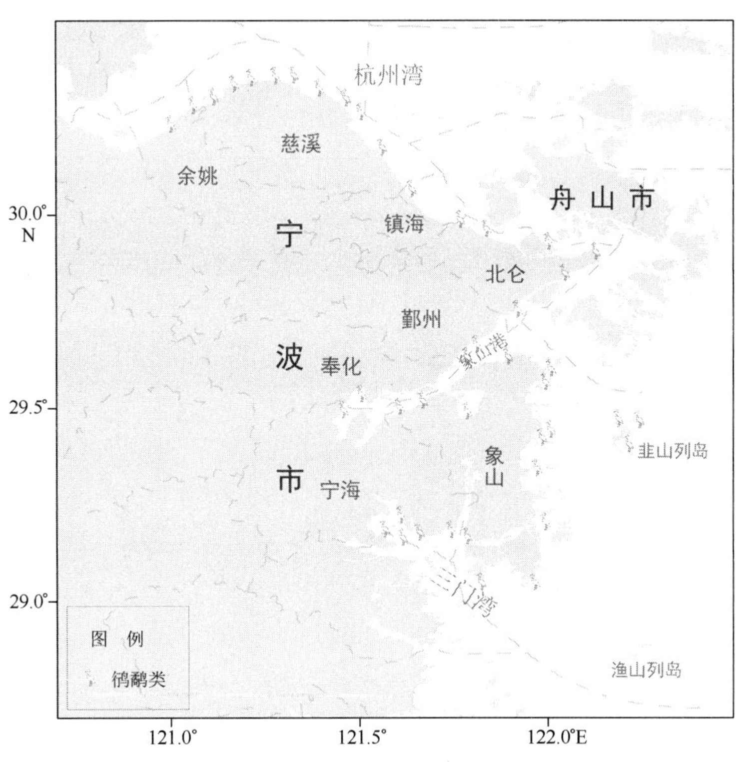

图 4-11　宁波滨海湿地鸻鹬类主要分布区

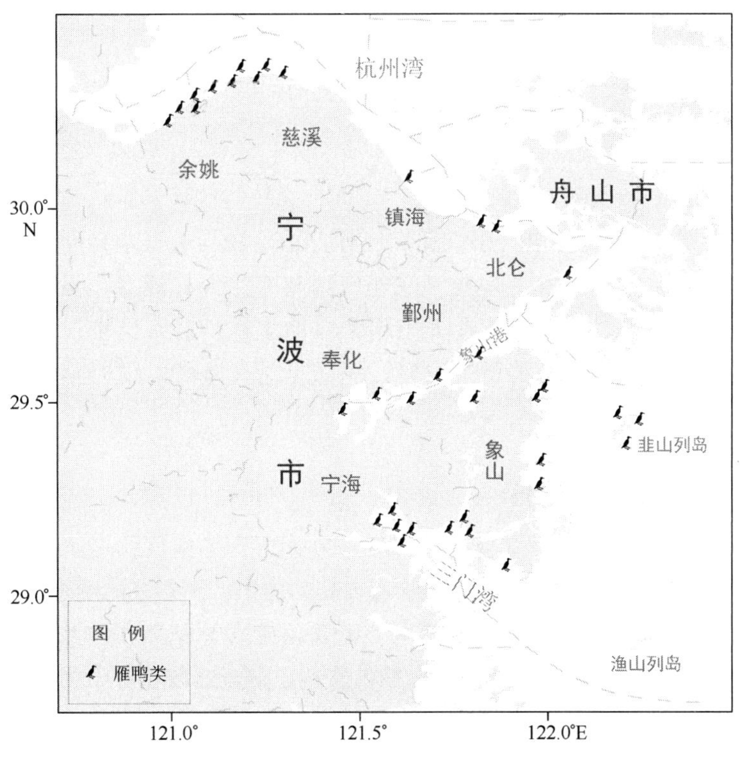

图 4-12　宁波滨海湿地雁鸭类主要分布区

要鸥类有白翅浮鸥、红嘴鸥、黑嘴鸥和白额燕鸥等。其主要分布在项目调查区潮间带滩涂以及海堤内的养殖塘内、韭山列岛自然保护区及周边海域的海面活动，同时会有少量鸥类追随船只在整个宁波滨海湿地沿岸的海面出现。宁波滨海湿地鸥类主要分布区如图 4-13 所示。

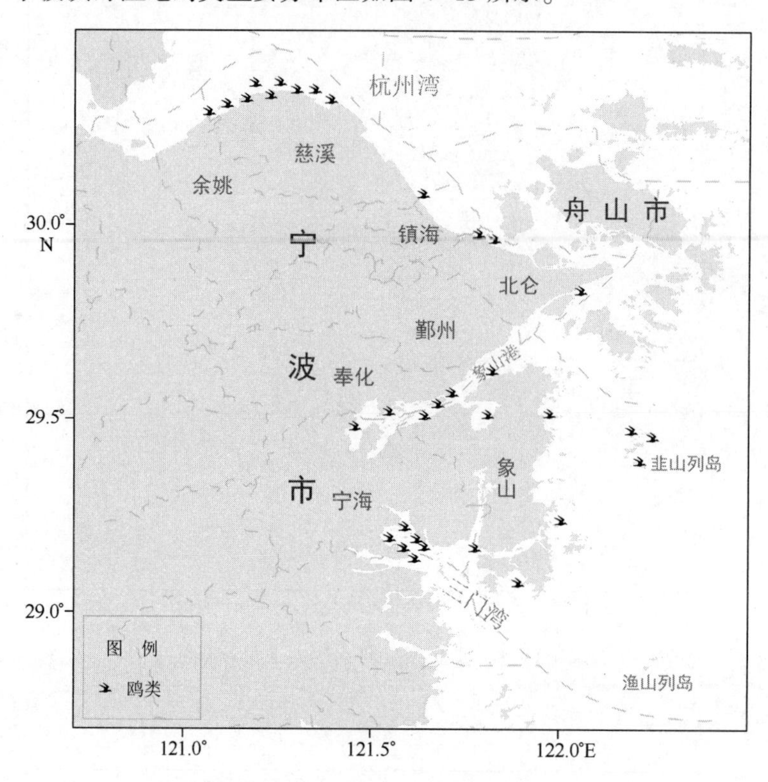

图 4-13 宁波滨海湿地鸥类主要分布区

4.4.1.3 留鸟和迁徙水鸟分布

（1）留鸟分布

在宁波滨海湿地分布的 13 种留鸟中，小䴙䴘和红脚苦恶鸟在周边湿地芦苇丛繁殖，在养殖塘栖息和觅食；白鹭在调查区周边的树林和灌木上繁殖，在养殖塘和滩涂湿地栖息、觅食；苍鹭虽属留鸟，繁殖地主要在北方，在调查区域主要是冬季过来在养殖塘和滩涂湿地栖息、觅食；岩鹭主要分布在韭山列岛保护区内，在滩涂湿地觅食；黑尾鸥繁殖于周边岩石海岛上，在海面上飞行觅食。宁波滨海湿地留鸟主要分布区如图 4-14 所示。

（2）迁徙鸟类

在宁波滨海湿地的迁徙性水鸟包括夏候鸟、冬候鸟和旅鸟三大类，共计 121 种，占水鸟种数的 88.97%。夏候鸟春天从南部来，在滨海湿地周边区域繁殖，秋天飞回南方；冬候鸟秋天从北方来，在滨海湿地越冬，第二年春天飞回北方；旅鸟在春秋季节经过本区域，或作短暂停留，不在滨海湿地内繁殖或越冬。

在宁波滨海湿地记录夏候鸟 24 种。其中牛背鹭、池鹭、夜鹭等鹭类在内陆或近海林地中繁殖，在陆地环境和湿地中觅食栖息；黄斑苇鳽、黑水鸡、水雉等在内陆湿地环境繁殖，在沿海滩涂觅食和栖息；鸥类主要在韭山列岛上繁殖，在海面、养殖塘和滩涂湿地栖息、觅食。宁波滨海湿地夏候鸟主要分布区如图 4-15 所示。

在宁波滨海湿地记录冬候水鸟 66 种，它们主要分布在宁波滨海湿地的养殖塘和滩涂湿地，傍晚飞回栖息地休息，白天飞到养殖塘或者沿岸滩涂湿地觅食。宁波滨海湿地冬候鸟主要分布区如图 4-16 所示。

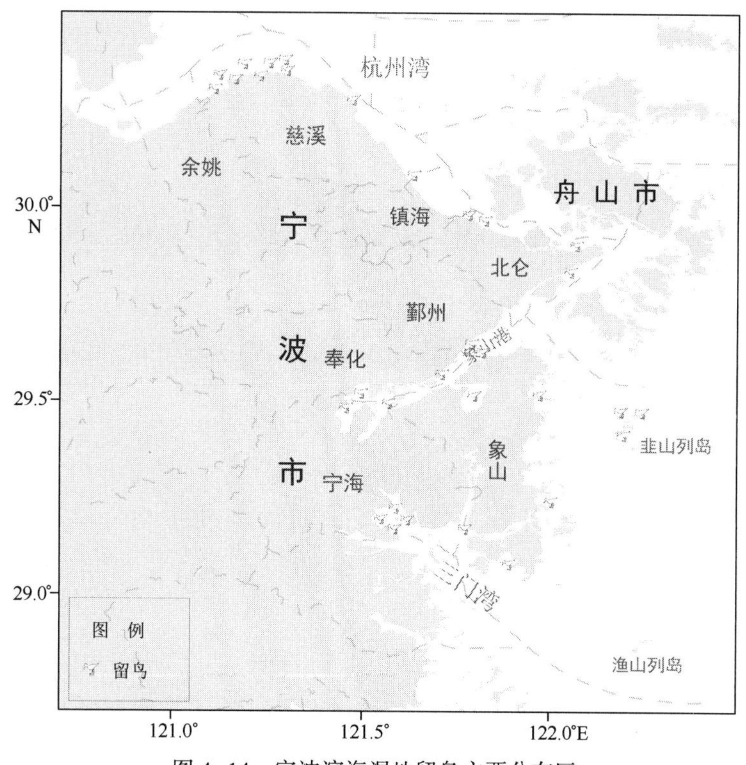

图 4-14　宁波滨海湿地留鸟主要分布区

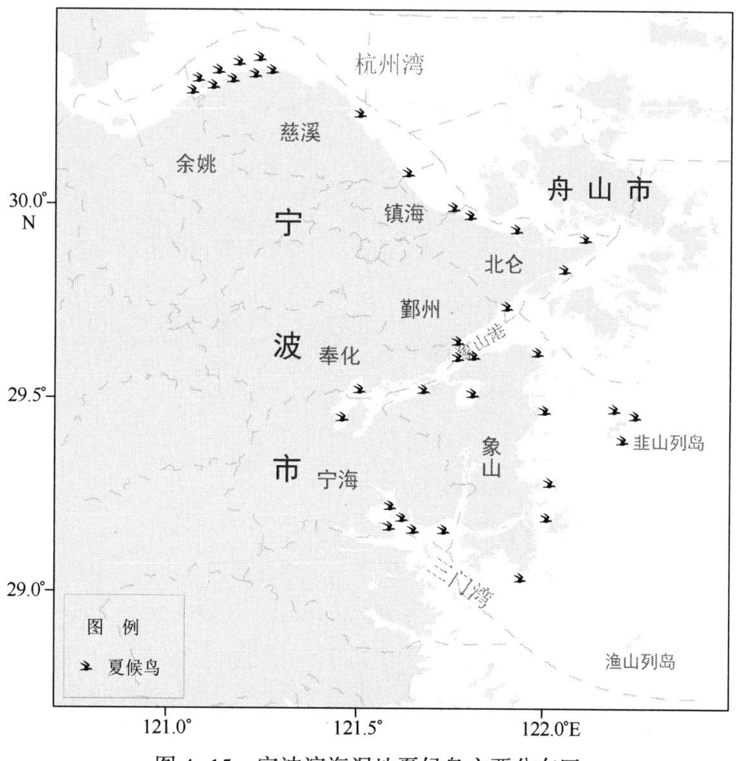

图 4-15　宁波滨海湿地夏候鸟主要分布区

在宁波滨海湿地记录旅鸟 31 种。调查区域所在的浙江沿海区域位于东亚-澳大利亚候鸟迁徙的通道上，是水鸟重要的越冬地和迁徙驿站地，每年有大量的水鸟在杭州湾、三门湾等地越冬或者短暂停歇。

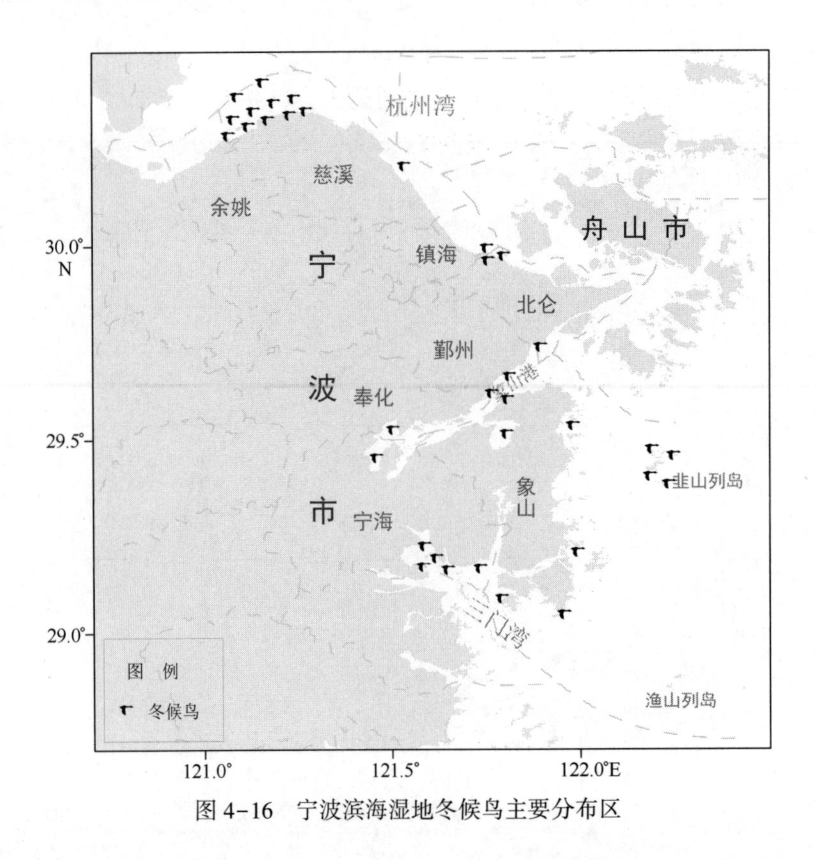

图 4-16 宁波滨海湿地冬候鸟主要分布区

迁徙水鸟通常沿海岸线迁徙，部分个体将沿江河流进入内陆。宁波滨海湿地的迁徙水鸟主要有红颈滨鹬、鹤鹬、金眶鸻等，滩涂湿地是低潮期时迁徙水鸟主要的觅食、栖息地，养殖塘则是高潮期水鸟的补充觅食、栖息地。宁波滨海湿地旅鸟主要分布区如图 4-17 所示。

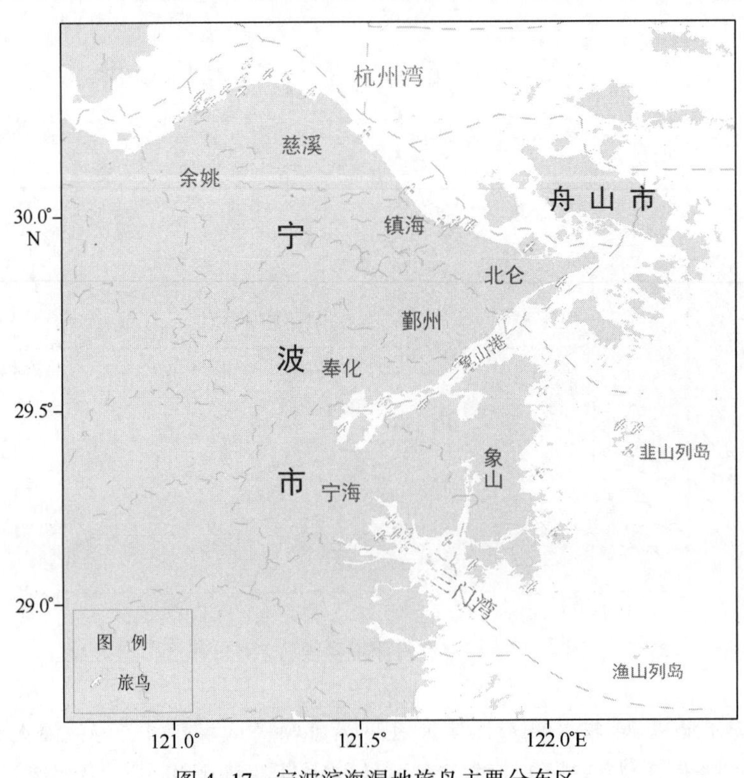

图 4-17 宁波滨海湿地旅鸟主要分布区

(3) 水鸟迁徙通道

宁波滨海湿地区域位于东亚-澳大利亚候鸟迁徙的通道上。每年有大量的候鸟途经此地。这些鸟类包括本区域的全部 120 种候鸟，其中包括冬候鸟 66 种，夏候鸟 24 种，旅鸟 31 种。迁徙水鸟通常沿海岸线迁徙，部分个体将沿钱塘江进入内陆。

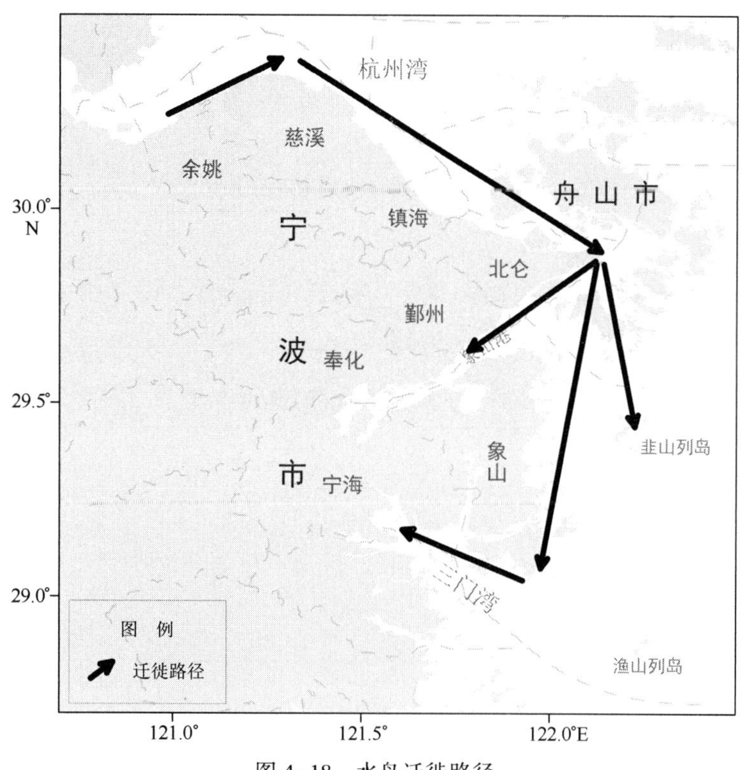

图 4-18　水鸟迁徙路径

4.4.2　两栖动物

(1) 种类组成

共记录两栖类 5 种，隶属 1 目 3 科（表 4-10）。5 种两栖类中，金线侧褶蛙属于宁波滨海湿地罕见种类，数量稀少；中华蟾蜍、黑斑侧褶蛙、饰纹姬蛙具有一定的数量，属于偶见种类；而泽陆蛙数量较多，属于常见种类，也是宁波滨海湿地两栖类中的优势种。

表 4-10　宁波滨海湿地两栖动物名录

分类地位	区系	优势度	保护等级	生态类型	依据
无尾目 Anura					
蟾蜍科 Bufonidae					
中华蟾蜍 *Bufo gargarizans*	①	++	Y	TQ	D
蛙科 Ranidae					
黑斑侧褶蛙 *Pelophylax nigromaculatus*	③	++	Y	Q	D
金线侧褶蛙 *Pelophylax plancyi*	①	+	Y	Q	D
泽陆蛙 *Fejervarya multistriata*	①	+++	Y	A	D
姬蛙科 Microhyldae					
饰纹姬蛙 *Microhyla ornate*	②	++		TQ	D

注：动物区系：①东洋界华中区，②东洋界华中华南区，③广布种；数量状况："+" 罕见种，"++" 偶见种，"+++" 常见种；保护等级："Y" 浙江省一般保护动物；生态类型："Q" 静水类型，"A" 林栖静水繁殖型，"TQ" 穴栖静水繁殖型；依据："D" 本次调查记录。

（2）区系组成

根据中国动物地理区划，宁波滨海湿地位于东洋界华中区的东部地区，在宁波滨海湿地记录的5种两栖动物中，从地理型分析，东洋界华中区物种占大多数，3种，占总数的60%，东洋界华中华南区物种，1种，占总数的20%，小部分属于广布种类，共1种，占总数的20%。

（3）珍稀濒危物种

在宁波滨海湿地有分布记录的5种两栖类中，中华蟾蜍、黑斑侧褶蛙、金线侧褶蛙和泽陆蛙4种为浙江省一般保护动物；饰纹姬蛙等5种为国家保护的有益、有重要经济和科学研究价值的两栖动物。

4.4.3 爬行动物

（1）种类组成

本次调查共记录宁波滨海湿地爬行动物11种，分别隶属于3目6科（表4-11），其中龟鳖目2科2种，蜥蜴目1科1种，蛇目3科8种。游蛇科为优势科。

表4-11 宁波滨海湿地爬行动物名录

种属	种名	区系	优势度	保护等级	依据
龟鳖目 Testudinata					
淡水龟科 Bataguridae					
	乌龟 *Chinemys reevesii*	②	+	Y	FW
鳖科 Trionychidae					
	中华鳖 *Pelodiscus sinensis*	②	+	Y	FW
蜥蜴目 Lacertiformes					
石龙子科 Soincidae					
	铜蜓蜥 *Sphenomorphus indicus*	①	+++		D
蛇目 Serpentiformes					
蝰科 Viperidae					
蝮亚科 Crotalinae					
	短尾蝮 *Gloydius brevicaudus*	②	++	Y	D
游蛇科 Colubridae					
游蛇亚科 Colubrinae					
	赤链蛇 *Dinodon rufozonatum*	②	+++	Y	D
	王锦蛇 *Elaphe carinata*	①	+	Z	FW
	黑眉锦蛇 *Elaphe taeniura*	②	+	Z	FW
	赤链华游蛇 *Sinonatrix annularis*	①	+		D
	虎斑颈槽蛇 *Rhabdophis tigrina*	②	++		D
	乌梢蛇 *Zaocys dhumnodes*	①	+	Y	FW
眼镜蛇科 Elapidae					
	银环蛇 *Bungarus multicinctus*	①	+	Y	FW
合计	3目6科11种				

注：动物区系：①东洋界华中华南区，②广布种；数量状况："+" 野外目击数量小于5只或只有访问记录，"++" 野外目击数量为5~10只，"+++" 野外目击数量大于10只；保护等级："Y" 为省一般保护动物，"Z" 浙江省重点保护动物；依据："D" 本次调查记录，"F" 访问，"W" 文献记载。

（2）区系组成

根据中国动物地理区划，宁波滨海湿地位于东洋界华中区的东南部地区，在宁波滨海湿地记录的 11 种爬行动物中，从地理型分析，东洋界华中华南区物种 5 种，占总数的 45.5%，广布种共 6 种，占总数的 54.5%。

（3）珍稀濒危物种

在宁波滨海湿地调查记录到的 11 种爬行动物中，属于浙江省重点保护动物的有王锦蛇和黑眉锦蛇 2 种；属于浙江省一般保护动物的有乌龟、中华鳖、短尾蝮、赤链蛇、乌梢蛇、银环蛇 6 种。

4.5　潮间带底栖生物

4.5.1　种类组成

宁波市滨海湿地潮间带生物有 7 大类 151 种。包括大型藻类 5 种、多毛类 16 种、软体动物 62 种、甲壳动物 39 种、棘皮动物 2 种、鱼类 13 种、其他动物 14 种（表 4-12）。

表 4-12　潮间带生物名录

序号	种类	7 月	11 月
一	**大型藻类 Algae**		
1	条浒苔 *Enteromorpha clathrata*	+	
2	浒苔 *Enteromorpha prolifera*		+
3	小石花菜 *Gelidium divaricatum*	+	+
4	叉枝藻 *Gymnogongrus flabelliformis*	+	
5	孔石莼 *Ulva pertusa*	+	
二	**多毛类 Polychaeta**		
6	双鳃内卷齿蚕 *Aglaophamus dibranchis*	+	+
7	中华内卷齿蚕 *Aglaophamus sinensis*	+	+
8	西方似蛰虫 *Amaeana occidentalis*	+	+
9	细丝鳃虫 *Cirratucus filiformis*	+	+
10	智利巢沙蚕 *Diopatra chiliensis*	+	+
11	埃刺梳鳞虫 *Ehlersileanira incisa*	+	+
12	持真节虫 *Euclymene annanolalei*	+	+
13	长吻沙蚕 *Glycera chirori*	+	+
14	扁蛰虫 *Loimia medusa*	+	
15	双唇索沙蚕 *Lumbrineris cruzensis*	+	+
16	异足索沙蚕 *Lumbrineris heteropoda*	+	+
17	日本刺沙蚕 *Neanthes japonica*	+	+
18	日本刺沙蚕 *Neanthes japonica*		+
19	背蚓虫 *Notomastus latericeus*	+	
20	多齿围沙蚕 *Perinereis nuntia*	+	+
21	不倒翁虫 *Sternaspis sculsts*	+	+

续表

序号	种类	7月	11月
三	**软体动物 Mollusca**		
22	中国不等蛤 *Anomia chinensis*	+	+
23	橄榄蚶 *Arca olivcea*	+	+
24	绯拟沼螺 *Assiminea latericera*	+	+
25	拟沼螺 *Assiminea* sp.	+	+
26	堇拟沼螺 *Assiminea violacea*	+	+
27	双纹须蚶 *Barbatia bistrigata*		+
28	青蚶 *Barbatia virescens*	+	+
29	纵带滩栖螺 *Batillaria zonalis*	+	+
30	泥螺 *Bullacta exarata*	+	+
31	甲虫螺 *Cantharus cecillei*	+	+
32	珠带拟蟹守螺 *Cerithidea cingulata*	+	+
33	小翼拟蟹守螺 *Cerithidea microptera*	+	+
34	中华拟蟹守螺 *Cerithidea sinensis*	+	+
35	小刀蛏 *Cultellus attenuatus*	+	+
36	褐蚶 *Didimacar tenebrica*	+	+
37	日本镜蛤 *Dosinia*（*Phacosoma*）*japonica*	+	
38	中国耳螺 *Elloblum chinensis*		+
39	中国绿螂 *Glaucomya chinensis*	+	+
40	渤海鸭嘴蛤 *Laternula marilina*	+	
41	朝鲜鳞带石鳖 *Lepidozona coreanica*	+	+
42	短滨螺 *Littorina brevicula*	+	+
43	粗糙滨螺 *Littorina scabra*	+	+
44	微黄镰玉螺 *Lunatia gilva*	+	+
45	粒花冠小月螺 *Lunella coronata*	+	+
46	四角蛤蜊 *Mactra veneriformis*	+	+
47	中国笔螺 *Mitra chinensis*	+	+
48	丽核螺 *Mitrella bella*	+	+
49	彩虹明樱蛤 *Moerella iridescens*	+	+
50	单齿螺 *Monodonta labio*	+	+
51	秀丽织纹螺 *Nassarius fedtiva*	+	+
52	半褶织纹螺 *Nassarius semiplicatus*	+	+
53	红带织纹螺 *Nassarius succinctus*	+	+

续表

序号	种类	7月	11月
54	纵肋织纹螺 *Nassarius varicifeus*	+	+
55	渔舟蜒螺 *Nerita albicilla*	+	+
56	齿纹蜒螺 *Nerita yoldi*	+	+
57	粒结节滨螺 *Nodilittorina exigua*	+	+
58	史氏背尖贝 *Notoacmea schrenckii*	+	+
59	豆形胡桃蛤 *nucula faba*	+	+
60	长蛸 *Octopus minor*	+	+
61	真蛸 *Octopus vulgaris*	+	
62	石磺 *Onchidium verruculatum*	+	+
63	僧帽牡蛎 *Ostrea cucullata*	+	+
64	近江牡蛎 *Ostrea rivularis*	+	
65	黑龙江河蓝蛤 *Potamocorbula amurcnsis*	+	+
66	光滑河蓝蛤 *Potamocorbula laevis*	+	
67	中华伪露齿螺 *Pseudoringicula sinensis*	+	+
68	红螺 *Rapana bezoar*	+	+
69	脉红螺 *Rapana venosa*	+	
70	婆罗囊螺 *Retusa boenensis*	+	+
71	菲律宾蛤仔 *Ruditapes philippinarum*	+	+
72	毛蚶 *Scapharca subcrnsta*	+	+
73	条纹隔贻贝 *Septifer virgatus*	+	
74	小荚蛏 *Siliqua minima*	+	+
75	缢蛏 *Sinonovacula constricta*	+	+
76	光滑狭口螺 *Stenothyra glabar*	+	
77	泥蚶 *Tegillarca granosa*	+	+
78	疣荔枝螺 *Thais clavigera*	+	+
79	爪哇荔枝螺 *Thais javanica*		+
80	黄口荔枝螺 *Thais luteostoma*	+	+
81	纹斑棱蛤 *Trapezium liratum*	+	+
82	金星蝶铰蛤 *Trigoaothacia uinxingee*	+	+
83	黑荞麦蛤 *Vignadula atrata*	+	+
四	**甲壳动物 Crustacea**		
84	日本鼓虾 *Alpheus japonicus*	+	+
85	白脊藤壶 *Balbicostus albicostatus*	+	+

续表

序号	种类	7月	11月
86	六齿猴面蟹 *Camptandrium sexdentatum*	+	
87	墨吉泥毛蟹 *Clistocoeloma merguiensis*	+	
88	中华泥毛蟹 *Clistocoeloma sinenes*		+
89	泥毛蟹 *Clistocoeloma* sp.		+
90	日本旋卷蜾蠃蜚 *Corophium volutator*	+	+
91	狭颚绒螯蟹 *Eriocheir leptognathus*	+	+
92	安氏白虾 *Exopalaemon annandalei*	+	+
93	伍氏厚蟹 *Helicana wuana*	+	+
94	天津厚蟹 *Helice tientsinensis*	+	+
95	肉球近方蟹 *Hemigrapsus sanguineus*	+	+
96	中华近方蟹 *Hemigrapsus sinensis*	+	+
97	方蟹 *Hemigrapsus* sp.	+	+
98	秉氏厚蟹 *Hrlica pingi*	+	+
99	谭氏泥蟹 *Iiyoplax deschampsi*	+	+
100	宁波泥蟹 *Ilyoplax ningpoensis*	+	+
101	锯眼泥蟹 *Ilyoplax serrata*	+	+
102	淡水泥蟹 *Ilyoplax tansuinsis*	+	+
103	海蟑螂 *Ligia exotica*	+	+
104	特异大权蟹 *Macromedaeus distinguendus*	+	+
105	日本大眼蟹 *Macrophthaimus japonicus*	+	+
106	长足长方蟹 *Metaplax longipes*	+	+
107	日本和美虾 *Nihonotrypaea japonica*	+	+
108	口虾蛄 *Oratosquilla oratoria*	+	+
109	粗腿厚纹蟹 *Pachygrapsus crassipes*	+	+
110	日本岩瓷蟹 *Petrolisthes tomentosus*	+	+
111	隆线拳蟹 *Philyra carinata*	+	+
112	橄榄拳蟹 *Philyra olivacea*	+	+
113	锯缘青蟹 *Scylla serrata*	+	+
114	红螯相手蟹 *Sesarma haematocheir*	+	+
115	斑点相手蟹 *Sesarma pictum*	+	+
116	褶痕相手蟹 *Sesarma plicata*		+
117	光辉圆扇蟹 *Sphaerozius stimpson*	+	+
118	日本笠藤壶 *Tetraclita japonica*	+	+
119	鳞笠藤壶 *Tetraclita sqamosa*	+	+
120	中华小笠藤壶 *Tetraclitella chinensis*		+
121	沟纹拟盲蟹 *Typhlocarcinops canaliculata*	+	+
122	弧边招潮 *Uca arcuata*	+	+

续表

序号	种类	7月	11月
五	**棘皮动物 Echinodermata**		
123	金氏真蛇尾 *Ophiura kinbergi*	+	+
124	棘刺锚参 *Protankyra bidentata*	+	+
六	**鱼类 Pisces**		
125	阿匍虾虎鱼 *Aboma lactipes*	+	+
126	舟山缰虾虎鱼 *Amoya chusanensis*		+
127	大弹涂鱼 *Boleophthalmus pectinirostris*	+	+
128	矛尾虾虎鱼 *Chaeturichthys stiqmatias*	+	+
129	中华栉孔虾虎鱼 *Crenotrypauchen chinensis*	+	+
130	睛尾蝌蚪虾虎鱼 *Lophiogobius ocellicauda*	+	
131	拉氏狼牙虾虎鱼 *Odontamblyopus lacepedii*		+
132	红狼牙虾虎鱼 *Odontamblyopus rubicundus*	+	+
133	犬齿背眼虾虎鱼 *Oxuderces dentatus*	+	+
134	弹涂鱼 *Periophthalmus cantonensis*	+	+
135	青弹涂鱼 *Scartelaos histophorus*		+
136	斑尾复虾虎鱼 *Synechoqobius ommaturus*	+	+
137	钟馗虾虎鱼 *Triaeopgon barbatus*	+	+
七	**其他类 Others**		
138	等指海葵 *Actinia equina*		+
139	绿侧花海葵 *Anthopleura midori*	+	+
140	星虫状海葵 *Eswardsia sipunculoides*	+	+
141	纵条肌海葵 *Haliplanella luxiae*	+	+
142	桂山厚丛柳珊瑚 *Hicrsonella guishanensis*	+	+
143	米卡泞花海葵 *Ilyanthus mitchellii*	+	
144	纵沟纽虫 *Lineus* sp.	+	+
145	大室膜孔苔虫 *Membranipora grandicella*	+	+
146	纽虫 *Nemertinea* sp.	+	+
147	五头桃花海葵 *Peachia quinquecapitata*	+	+
148	弓形革囊星虫 *Phascoiosoma arcuatum*	+	+
149	曲道喜石海葵 *Phellia gausapata*		+
150	叉状桧叶螅 *Sertularia furcata*	+	+
151	海笔 *Virgulaia* sp.		+

4.5.2 密度和生物量

宁波市滨海湿地潮间带生物平均密度为 410.4 个/m²，平均生物量为 448.80 g/m²。余姚市潮间带位置为历年趋势性监测站位，位于上虞与余姚交界处，本年度 2 次监测期间该区域有大面积围填造地活动。生物平均密度为 36.7 个/m²，平均生物量为 3.88 g/m²。慈溪市潮间带生物平均密度为 276.6 个/m²，平均生物量为96.24 g/m²。镇海区潮间带断面，生物平均密度为108个/m²，平均生物量为42.94 g/m²。北仑区潮间带生物平均密度为223.7个/m²，平均生物量为167.13 g/m²。鄞州区潮间带生物平均密度为36.7个/m²，平均生物量为3.88 g/m²。奉化区潮间带生物平均密度为461.2个/m²，平均生物量为855.47 g/m²。宁海县潮间带生物平均密度为155.9个/m²，平均生物量为96.84 g/m²。象山县潮间带生物平均密度为736.0个/m²，平均生物量为925.15 g/m²（图4-19和图4-20）。

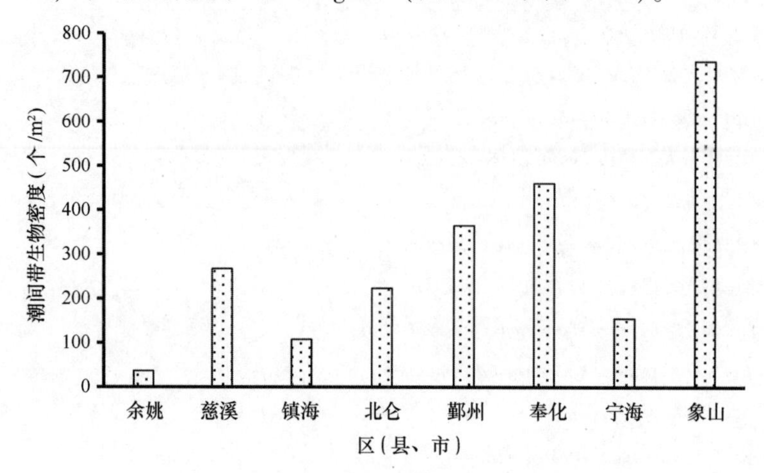

图4-19 宁波市滨海湿地潮间带生物密度分布

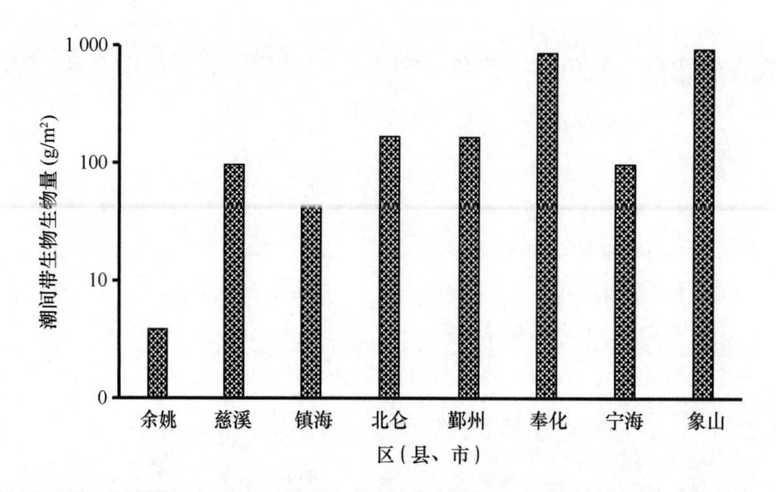

图4-20 宁波市滨海湿地潮间带生物生物量分布

4.5.3 物种多样性

宁波市滨海湿地潮间带，生物多样性指数平均为1.80，均匀度（J）平均为0.80，丰富度（d）平均为0.63。余姚市潮间带生物多样性指数（H'）平均为0.45，均匀度（J）平均为0.79，丰富度（d）平均为0.29。慈溪市潮间带生物多样性指数（H'）平均为1.82，均匀度（J）平均为0.78，丰富度（d）。镇海区潮间带生物多样性指数（H'）平均为1.30，均匀度（J）平均为0.97，丰富度（d）平均为0.34。北仑区潮间带生物多样性指数（H'）平均为1.86，均匀度（J）平均为0.83，丰富度（d）平均为0.62。鄞州区潮间带生物多样性指数（H'）平均为2.17，均匀度（J）平均为0.81，丰富度（d）平均为0.80。奉化区潮间带生物多样性指数（H'）平均为1.60，均匀度（J）平均为0.78，丰富度（d）平均为0.68。

宁海县潮间带生物多样性指数（H'）平均为2.09，均匀度（J）平均为0.86，丰富度（d）平均为0.70。象山县潮间带生物多样性指数（H'）平均为1.85，均匀度（J）平均为0.74，丰富度（d）平均为0.66。

4.6 游泳动物

宁波滨海湿地游泳动物种类较丰富，主要有鱼类、虾类、蟹类、虾蛄类和头足类组成。

鱼类主要有带鱼、小黄鱼、鲳鱼、海鳗、鮸鱼、棘头梅童鱼、黄鲫、凤鲚、黄姑鱼、白姑鱼、叫姑鱼、刺鲳、海鳗、斑鰶、鲻鱼、长吻红舌鳎、龙头鱼、鳀鱼、小公鱼、虾虎鱼、矛尾虾虎鱼和褐菖鲉等。

虾类主要有安氏白虾、脊尾白虾、中国毛虾、中华管鞭虾、细巧仿对虾、葛氏长臂虾、细螯虾、日本鼓虾等。

蟹类优势种有三疣梭子蟹、日本蟳、锯缘青蟹和双斑蟳等。

虾蛄类主要是口虾蛄。

头足类以日本枪乌贼和曼氏无针乌贼为主。

生态类型呈较多样化特征，主要可以分为近岸和沿岸型种类、河口种类等类型。

4.6.1 杭州湾

根据2015年春、秋、冬3次调查结果，杭州湾游泳动物种类共75种，其中鱼类23科41种，虾类7科13种，蟹类6科11种，虾蛄1科2种，头足类2科2种，其他类6种（表4-13）。经济种类包括凤鲚、日本鳀、龙头鱼、棘头梅童鱼、鮸鱼、小黄鱼、窄体舌鳎、黄鲫、矛尾虾虎鱼、鲈鱼、银鲳、鲅、脊尾白虾、安氏白虾、葛氏长臂虾、三疣梭子蟹、虾蛄和真蛸等。

表4-13 杭州湾的渔业资源种类

序号	归属类别	种	学名	春季	秋季	冬季
一	**鱼类**					
1	魟科 Dasyatidae	中国魟	*Dasyatis sinensis*	+		
2	蛇鳗科 Ophichthyidaea	裸鳍虫鳗	*Muraenichthys gymnoperus*		+	
3	康吉鳗科 Congridae	星鳗	*Astoconger myriaster*			+
4	海鳗科 Muraenesocidae	海鳗	*Muraenesox cinereus*		+	
5	鳀科 Engraulidae	凤鲚	*Coilia mystus*	+	+	+
6		日本鳀	*Engraulis japonicus*	+		
7		黄鲫	*Setipinna taty*	+	+	
8		中华小公鱼	*Stolephorus chinensis*		+	
9		中颌稜鳀	*Thrissa mystax*			+
10	海鲇科 Ariidae	中华海鲇	*Arius sinensis*	+	+	
11	胡瓜鱼科 Osmeridae	大银鱼	*protosalanx hyalocranius*		+	
12	海龙鱼科 Syngnathidae	舒氏海龙	*Syngnathus schlegeli*		+	+
13	鲂科 Triglidae	绿鳍鱼	*Chelidonichthys kumu*	+	+	
14	狗母鱼科 Synodontidae	龙头鱼	*Harpodon nehereus*	+	+	+
15	鮟鱇科 Lophiidae	鮟鱇	*Lophius* sp.	+		
16	鲻科 Mugilidae	鲅	*Liza haematocheil*	+		+

续表

序号	归属类别	种	学名	春季	秋季	冬季
17	狼鲈科 Moronidae	鲈鱼	*Lateolabrax japonicus*	+		+
18	马鲅科 Polynemidae	六丝多指马鲅	*Polydactylus sexfilis*		+	
19	马鲅科 Polynemidae	四指马鲅	*Eleutheronems tetradactylum*		+	
20	石首鱼科 Sciaenidae	白姑鱼	*Argyrosomus argentaus*		+	+
21		棘头梅童鱼	*Collichthys lucidus*	+	+	+
22		鮸鱼	*Miichthys miiuy*	+	+	+
23		小黄鱼	*Pseudosciaena polyactis*	+		
24	虾虎鱼科 Gobiidae	矛尾虾虎鱼	*Chaeturichthys stigmatias*	+	+	+
25		中华栉孔虾虎鱼	*Ctenotrypauchen chinensis*	+	+	+
26		红狼牙虾虎鱼	*Odontamblyopus rubicundus*	+	+	+
27		钟馗虾虎鱼	*Triaenopogon barbatus*	+	+	+
28		孔虾虎鱼	*Trypauchen vagina*	+		
29	带鱼科 Trichiuridae	带鱼	*Trichiurus japonicus*		+	
30		小带鱼	*Trichiurus muticus*	+	+	
31	长鲳科 Centrolophidae	刺鲳	*Psenopsis anomala*	+		
32	鲳科 Stomateidae	银鲳	*Pampus argenteus*	+	+	
33		燕尾鲳	*Pampus nozawae*		+	
34	舌鳎科 Cynoglossidae	窄体舌鳎	*Cynoglossus gracilis*	+	+	+
35		焦氏舌鳎	*Cynoglossus joyneri*		+	+
36		半滑舌鳎	*Cynoglossus semilaevis*			+
37	鲀科 Tetraodontidae	横纹东方鲀	*Fugu oblongus*	+		+
38		假睛东方鲀	*Takifugu pseudommus*		+	
39		东方鲀	*Fugu* sp.	+		
40	革鲀科 Aluteridae	日本前刺单角鲀	*Laputa japonicus*			+
41		未定种		+		
二	**虾类**					
42	管鞭虾科 Solenoceridae	中华管鞭虾	*Solenocern sinensis*		+	
43	藻虾科 Hippolytidae	疣背宽额虾	*Latreutes planirostris*	+		
44	樱虾科 Sergestidae	中国毛虾	*Acetes chinensis*	+	+	
45	对虾科 Penaeidae	细巧仿对虾	*Paeapenaeopsis tenellus*	+	+	
46		中国对虾	*Fenneropenaeus chinensis*		+	
47		周氏新对虾	*Metapeaeus joyneri*		+	
48	玻璃虾科 Pasiphaeidae	细螯虾	*Leptochela gracilis*	+	+	
49	长臂虾科 Palaemonidae	安氏白虾	*Exopalaemon annandalei*	+	+	+
50		脊尾白虾	*Exopalaemon carinicauda*	+	+	+
51		葛氏长臂虾	*Palaemon gravieri*	+	+	+
52		太平洋长臂虾	*Palaemon pacificus*	+	+	
53	鼓虾科 Alpheidae	鲜明鼓虾	*Alpheus distinguendus*	+	+	+
54		日本鼓虾	*Alpheus japonicus*	+	+	+
三	**蟹类**					
55	关公蟹科 Dorippidae	日本关公蟹	*Dorippe japonica*	+		
56	玉蟹科 Leucosiidae	隆线拳蟹	*Philyra carinata*	+		+

续表

序号	归属类别	种	学名	春季	秋季	冬季
57		豆形拳蟹	*Philyra pisum*		+	
58	虎头蟹科 Orithyidae	中华虎头蟹	*Orithyia sinica*	+		
59	梭子蟹科 Portunidae	日本蟳	*Charybdis japonica*	+	+	+
60		三疣梭子蟹	*Portunus tritubercutatus*	+	+	+
61		锯缘青蟹	*Scylla serrata*	+		
62		锈斑蟳	*Charybdis feriatus*		+	
63	瓷蟹科 Porcellanidae	绒毛细足蟹	*Raphidopas ciliatus*	+		+
64	方蟹科 Grapsidae	狭颚绒毛蟹	*Eriocheir leptognathus*	+	+	+
65		中华绒螯蟹	*Eriochier sinensis*	+		+
四	**虾蛄**					
66	虾蛄科 Squillidae	窝纹网虾蛄	*Dictyosquilla foveolata*	+	+	
67		口虾蛄	*Oratosquilla oratotria*	+	+	+
五	**头足类**					
68	章鱼科 Octopodidae	真蛸	*Octopus vulgaris*	+		+
69	枪乌贼科 Loliginidae	日本枪乌贼	*Loligo japonica*		+	
六	**其他**					
70	织纹螺科 Nassidae	红带织纹螺	*Nassarius succinctus*	+		
71		纵肋织纹螺	*Nassarius varicifeus*	+	+	
72	竹蛏科 Solenidae	小荚蛏	*Siliqua minima*		+	
73		不倒翁虫	*Sternaspis sculsts*	+		
74		光背节鞭水虱	*Synidotea laevidorsalis*		+	
75		海棒槌	*Paracaudina chilensis*		+	

渔业资源平均尾数资源密度为 14.74×10^{4}个/km^2，平均重量资源密度为 279.8 kg/km^2。春季平均尾数相对资源密度和重量相对资源密度分别为 16.448×10^{4}个/km^2 和 186.085 kg/km^2，秋季平均尾数资源密度和重量资源密度分别为 23.046×10^{4}个/km^2 和 573.945 kg/km^2，冬季渔业资源的平均尾数资源密度和重量资源密度分别为 4.736×10^{4}个/km^2 和 79.4 kg/km^2（表 4-14）。

表 4-14　杭州湾渔业资源密度

	春季	秋季	冬季
尾数密度（×10^4 个/km^2）	16.448	23.046	4.736
重量密度（kg/km^2）	186.085	573.945	79.4

春季渔获物中，鱼类幼体数占鱼类总尾数的 48.2%，蟹类幼体数占蟹类总尾数的 53.2%。秋季鱼类幼体数占鱼类总尾数的 48.2%，无虾蟹类幼体。冬季鱼类幼体数占鱼类总尾数的 13.2%，蟹类幼体数占蟹类总尾数的 32.5%，无虾类幼体。

4.6.2 象山港

根据宁波市海洋与渔业研究院 2007—2009 年的调查资料，在象山港海域调查采集到鱼卵和仔鱼 25

种，分别隶属9目16科23属。其中鲈形目种类9属9种；鲱形目5属5种；鲻形目2属3种；鲽形目2属2种；鳗鲡目、灯笼鱼目、鲀形目、鲑形目、鲉形目及虾虎鱼科各为1属1种；采集到种类鱼卵仔鱼的生态分别为河口性种类8种，近岸性种类6种，洄游性种类6种，岛礁及定居性种类5种。

4.6.3 三门湾

据2016年4月调查结果（表4-15），三门湾游泳动物共37种，鱼类11科23种，占种类总数的62.2%；虾类6科8种，占种类总数的21.6%；蟹类3科4种，占种类总数的10.8%；虾蛄类1科1种，占种类总数的2.7%；头足类1科1种，占种类总数的2.7%。优势种有细螯虾、三疣梭子蟹、幼鱼、凤鲚。

表4-15 三门湾的渔业资源种类

序号	科	种名	
一		鱼类	
1	海鳗科 Muraenesocidae	海鳗	*Muraenesox cinereus*
2	鳀科 Engraulidae	凤鲚	*Coilia mystus*
3		黄鲫	*Setipinna taty*
4		康氏小公鱼	*Anchoviella commersonii*
5		鳀鱼	*Engraulis japonicus*
6		中颌棱鳀	*Thryssa mystax*
7	鲱科 Clupeidae	斑鰶	*Clupanodon punctatus*
8	海龙鱼科 Syngnathidae	舒氏海龙	*Syngnathus schlegeli*
9	鲂科 Triglidae	短鳍红娘鱼	*Lepidotrigla micropterus*
10	狗母鱼科 Synodontidae	龙头鱼	*Harpodon nehereus*
11	鲻科 Mugilidae	鲅鱼	*Liza haematocheil*
12	石首鱼科 Sciaenidae	鮸鱼	*Miichthys miiuy*
13		棘头梅童鱼	*Collichthys lucidus*
14	虾虎鱼科 Gobiidae	虾虎鱼	*Eucyclogobius newberryi*
15		红狼牙虾虎鱼	*Odontamblyopus rubicundus*
16		中华栉孔虾虎鱼	*Ctenotrypauchen chinensis*
17		红狼牙虾虎鱼	*Odontamblyopus rubicundus*
18		矛尾虾虎鱼	*Chaeturichthys stigmatias*
19		大鳞虾虎鱼	*G. macrolepis cheng*
20	带鱼科 Trichiuridae	小带鱼	*Trichiurus muticus*
21	舌鳎科 Cynoglossidae	焦氏舌鳎	*Cynoglossus joyneri*
22		窄体舌鳎	*Cynoglossus gracilis*
23	—	幼鱼	*Fish larva*
二		虾类	
24	管鞭虾科 Solenoceridae	中华管鞭虾	*Solonocern sinensis*
25	樱虾科 Sergestidae	中国毛虾	*Acetes chinensis*
26	对虾科 Penaeidae	哈氏仿对虾	*Paeapenaeopsis handwickii*

续表

序号	科		种名
四		虾蛄类	
27	玻璃虾科 Pasiphaeidae	细螯虾	*Leptochela gracilis*
28	长臂虾科 Palaemonidae	葛氏长臂虾	*Palaemon gravieri*
29		脊尾白虾	*Exopalaemon carinicauda*
30		太平洋长臂虾	*Palaemon pacificus*
31	鼓虾科 Alpheidae	日本鼓虾	*Alpheus japonicus*
三		蟹类	
32	梭子蟹科 Portunidae	三疣梭子蟹	*Portunus trituberculatus*
33		日本蟳	*Charybdis japonica*
34	大眼蟹科 Macrophthalmidae	中型三强蟹	*Tritodynamia intermedia*
35	瓷蟹科 Porcellanidae	绒毛细足蟹	*Raphidopas ciliatus*
36	虾蛄科 Squillidae	口虾蛄	*Oratosquilla oratotria*
五		头足类	
37	乌贼科 Sepioidae	曼氏无针乌贼	*Sepiella simndroni*

渔业资源尾数相对资源密度和重量相对资源密度分别为 3.17×10^4 个/km^2 和 82.73 kg/km^2。多样性、丰富度、均匀度均一般。渔获物平均体重为 2.1 g，平均千克重尾数为 469.0 个/kg。渔获物中鱼类幼体总数 1 676 尾，占鱼类总尾数的 33.4%。该海域渔业资源生物生态类型呈较多样化特征，主要可以分为近岸和沿岸型种类、河口种类等类型。

4.6.4　象山东部海域

象山东部海域游泳动物较为丰富，共有 142 个品种，其中鱼类共有 12 目 32 科 51 属 62 种，占总数的比例为 43.66%；甲壳类共有 2 目 19 科 33 属 49 种，占总数的比例为 34.51%；头足类和其他软体动物共有 9 目 18 科 27 种，占总数的比例为 19.01%；另有腔肠动物和棘皮动物 4 种，占总数的比例为 2.82%。保护区内主要的游泳动物种类有带鱼、大黄鱼、小黄鱼、鲳鱼、海鳗、曼氏无针乌贼、鮸鱼、棘头梅童鱼、黄鲫、凤鲚、黄姑鱼、白姑鱼、叫姑鱼、刺鲳、海鳗、斑鰶、鲻鱼、长吻红舌鳎、龙头鱼、鳀鱼、小公鱼、虾虎鱼、褐菖鲉、日本枪乌贼、口虾姑、中国毛虾、中华管鞭虾、细巧仿对虾、葛氏长臂虾、细螯虾、日本鼓虾、脊尾白虾、三疣梭子蟹、日本蟳和双斑蟳等。

第5章　滨海湿地生态系统综合评价

宁波市滨海湿地生态系统评价主要集中在杭州湾、象山韭山列岛和渔山列岛，对于整个宁波的滨海湿地生态系统的评价尚未见到。本部分利用遥感数据和现场调查数据、定性描述和定量评价相结合的手段，建立滨海湿地生态系统综合评价模型，包括了滨海湿地生态系统健康评价、滨海湿地生态系统功能评价和滨海湿地生态系统价值评价三部分，通过评价掌握宁波市滨海湿地的主要分区滨海湿地的健康、功能和价值状况，同时为宁波滨海湿地受损修复提供参考依据。建立的指标体系，可用于以行政区划为单元的滨海湿地评价，也可用于相同区系滨海湿地的评价。

5.1　滨海湿地生态综合评价方法的确定

美国环保署组织实施的美国国家湿地状况评估包括湿地生态系统的状况、湿地生态服务功能及其价值三方面（EPA Website），澳大利亚、英国等其他国家和国际组织对湿地评价也大都从功能和价值两方面展开，对不同类型的湿地，评价的侧重点有所不同。目前国内外滨海湿地生态系统评价主要集中在生态系统健康和湿地生态服务功能价值两方面来进行评价。

5.1.1　存在的问题

国内外滨海湿地生态系统评价基本流程是根据滨海湿地的内部和外部特征选取一定数量的评价指标，构建滨海湿地系统评价模型，通过统计或者文献获得的指标数据代入模型计算，根据计算结果来评价滨海湿地的健康状态、功能和价值状态等。该方法在本次评价过程中遇到一些问题。

（1）指标体系

由于出发点不同，评价指标的选取原则也不同，尺度不同、区域不同、滨海湿地类型不同往往都会导致选取关键指标的差异。不同学者针对特定研究区构建的指标体系的可参考性和普适性也比较差。此外，选择指标所依据的概念模型不是特别针对滨海，湿地变为滨海湿地是对生态系统而构建的，所以很难选出全面、科学性强且符合滨海湿地生态系统特点的指标体系。

（2）评价标准

评价标准的划分需结合滨海湿地生态系统健康的内涵进行。对滨海湿地生态系统进行评价的前提是承认生态系统存在健康标准，关键问题是滨海湿地系统处于什么状况是健康的，至今尚无统一标准，这使得滨海湿地等级划分主观性比较强，同时部分指标对滨海湿地生态系统健康的影响还缺少比较合理的测度方法，赋分主要是基于主观性的判定，未充分进行科学论证，所以难以客观反映和准确评价滨海湿地健康状况。

（3）评价方法

确立评价指标后，就可以对滨海湿地生态系统进行相应评价，但由于评价方法的不确定性，对于相同滨海湿地生态系统而言，采用不同的评价方法得出的结果差异明显。对所选方法的合理性、可操作性、使用范围、结果精度等问题还缺乏研究，如何选择科学的滨海湿地评价方法面临着非常大的挑战。此外，评价指标包含广泛，涉及水文、土壤、植被、社会经济等各方面指标，数据类型包括统计数据、野外采样数据等，遥感等空间信息技术的应用程度不够，大尺度的滨海湿地生态系统评价仍是难题。

5.1.2 评价方法的确定

针对滨海湿地生态系统评价提出的3个问题，拟从以下方面改进：第一，通过建立综合评价方法包括健康、功能和价值三部分，健康、功能和价值三者互为统一，相互联系，有包含有交叉，但是不可相互替代，能全面掌握湿地现状，实现自然、社会、经济的整合及协调，从而更加适合中国包括宁波滨海湿地管理和保护的发展需求。同时指标体系建立针对滨海湿地的特点选取。第二，评价标准判定时候，部分指标参考全国平均水平或者文献值判定，让评价标准更加科学公正。第三，评价数据获取在现场监测、资料收集及卫星遥感手段相结合的基础上展开，小尺度的行政区划范围和大尺度湿地区域评价工作均可采用。

改进的生态系统综合评价主要包括以下三部分内涵：

①滨海湿地生态系统是自然-经济-社会复合系统，保护和管理滨海湿地的最终目的是使得滨海湿地生态系统更好地服务于人类。滨海湿地生态系统健康评价是从整体上对滨海湿地生态系统进行评估，不仅能反映生态系统本身的物理、化学、生态功能的完整性，反映滨海湿地生态系统本身的健康以及滨海湿地生态系统对人类福祉的影响，间接反映经济发展、人类活动对滨海湿地生态系统的扰动。

②滨海湿地生态系统功能是滨海湿地的基本属性，是提供服务的基础和前提，滨海湿地生态系统服务功能不仅表现在为人类的生产、生活提供多种资源，而且具有巨大的环境功能和生态效益，在抵御洪水、调节径流、蓄洪防旱、控制污染、调节气候、促淤造陆、美化环境等方面具有不可替代的作用。因此，对滨海湿地生态系统功能评价侧重于对提供某些服务的滨海湿地生态系统功能的评估，这些服务包括供给服务、调节服务、文化服务和支持服务。滨海湿地功能评价通过确定滨海湿地单项功能或总体功能评价标准的符合程度为制定正确的决策提供依据。

③滨海湿地生态系统价值评价则是基于滨海湿地生态系统提供的服务，运用评价方法，将抽象的服务转化为人们能感知的货币，直观地反映滨海湿地各项服务所创造的价值，通过滨海湿地生态系统价值的货币形式的量化，体现滨海湿地生态系统的功能状况，使其与当地的社会和经济状况相联系，提高人类对滨海湿地的认识，使得滨海湿地管理和保护机构可以运动经济手段对其进行保护，从而促进滨海湿地生态环境与社会、经济的可持续协调发展。

改进的生态系统综合评价主要包括以下三部分重要意义：

①滨海湿地生态系统健康评价涵盖了滨海湿地生态系统状况评估、滨海湿地生态系统服务功能的整体性和系统性以及滨海湿地生态系统与人类社会和经济系统之间的关系。湿地生态系统健康随着20世纪80年代“生态系统健康”概念的兴起而逐渐成为研究热点。由于湿地生态系统的自然-经济-社会复合系统，评价湿地生态系统健康状况，诊断由自然因素和人类活动引起的湿地生态系统的破坏和退化程度，以此发出预警，可以对复杂的湿地生态系统定量化、简单化，为湿地保护和管理工作提供衡量标准，保障湿地生态系统可持续发展。

②滨海湿地生态系统服务功能是滨海湿地的保护目标，是滨海湿地的利用资本，即保护和管理滨海湿地的最终目标都是为了让滨海湿地更好地为人类服务，因此，合理的滨海湿地生态系统功能评价可为滨海湿地的合理利用提供决策依据。

③滨海湿地的价值是滨海湿地的社会属性，是滨海湿地生态系统服务功能的定量分析。滨海湿地的功能可以客观地评估或衡量，而滨海湿地的价值本质上是主观的，很难评估。然而，决策是一个权衡的过程，价格的评估影响功能的权重，因此，必须考虑到决策方案所造成的滨海湿地价值的变化以及变化

产生的后果，滨海湿地生态系统服务价值评价研究综合了生态学、经济学、社会学、伦理学等学科的相关内容，对滨海湿地功能、相关利益进行分析，将滨海湿地资源的外部特性进行数字表征，部分或全部体现滨海湿地生态服务的经济价值。

5.2 滨海湿地生态系统指标体系构建

滨海湿地生态系统指标体系构建具有五大原则。

①科学性原则：构建滨海湿地生态系统评价指标体系必须遵循生态规律、经济规律和社会规律，采用科学的方法和手段，确立的指标必须是通过观察、测试、评议等方式能够得出明确结论的定性或定量的指标。本着构建宁波滨海湿地生态系统评价体系的科学性原则，首先对国内外相关研究的文献进行调研，寻找评价框架划分的理论依据，并总结国内外湿地生态系统评价研究的研究区域划分、指标选择、评价方法等异同，综合各要素分析形成调研和分析结果，建立指标体系。

②可行性原则：确定的评价指标要充分考虑到滨海湿地现有资料的掌握程度，一些方面的指标还很难做到完全的定量化，另一些方面的指标采用定性描述更具有科学性。

③易操作性原则：选择的指标必须实用，使用简单易懂，易于管理者掌握、运用。

④系统整体性原则：选择的指标要成为一个完整的指标体系，该体系要求包含所有能反映湿地生态系统健康的主要方面，而且要避免体系过于复杂和庞大。

⑤兼顾性原则：滨海湿地生态系统功能的多元化、生态系统结构的复杂化和人类社会对湿地直接或者间接影响都是湿地健康评价必须考虑的方面，滨海湿地有生态调节、水质净化、物质生产等多种功能，在各种功能之间既存在共同的评价内容，也有各自特殊的方面，要兼顾到所有方面。

5.2.1 滨海湿地生态系统健康评价指标体系

滨海湿地生态系统健康评价是指湿地能够提供特殊生态功能的能力和维持自身有机组织的能力，它可以在不良的环境扰动中自行恢复。针对湿地的健康评价方法主要包括指示物种法和指标体系法两大类，其中指示物种法在国外应用较多，国内的研究多选用指标体系法。我国在湿地生态系统健康评价研究中使用最广泛的是指标体系法。湿地生态系统健康的指标过去主要集中在化学和生物指标，现在又引进了物理指标，除湿地的自然属性外，将社会经济指标也纳入湿地健康的研究范畴中，使湿地健康诊断指标更趋于完善，如美国国家环境保护局（EPA）提出的一些指标在管理实践上效果良好（李荣冠等，2015）。目前，比较权威的湿地生态系统健康评价指标研究成果不多，也没有统一的评价体系，加强湿地生态系统健康评价及其体系研究是今后湿地研究的一个重要方向。国内湿地生态健康评价指标体系主要侧重于湿地生态系统的特征和功能指标，人类社会与环境的结合不够紧密，选取生态健康评价指标则应注重湿地生态系统的可持续性，包括生态、社会、经济综合指标，并根据湿地自身特点选取，要能准确反映多压力、多尺度的复杂系统，并对复杂的湿地动态系统做出健康的综合诊断和评价（上官修敏等，2013）。

国内滨海湿地健康评价常用压力-状态-响应（pressure-state-response，PSR）模型和活力-组织结构-恢复力（vigor-organization-resilience，VOR）模型。PSR 模型从社会与经济环境有机统一的观点出发，精确地反映了生态系统自然、经济、社会因素间的关系，为生态系统健康指标构建提供了一种逻辑基础，因而被广泛使用。宁波滨海湿地生态系统是一个强大、复杂和动态的生态系统，要全面地评价它的健康现状需要多指标、多尺度以及定性描述和定量评价相结合的模式。本章在充分考虑滨海湿地系统的整体性、关联性、等级结构性、动态平衡性和时序性的情况下，选择 PSR 模型为基础，选取人口、经济、环境、资源开发、政策法规和管理决策等指标，建立滨海湿地生态系统健康评价模型。

指标选取以科学性、可操作性、系统整体性为主要原则，在广泛调研国内外滨海湿地状况评价研究的基础上，选取国内外学者关注度高、在文献中出现频率高的指标作为候选指标，综合考虑宁波滨海湿地的特点，构建出该地滨海湿地生态系统健康评价指标体系，压力层、状态层和指标层共 3 个二级指标，25 个三级指标（表 5-1）。

表 5-1　滨海湿地生态系统健康评价指标体系

一级指标	二级指标	三级指标	评价指标
宁波滨海湿地生态系统健康状态	压力层	人口压力	人口密度
		人均 GDP	人均 GDP
		人口自然增长率	人口自然增长率
		废水排放总量	废水排放总量
		农药使用强度	农药使用强度
		化肥使用强度	化肥使用强度
		人类干扰程度	人类干扰指数
		养殖强度	养殖强度
		工业废气排放量	工业废气排放量
		降水变化程度	降水变化程度
	状态层	水质状况	富营养化指数
		沉积物状况	潜在生态风险指数
		潮间带多样性	潮间带多样性指数
		植被覆盖率	植被覆盖率
		珍稀濒危物种分布	珍稀濒危物种分布及受威胁因素及影响程度调查
		水面面积比例	水面面积比例
		滨海湿地面积变化	滨海湿地面积变化率
		破碎化程度	破碎化程度
		水产产量变化率	水产产量变化率
		湿地自然率	湿地自然率
	响应层	环境保护支出比例	环境保护支出比例
		污水处理厂集中处理率	污水处理厂集中处理率
		水土流失综合治理率	水土流失综合治理率
		水源补给	径流深
		滨海湿地管理水平	滨海湿地管理水平

5.2.2 滨海湿地生态系统功能评价指标体系

目前国内学者对滨海湿地生态系统功能的认识已经比较一致，这些研究中，共同关注度在70%左右的湿地生态系统功能是物质生产、气候调节、调洪蓄水、净化水质、休闲与生态旅游、教育与科研以及保护生物多样性，侧重湿地生态系统服务功能。从上述功能中选取供给功能、调节功能、文化功能、支撑功能四大核心功能作为二级指标，构建滨海湿地生态系统功能评价指标体系，共4个二级指标，7个三级指标（表5-2）。

表5-2 滨海湿地生态系统功能评价指标体系

一级指标	二级指标	三级指标	评价指标
滨海湿地生态系统功能状态	供给功能	物质生产	物质生产变化量
	调节功能	气候调节	温差
		水资源调节	堤坝和水库的数量
		净化水质	水质类别
	文化功能	休闲与生态旅游	景观美学价值和开发项目
		教育与科研	科研
	支持功能	提供生境	生物多样性

5.2.3 滨海湿地生态系统价值评价指标体系

目前，国内学者主要针对滨海湿地生态系统提供的服务价值进行评价。综合考虑滨海湿地的主要生态服务项目，构建滨海湿地生态系统价值评价指标体系，主要包括产品价值、文化价值、生态调节价值、生态多样性价值和支持价值5个二级指标，14个三级评价指标（表5-3）。

表5-3 滨海湿地生态系统价值评价指标体系

一级指标	二级指标	三级指标	评价指标
滨海湿地生态系统价值状态	产品价值	湿地产品	食物
			原材料
	文化价值	娱乐和教育	旅游休闲
			文教科研
	生态调节价值	涵养水源	调蓄水量
		水质净化	降解污染物
		固碳	植物固碳
			动物固碳
		气候调节	调节气温
			增湿
		大气调节	释放氧气
			温室气体
	生态多样性价值	生物多样性	生物多样性
	支持价值	生存栖息地	生存栖息地

5.3　滨海湿地生态系统综合评价

5.3.1　生态分区

宁波在行政区划上为 8 个区县（市），分别为余姚市、慈溪市、镇海区、北仑区、鄞州区、奉化区、象山县和宁海县（图 5-1）。根据宁波市滨海湿地分布特征、资源现状及开发利用现状，形成“三湾、两区”的宁波市滨海湿地保护与修复的空间格局。其中“两区”为东部沿岸区、南部海岛保护区，三湾为杭州湾、象山港和三门湾，拟通过分类管理、分区保护并采用保护区建设、生态修复、环境整治、景观建设等主要措施，实现全市滨海湿地的保护与修复。

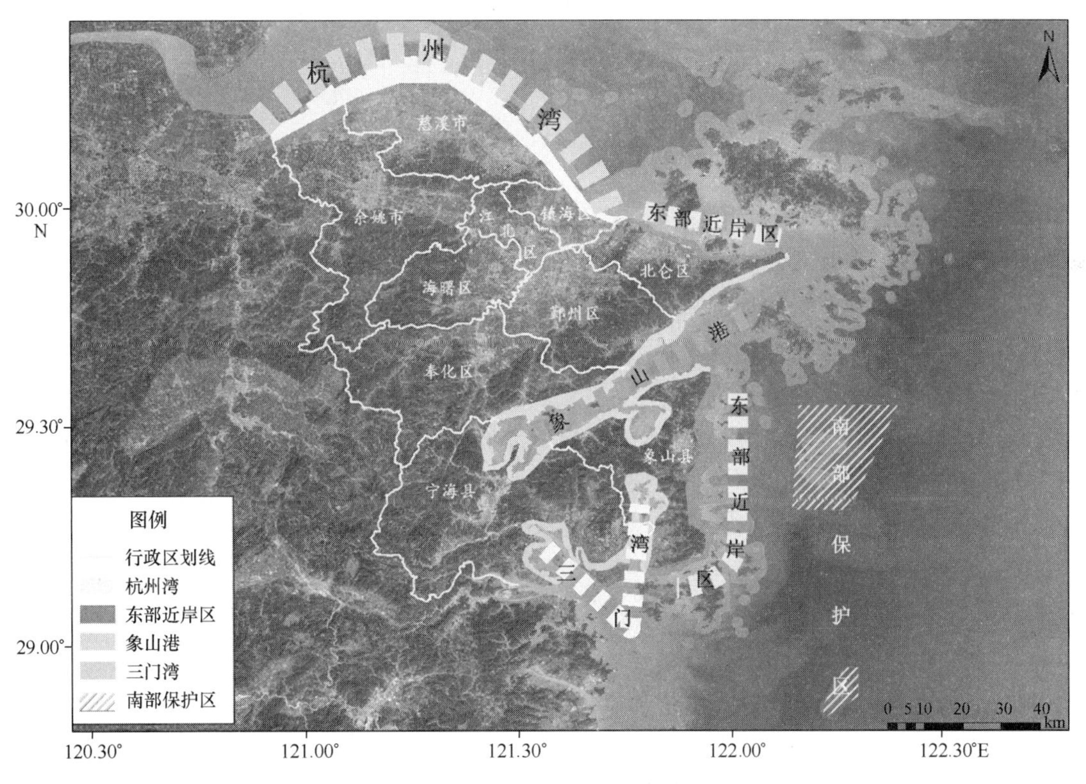

图 5-1　宁波滨海湿地生态分区

（1）杭州湾

杭州湾位于宁波市北部，有钱塘江、曹娥江注入，自口外向口内渐狭，跨余姚市、慈溪市、杭州湾新区、镇海区等行政区，是浙江省特色先进制造业基地。区域岸线平直，岛屿分布较少，滩涂以淤涨型滩涂为主，滨海湿地资源丰富，海洋环境质量相对较差。

（2）象山港

象山港位于宁波市中部，湾内有西沪港、黄墩港和铁港 3 个支港，是一个由东北向西南深入内陆的狭长形半封闭型海湾，跨北仑区、鄞州区、奉化区、宁海县、象山等行政区，是全国海洋生态文明示范区、长江三角洲地区重要的休闲度假港湾、浙江省海洋新兴产业基地、宁波现代都市重要功能区。港区内海岸线曲折，海洋资源丰富、岸线和滩涂分布类型多样，海洋环境现状良好。

（3）三门湾

三门湾地处位于宁波南部，三门环陆，港汊分布繁多，湾内水道较多，是曲折度较大、地形复杂的海湾，跨象山县、宁海县两个行政区，是产业复合型、生态友好型、滨海风情型的全国海湾生态经济试验区、国家海洋生物多样性保护示范基地、国家现代农渔业基地、长江三角洲海洋新兴产业基地、海峡两岸交流合作示范基地。湾内岸线曲折，泥滩宽阔，湾口海岛分布集中，海洋生物资源丰富。

（4）东部近岸区

东部沿岸区处于宁波市东部沿岸，包括北仑区东北部和象山县东部沿岸。北仑区东北部岸线以深水人工岸线为主，海域水深流急，岛屿分布较少，是宁波市重点航运服务、商贸物流集聚区；象山县东部海岸线曲折，滩涂资源相对较少，沙滩资源较为丰富，是象山县重要的新能源产业、滨海风景旅游业基地。

（5）南部保护区

南部保护区处于宁波市南部象山县东部海域，区域海域开阔，与东海外海交界，生态环境较好，生物资源丰富，分布有韭山列岛国家级海洋自然保护区和渔山列岛国家级海洋特别保护区。

5.3.2 滨海湿地生态系统健康评价

5.3.2.1 指标量化标准

由于湿地生态系统健康评价目标和尺度不同，且选取的指标复杂、多样，不利于分析和评价，因此需统一标准化，以实现不同指标间的加权处理。根据不同指标所表示的不同含义及湿地生态健康状况相关性进行分级，从高到低依次排序，以反映湿地生态健康状况从优到劣的时空变化。通过参考国家标准、国内外生态指标标准及相关文献等研究成果，并结合宁波滨海湿地自身特点及已获资料，确定了定量指标评价等级标准，对于难以准确定量表达的定性指标的评价标准采用定性描述；最终将滨海湿地生态系统健康状况划分为六级级别，分别表征状态很健康、健康、亚健康、疾病、恶劣、很恶劣。本文采用极值归一化法对指标进行量纲统一化，取值范围为0~1。由于指标对湿地生态健康呈现正负两种相关性，为正相关的指标时，定义1和0分别代表湿地生态健康状况最好和最差；负相关指标如人口压力，废水排放总量等，这些指标的物理意义与正相关相反，需对其进行逆转换，得到相应意义上的0~1标准化值（表5-4）。

①很健康滨海湿地生态系统活力极强，组织结构十分合理、生态功能极其完善，湿地弹性度很强，外界压力很小，滨海湿地变化很小，无生态异常出现，系统极稳定，处于可持续状态。

②健康滨海湿地生态系统活力比较强，组织结构比较合理、生态功能比较完善，弹性度比较强，外界压力比较小，滨海湿地变化比较小，无生态异常，系统尚稳定，湿地生态系统可持续。

③亚健康滨海湿地生态系统具有一定的活力，组织结构完整、生态功能及弹性度一般，外界压力较大，接近湿地生态阈值，系统尚稳定，但敏感性强，已有少量的生态异常出现，可发挥基本的湿地生态功能，但其为人类社会和经济提供服务的效率、自身的生产能力都处于较低水平，生态系统对外界干扰具有很大的敏感性，自我调节功能较弱。

④疾病滨海湿地生态系统活力较低，组织结构出现缺陷，生态功能及弹性度比较弱，外界压力大，滨海湿地变化比较大，生态异常较多，滨海湿地生态功能已不能满足维持湿地生态系统的需要，滨海湿地生态系统已开始退化。

⑤恶劣滨海湿地生态系统活力极低，组织结构极不合理，生态功能及弹性度极弱。如果继续在没有人工补偿和修复的情况下一味地向系统索取，生态系统结构和功能将退化甚至消失，生态系统最终将走向消亡。

⑥很恶劣滨海湿地生态系统活力很低，组织结构紊乱，生态功能及弹性几乎为零。生态系统已经退化。

表 5-4 宁波滨海湿地系统健康评价指标量化标准

评价指标	评判标准						参考标准及文献
	1	(0.75, 1]	[0.5, 0.75)	[0.25, 0.5)	[0, 0.25)	0	
	很健康	健康	亚健康	疾病	恶劣	很恶劣	
人口密度（人/km^2）	<400	[400, 800)	[800, 1 200)	[1 200, 1 600)	[1 600, 2 400)	≥2 400	沿海各省平均人口密度 1 973 人/km^2（中华人民共和国国家统计局，2016）
人均 GDP（万元）	<4	[4, 6)	[6, 8)	[8, 10)	[10, 12)	≥12	沿海各省人均 GDP 6 万元（中华人民共和国国家统计局，2016）
人口自然增长率（‰）	<0	[0, 2)	[2, 4)	[4, 6)	[6, 8)	≥8	沿海各省平均人口自然增长率 4.71‰（中华人民共和国国家统计局，2016）
废水排放总量（×10^4 t）	<2 000	[2 000, 3 000)	[3 000, 4 000)	[4 000, 5 000)	[5 000, 6 000)	≥6 000	
农药使用强度（t/hm^2）	<2	[2, 3)	[3, 4)	[4, 5)	[5, 6)	≥6	
化肥使用强度（t/hm^2）	<30	[30, 50)	[50, 80)	[80, 120)	[120, 150)	≥150	沿海各省化肥平均使用强度 60.88 t/hm^2（中华人民共和国国家统计局，2016）
人类干扰指数	<0.2	[0.2, 0.3)	[0.3, 0.4)	[0.4, 0.5)	[0.5, 0.6)	≥0.6	
养殖强度（hm^2/hm^2）	<0.001	[0.001, 0.005)	[0.005, 0.01)	[0.01, 0.02)	[0.02, 0.03)	≥0.03	
工业废气排放量（×10^8 m^3）	<100	[100, 300)	[300, 500)	[500, 800)	[800, 1 000)	≥1 000	
降水变化程度（%）	<10	[10, 20)	[20, 40)	[40, 60)	[60, 80)	≥80	
富营养化指数	<0.5	[0.5, 1)	[1, 2)	[2, 6)	[6, 9)	≥9	按富营养程度划分
潜在生态风险指数	<100	[100, 200)	[200, 300)	[300, 400)	[400, 500)	≥500	按潜在生态风险指数划分
潮间带多样性指数	>6	(4.5, 6]	(4.5, 6]	(2.5, 4.5]	(1, 2.5]	≤1	近岸海域海洋生物多样性评价技术指南（HY/T 2015—2017）
植被覆盖率（%）	>20	(10, 20]	(5, 10]	(2, 5]	(1, 2]	≤1	生态环境状况评价技术规范（HJ 192—2015）

续表

评价指标	评判标准						参考标准及文献
	1	(0.75, 1]	[0.5, 0.75)	[0.25, 0.5)	[0, 0.25)	0	
	很健康	健康	亚健康	疾病	恶劣	很恶劣	
珍稀濒危物种分布及受威胁因素及影响程度调查	物种、生境稀有，国家保护或濒危动植物种类繁多	物种、生境稀有，国家保护动植物种类比较多	物种、生境常见，国家保护动植物较少	物种、生境普通，国家保护动植物几乎没有	物种、生境普遍存在，无国家保护动植物	物种、生境普遍存在，无国家保护动植物	（王斌等，2012）
水面面积比例（%）	>90	(80, 90]	(70, 80]	(60, 70]	(50, 70]	≤50	（王斌等，2012）
滨海湿地面积变化率（%）	增加>6	有所增长(0, 6]	湿地面积保持恒定	湿地面积减少(-6, 0]	湿地面积减少(-10, -6]	湿地面积减少≤-10	（李淑娟等，2011）
破碎化程度（斑块个数/km^2）	<0.1	[0.1, 0.4)	[0.4, 0.8)	[0.8, 1.2)	[1.2, 1.6)	≥1.6	
水产产量变化率（%）	增加>5	(2, 5]	保持不变	下降(-5, 0]	下降(-8, -5]	下降≤-8	沿海各省水产产量变化率（与前一年相比）2.2%（中华人民共和国国家统计局，2016）；李晓基，2014）
滨海湿地自然率（%）	>90	(80, 90]	(70, 80]	(60, 70]	(50, 60]	≤50	全国湿地自然率87.08%（第二次全国湿地资源调查）
环境保护支出比例（%）	>2.5	[2.5, 2)	[2, 1.5)	[1.5, 1)	[1, 0.5)	≤0.5	沿海各省环境污染治理投资总额占国内生产总值比重平均值1.28%（中华人民共和国国家统计局，2016）
污水处理厂集中处理率（%）	>90	(80, 90]	(70, 80]	(60, 70]	(50, 60]	≤50	沿海各省污水处理厂集中处理率平均值86.68%（中华人民共和国国家统计局，2016）
水土流失综合治理率（%）	>40	(30, 40]	(20, 30]	(10, 20]	(0, 10]	0	
径流深（mm）	>500	[400, 500)	[300, 400)	[200, 300)	[100, 200)	≤100	《2016年中国水资源公报》（中华人民共和国水利部，2016）
滨海湿地管理水平	完善	较完善	一般	不完善	无	无	目前现有的保护区个数、保护区机构个数和政策法规定性判断

5.3.2.2 指标计算方法

主要指标层的计算方法如下，其他未涉及的指标从收集资料中直接获得（表 5-5）。

（1）压力层

①农药使用量强度：农药使用量强度（t/hm^2）= 按农药实物量/农作物播种面积；

②化肥使用量强度：化肥使用量强度（t/hm^2）= 化肥按实物量除/农作物播种面积；

③人类干扰程度：用人类干扰指数（HDI）表示，$HDI = (S_1 + S_2) / S$；式中，S_1为耕地面积，S_2为城镇居民用地面积，S 为土地总面积；

④养殖强度：养殖强度（hm^2/hm^2）=（海水养殖面积+淡水养殖面积）/行政区域内的土地面积。

（2）状态层

①水质状况：用富营养化状态表征，富营养化指数（E）= 化学需氧量浓度×无机氮浓度×活性磷酸盐浓度×10^6/4 500。

②沉积物状况：用潜在生态风险指数表征。

$$C_f^i = C_D^i / C_R^i;\ Cd = \sum_{i=1}^{m} C_f^i;\ E_r^i = T_r^i \times C_f^i;\ RI = \sum_{i=1}^{m} E_r^i$$

式中：C_D^i代表样品实测浓度，C_R^i代表沉积物背景参考值，T_r^i反映了金属在水相、沉积物固相和生物相之间的响应关系，E_r^i 是描述某重金属的生态危害污染程度，RI 是描述某采样点多种重金属潜在生态危害程度的综合值。

③潮间带多样性：采用香农-威弗多样性指数（H′），采用（Shannon-Weave）生物多样性指数法：

$$H' = -\sum_{i=1}^{s} P_i \log_2 P_i$$

式中：H'是种类多样性指数；S 是样品中的种类总数；P_i 是第 i 种的个体数（n_i）与总个体（N）之比值。

④植被覆盖率：植被覆盖率（%）= 植被覆盖面积/湿地面积×100%。植被覆盖面积和湿地面积通过遥感解译获得，计算植被覆盖面积的类型包括了潮间盐水沼泽的稻田、芦苇、碱蓬、护花米草和其他。

⑤水面面积比例：水面面积比例（%）= 水面面积/湿地面积×100%。水面面积和湿地面积通过遥感解译获得，计算水面面积的类型包括了浅海海域、河口水域、海岸性咸水湖、海岸性淡水湖、库塘、水产养殖场、开放式养殖以及重要海岛附近海域。

⑥滨海湿地面积变化率：湿地面积变化率（%）=（2017 年湿地面积-2006 年湿地面积）/2006 年湿地面积×100%。2006 年湿地面积、2017 年湿地面积均通过遥感解译获得，2017 年卫片解译以海平面以下 6 m 为下界，以《浙江省海洋功能区划（2011—2020 年）》的陆域一侧边界为上界，全部或部分分布于该范围内的湿地；2006 年卫片解译以海平面以下 6 m 为下界，以 2006 年陆域实测岸线一侧边界为上界。

⑦破碎化程度：破碎化程度（斑块个数/km^2）= 碎片化个数/滨海湿地面积。

⑧滨海湿地自然率：湿地自然率（%）= 自然滨海湿地面积/湿地面积×100%，其中自然滨海湿地面积包括了浅海水域、岩石海岸、沙石海滩、淤泥质海滩、潮间盐水沼泽、河口水域、沙洲/沙岛、海岸性咸水湖、海岸性淡水湖等类型。

⑨水产产量变化率：水产产量变化率（%）=（2015 年水产产量-2014 年水产产量）/2014 年水产产量×100%。

（3）响应层

①环境保护支出比例：环境保护支出比例（%）= 建设项目“三同时”环保投资额/公共财政预算支出额×100%。

表 5-5　宁波滨海湿地生态健康系统健康评价指标现状值

一级指标（A）	二级指标（B）	评价指标（C）	单位	北仑区	镇海区	鄞州区	余姚市	慈溪市	奉化区	象山县	宁海县
宁波滨海湿地生态系统健康状态	压力层（B1）	人口密度	人/km^2	1 197	1 044	644	557	770	381	398	341
		人均 GDP	元	288 831	27 900	93 840	80 048	76 158	63 503	78 718	64 113
		人口自然增长率	‰	2.28	3.05	3.81	−0.19	0.53	−0.06	2.52	2.58
		废水排放总量	×10^4 t	9 854	873	10 361	5 936	8 171	3 124	3 294	3 182
		农药使用强度	t/hm^2	3.03	4.81	1.32	3.79	1.36	2.20	4.13	3.11
		化肥使用强度	t/hm^2	105	36	138	77	122	255	95	81
		人类干扰指数	—	0.56	0.49	0.24	0.41	0.59	0.19	0.22	0.18
		养殖强度	hm^2/hm^2	0.002	0.021	0.028	0.023	0.089	0.019	0.099	0.094
		工业废气排放量	亿标 m^3	1 042	388	109	233	195	25	664	767
		降水变化程度	%	40	42	27	20	30	26	25	23
	状态层（B2）	富营养化指数	—	5.7	9.0	4.4	51.0	12.8	5.3	6.2	6.4
		潜在生态风险指数	—	89.9	108.6	57.3	47.4	106.8	63.5	60.4	72.1
		潮间带多样性指数	—	2.0	1.2	2.1	0.6	1.8	1.3	1.8	2.0
		植被覆盖率（%）	%	4.77	1.04	6.30	3.16	3.15	1.05	2.15	12.53
		珍稀濒危物种分布及受威胁因素及影响程度调查	—	物种、生境稀有，国家保护动植物种类比较多	野大豆属国家Ⅱ级重点保护植物，物种、生境常见，国家保护动植物较少	野大豆属国家Ⅱ级重点保护植物，物种、生境常见，国家保护动植物较少	野大豆属国家Ⅱ级重点保护植物，物种、生境常见，国家保护动植物较少	河口生境稀有，国家保护鸟类种类比较多，分布极危，国家Ⅰ级和国家Ⅱ级（易危）滨海湿地鸟类数十种	国家保护动植物种类比较多，分布有国家二级保护鸟类岩鹭和迁徙候鸟的栖息地，野大豆等国家Ⅱ级重点保护植物，浙江省濒危野生植物海滨木槿	物种、生境稀有，国家保护动植物种类比较多，分布珊瑚菜（国家Ⅱ级保护植物）、小青脚鹬（国家Ⅱ级、濒危）、黑嘴鸥（易危）等数十种滨海湿地鸟类	物种稀有，国家保护动植物种类比较多，分布国家Ⅱ级、濒危，近危，易危湿地鸟类数十种

续表

一级指标（A）	二级指标（B）	评价指标（C）	单位	北仑区	镇海区	鄞州区	余姚市	慈溪市	奉化区	象山县	宁海县
宁波滨海湿地生态系统健康状态	状态层（B2）	水面面积比例	%	87.1	77.0	88.7	62.3	62.9	91.4	92.4	77.8
		滨海湿地面积变化率	%	-8.0	0	-20.4	-9.9	2.8	0.2	-29.7	-0.02
		破碎化程度	个/km^2	1.20	0.29	1.91	0.30	0.23	0.71	0.11	0.74
		水产产量变化率	%	22.28	-75.0	0.27	-5.36	-27.1	4.23	0.94	2.76
		滨海湿地自然率	%	92.0	85.3	95.0	64.1	74.4	81.0	98.5	76.6
	响应层（B3）	环境保护支出比例	%	5.31	4.64	0.48	1.26	3.83	0.83	2.70	0.97
		污水处理厂集中处理率	%	85.0	80.0	81.0	86.8	87.0	84.4	79.4	88.5
		水土流失综合治理率	%	25.5	22.2	22.3	18.5	6.7	48.4	34.2	34.9
		径流深	mm	1 250	1 200	1 275	1 100	1 000	1 140	950	1 500
		滨海湿地管理水平	—	县级湿地保护规划、蓝点马鲛种质资源保护区、《象山港区域空间保护和利用规划》	县级湿地保护规划、杭州湾河口海岸镇海段省级湿地	县级湿地保护规划、蓝点马鲛种质资源保护区、《象山港区域空间保护和利用规划》	县级湿地保护规划、蓝点马鲛种质资源保护区	县级湿地保护规划、杭州湾国家湿地公园、《浙江杭州湾国家湿地公园总体规划（2016—2020）》	县级湿地保护规划、奉化缸爿山岛海岸省级湿地、蓝点马鲛种质资源保护区、《象山港区域空间保护和利用规划》	4个国家级保护区、县级湿地保护规划、5个湿地规划	县级湿地保护规划、蓝点马鲛种质资源保护区、象山港贝类苗种保护区

②水土流失综合治理率：水土流失综合治理率（%）= 水土流失综合治理面积/行政区域内土地总面积×100%。

③水源补给：用径流深表征，径流深（mm）= 在某一时段内通过河流上指定断面的径流总量（W，以 m^3 计）/该断面以上的流域面积（F，以 km^2 计）$\times 10^{-3}$所得的值。

④湿地管理水平：根据目前现有的保护区个数、保护区机构个数和政策法规判断。

5.3.2.3　指标权重的确定

采用层次分析法确定权重，该方法是适合定性和定量分析相结合的多准则决策方法。层次分析法（Analytic Hierarchy Process，AHP）是美国运筹科学家 Saaty 教授提出的一种实用的多方案或多目标的决策方法。此种方法能把复杂关系的决策思维进行层次化，把复杂的系统的决策思维进行层次化，把决策过程中定性和定量的因素有机地结合起来。通过判断矩阵的建立、排序计算和一致性检验得到的最后结果具有说服力，具有明显的优越性，比较适合应用于污水排污指标评价指标权重的确定。该方法自 1982 年被介绍到我国以来，以其定性与定量相结合地处理各种决策因素的特点以及灵活简洁的优点，迅速在各个领域如能源系统分析、城市规划、经济管理、科研评价以及水利工程建设的风险评价管理得到广泛应用。

层次分析法把相互关联的要素按隶属关系分为若干层次，请有经验的专家对各层次、各因素的相对重要性给出定量指标，利用数学方法综合专家意见给出各层次、各要素的重要性权值，作为综合分析的基础。分析方法包括递阶层次权重的确定、比较判断矩阵的构造、层次排序和一致性检验几个过程。具体运用步骤如下。

①确定递阶层次的权重：将问题分解为若干元素，按照属性把这些元素分成若干层次，层次之间互不相交，形成了自上而下的逐层支配关系的递阶层次结构形式。利用数学方法及专家咨询给出各个层次目标的相对权重系数，从而求出各指标变量综合评价体系的权重系数。

②构造比较判断矩阵 A，通过对单层次下各元素两两比较确定其判断矩阵。

$$A = \begin{Bmatrix} a_{11} & a_{12} & \cdots & a_{1n} \\ a_{21} & a_{22} & \cdots & a_{2n} \\ \vdots & \vdots & \vdots & \vdots \\ a_{n1} & a_{n2} & \cdots & a_{nn} \end{Bmatrix}$$

式中：$a_{ij} > 0$；$a_{ij} = 1/a_{ji}$；$a_{ii} = 1$。a_{ij} 的确定采用 5 标度法（表 5-6）。a_{ij} 为第 i 个因素重要性与第 j 个因素的重要性之比。

表 5-6　5 标度法定义及描述

序号	重要性等级	赋值（x_i/x_j）	内容描述
1	同等重要	1	两个指标 i 和 j 对某一属性有相同贡献
2	稍微重要	2	i 指标对某一属性较之 j 指标贡献稍大
3	明显重要	3	i 指标对某一属性较之 j 指标贡献明显得多
4	强烈重要	4	i 指标对某一属性较之 j 指标的主导地位已在实践中显示
5	极端重要	5	i 指标对某一属性较之 j 指标的主导地位是绝对的
6	稍不重要	1/2	j 指标对某一属性较之 i 指标贡献稍大
7	明显不重要	1/3	j 指标对某一属性较之 i 指标贡献明显得多
8	强烈不重要	1/4	j 指标对某一属性较之 i 指标的主导地位已在实践中显示
9	极端不重要	1/5	j 指标对某一属性较之 i 指标的主导地位是绝对的

③层次排序及其一致性检验：由于各专家对问题的认识存在一定的片面性，获得的判断矩阵未必具有一致性。但是，只有当判断矩阵具有完全一致性和满意一致性时，用层次法才有效。

每一层次对上一层次中某因子的判断矩阵的最大特征值 λ_{max}。对应的归一化特征向量 $W=(W_1, W_2, \cdots, W_n)^T$ 的各个分量 W_i，就是本层次相应因子对上层次某因子的相对重要性的排序权重值，这一过程叫层次单排序。首先，算出 λ_{max} 和对应的归一划特征向量 W。在层次分析法中需引入判断矩阵最大特征值以外的其余特征根的负平均值，作为衡量判断矩阵偏离一致性的指标，即用 $CI=(\lambda_{max}-n)/(n-1)$。$CI$ 值越大，表明判断矩阵偏离完全一致性的程度越大；CI 越小，表明判断矩阵一致性越好。根据一致性检验判别式：$CR=CI/RI$，其中 RI 从表5-7中获得，一般来讲 CR 小于0.1即认为判断矩阵具有满意的一致性。

表5-7 平均随机一致性指标（叶琳等，2002）

阶数	1	2	3	4	5	6	7	8	9	10	11	12	13	14	15
RI	0	0	0.52	0.89	1.12	1.26	1.36	1.41	1.46	1.49	1.52	1.54	1.56	1.58	1.59

准则层有压力层、状态层、响应层，通过咨询相关专家和查阅相关文献，采用5标度法进行两两较指标间的相对比较形成准则层判断矩阵：

$$A=\begin{pmatrix}1 & 1/3 & 1/2\\ 3 & 1 & 2\\ 2 & 1/2 & 1\end{pmatrix}$$

求得特征向量是（0.163 4，0.539 6，0.297 0）^{T}，特征值是3.009。由于特征值大于3，因此，判断 A 矩阵不是一致性矩阵，需要对判断矩阵 A 是否可接受进行鉴别，即要做判断矩阵的一致性检验。

在层次分析法中需引入判断矩阵最大特征值以外的其余特征根的负平均值，作为衡量判断矩阵偏离一致性的指标，即用 $CI=(\lambda_{max}-n)/(n-1)$。$CI$ 值越大，表明判断矩阵偏离完全一致性的程度越大；CI 越小，表明判断矩阵一致性越好。同时，3阶矩阵的随机一致性指标均值（RI）是0.52，而求得 CI 为0.004 6。由此可得如下一致性检验判别式：

$$CR=CI/RI=0.004\ 6/0.52=0.008\ 85<0.1$$

一般来讲，CR 小于0.1即认为判断矩阵具有满意的一致性。特征向量即为压力层（B_1）、状态层（B_2）、响应层（B_3）的权重系数，分别为0.163 4，0.539 6，0.297 0。

压力指标层矩阵：

$$B_1=\begin{pmatrix}1 & 2 & 1 & 1/2 & 1/2 & 1/2 & 1/3 & 1/2 & 1/2 & 2\\ 1/2 & 1 & 2 & 1/2 & 1/2 & 1/2 & 1/3 & 1/2 & 1/2 & 2\\ 1 & 1/2 & 1 & 1/2 & 1/2 & 1/2 & 1/3 & 1/2 & 1/2 & 2\\ 2 & 2 & 2 & 1 & 3 & 1/2 & 1/2 & 1/2 & 2 & 2\\ 2 & 2 & 2 & 1/3 & 1 & 2 & 1/2 & 2 & 2 & 2\\ 2 & 2 & 2 & 2 & 1/2 & 1 & 1/2 & 2 & 2 & 2\\ 3 & 3 & 3 & 2 & 2 & 2 & 1 & 2 & 2 & 2\\ 2 & 2 & 2 & 2 & 1/2 & 1/2 & 1/2 & 1 & 2 & 2\\ 2 & 2 & 2 & 1/2 & 1/2 & 1/2 & 1/2 & 1/2 & 1 & 1/2\\ 1/2 & 1/2 & 1/2 & 1/2 & 1/2 & 1/2 & 1/2 & 1/2 & 2 & 1\end{pmatrix}$$

特征向量是（0.067 0，0.062 5，0.058 3，0.118 0，0.125 0，0.130 2，0.194 0，0.113 4，0.074 8，

0.056 7)^T，特征值是 10.832 0。随机一致性指标均值（RI）是 1.49，而求得 CI 为 0.092 448，CR = 0.062 05<0.1，一般来讲，CR 小于 0.1 即认为判断矩阵具有满意的一致性。

状态层指标层矩阵：

$$B_1 = \begin{pmatrix} 1 & 2 & 1/2 & 1/2 & 1/4 & 2 & 1/3 & 1/3 & 2 & 1/2 \\ 1/2 & 1 & 1/2 & 1/2 & 1/4 & 2 & 1/3 & 1/3 & 2 & 1/2 \\ 2 & 2 & 1 & 1 & 1/3 & 2 & 1/3 & 1/3 & 2 & 1/2 \\ 2 & 2 & 1 & 1 & 1/3 & 2 & 1/3 & 1/3 & 2 & 1/2 \\ 4 & 4 & 3 & 3 & 1 & 4 & 3 & 3 & 4 & 3 \\ 1/2 & 1/2 & 1/2 & 1/2 & 1/4 & 1 & 1/3 & 1/2 & 2 & 1/2 \\ 3 & 3 & 3 & 3 & 1/3 & 1/3 & 1 & 1 & 3 & 1 \\ 3 & 3 & 3 & 3 & 1/3 & 2 & 1 & 1 & 2 & 1 \\ 1/2 & 1/2 & 3 & 1/2 & 1/4 & 1/2 & 1/3 & 1/2 & 1 & 1 \\ 2 & 2 & 3 & 2 & 1/3 & 2 & 2 & 2 & 1 & 1 \end{pmatrix}$$

特征向量是（0.060 4，0.052 6，0.076 5，0.076 5，0.260 7，0.047 7，0.120 2，0.138 1，0.053 2，0.114 1)^T，特征值是 13.055 5。随机一致性指标均值（RI）是 1.54，而求得 CI 为 0.075 57，CR = 0.062 3<0.1，一般来讲，CR 小于 0.1 即认为判断矩阵具有满意的一致性。

响应层指标层矩阵：

$$B_3 = \begin{pmatrix} 1 & 1/2 & 2 & 3 & 1 \\ 2 & 1 & 2 & 2 & 1 \\ 1/2 & 1/2 & 1 & 1/2 & 1/2 \\ 1/2 & 1/2 & 2 & 1 & 1/2 \\ 1 & 1 & 2 & 2 & 1 \end{pmatrix}$$

特征向量是（0.230 1，0.280 0，0.106 1，0.140 0，0.243 8)^T，特征值是 5.243 9。随机一致性指标均值（RI）是 1.12，而求得 CI 为 0.061 0，CR=0.054 4<0.1，一般来讲，CR 小于 0.1 即认为判断矩阵具有满意的一致性。

根据特征向量值确定权重值，如表 5-8 所示。

表 5-8 宁波滨海湿地生态系统健康指标权重

二级指标（B）	评价指标（C）	子系统权重值	指标权重
压力层（B_1）（0.163 4）	人口密度（C1）	0.067 0	0.010 9
	人均 GDP（C2）	0.062 5	0.010 2
	人口自然增长率（C3）	0.058 3	0.009 5
	废水排放总量（C4）	0.118 0	0.019 3
	农药使用强度（C5）	0.125 0	0.020 4
	化肥使用强度（C6）	0.130 2	0.021 3
	人类干扰指数（C7）	0.194 0	0.031 7
	养殖强度（C8）	0.113 4	0.018 5
	工业废气排放量（C9）	0.074 8	0.012 2
	降水变化程度（C10）	0.056 7	0.009 3

续表

二级指标（B）	评价指标（C）	子系统权重值	指标权重
状态层（B_2）（0.539 6）	富营养化指数（C11）	0.060 4	0.032 6
	潜在生态风险指数（C12）	0.052 6	0.028 4
	潮间带多样性指数（C13）	0.076 5	0.041 3
	植被覆盖率（C14）	0.076 5	0.041 3
	珍稀濒危物种分布（C15）	0.260 7	0.140 7
	水面面积比例（C16）	0.047 7	0.025 7
	滨海湿地面积变化率（C17）	0.120 2	0.064 9
	破碎化程度（C18）	0.138 1	0.074 5
	水产产量变化率（C19）	0.053 2	0.028 7
	滨海湿地自然率（C20）	0.114 1	0.061 5
响应层（B_3）（0.297）	环境保护支出比例（C21）	0.230 1	0.068 3
	污水处理厂集中处理率（C22）	0.280 0	0.083 2
	水土流失综合治理率（C23）	0.106 1	0.031 5
	径流深（C24）	0.140 0	0.041 6
	滨海湿地管理水平（C25）	0.243 8	0.072 4

5.3.2.4　滨海湿地生态系统健康状态综合评价

根据宁波滨海湿地系统健康评价指标量化标准对每个项目进行级别状态赋值，具体结果如表 5-9 所示。

表 5-9　宁波滨海湿地生态健康系统健康评价指标级别状态赋值

目标层（A）	准则层（B）	指标层（C）	北仑区	镇海区	鄞州区	余姚市	慈溪市	奉化区	象山县	宁海县
宁波滨海湿地生态系统健康程度	压力层	人口密度	0.50	0.60	0.85	0.65	0.77	1.00	1.00	1.00
		人均 GDP	0.00	1.00	0.33	0.50	0.55	0.71	0.52	0.70
		人口自然增长率	0.72	0.62	0.52	1.00	0.93	1.00	0.69	0.68
		废水排放总量	0.00	1.00	0.00	0.02	0.00	0.72	0.68	0.70
		农药使用强度	0.74	0.30	1.00	0.55	1.00	0.95	0.47	0.72
		化肥使用强度	0.34	0.93	0.10	0.53	0.23	0.00	0.41	0.24
		人类干扰指数	0.10	0.28	0.90	0.48	0.03	1.00	0.95	1.00
		养殖强度	0.94	0.23	0.05	0.18	0.00	0.28	0.00	0.00
		工业废气排放量	0.00	0.64	0.99	0.83	0.88	1.00	0.36	0.28
		降水变化程度	0.50	0.48	0.66	0.75	0.63	0.68	0.69	0.71

续表

目标层（A）	准则层（B）	指标层（C）	北仑区	镇海区	鄞州区	余姚市	慈溪市	奉化区	象山县	宁海县
宁波滨海湿地生态系统健康程度	状态层	富营养化指数	0.27	0.00	0.35	0.00	0.00	0.29	0.23	0.22
		潜在生态风险指数	1.00	0.98	1.00	1.00	0.98	1.00	1.00	1.00
		潮间带多样性指数	0.17	0.03	0.18	0.00	0.13	0.05	0.13	0.17
		植被覆盖率	0.27	0.49	0.54	0.40	0.40	0.49	0.49	0.94
		珍稀濒危物种分布及受威胁因素及影响程度调查	0.85	0.60	0.60	0.60	1.00	0.90	0.90	0.90
		水面面积比例	0.93	0.68	0.97	0.31	0.32	1.00	1.00	0.70
		滨海湿地面积变化率	0.12	0.75	0.00	0.01	0.87	0.76	0.00	0.25
		破碎化程度	0.25	0.84	0.00	0.83	0.89	0.56	0.99	0.54
		水产产量变化率	1.00	0.00	0.76	0.22	0.00	0.96	0.80	0.89
		滨海湿地自然率	1.00	0.88	1.00	0.35	0.61	0.78	1.00	0.67
	响应层	环境保护支出比例	1.00	1.00	0.00	0.26	1.00	0.17	1.00	0.24
		污水处理厂集中处理率	0.88	0.75	0.78	0.92	0.93	0.86	0.74	0.96
		水土流失综合治理率	0.64	0.56	0.56	0.46	0.17	1.00	0.86	0.87
		径流深	1.00	1.00	1.00	1.00	1.00	1.00	1.00	1.00
		滨海湿地管理水平	0.80	0.75	0.80	0.75	1.00	0.90	1.00	0.75

宁波各区县（市）滨海湿地生态系统健康状态计算公式为

$$A = \sum_{N=1}^{i} U_i V_i$$

式中：A 为宁波市各区县（市）滨海湿地生态系统健康程度综合指数；U_i 为各指标的组合权重值；V_i 为各区域的级别状态赋值；N 为评价指标的数目。

宁波滨海湿地生态系统整体处于亚健康状态（表 5-10）。说明宁波市滨海湿地生态系统具有一定的活力，组织结构完整、生态功能及弹性度一般，外界压力较大，接近湿地生态阈值，系统尚稳定，但敏感性强，已有少量的生态异常出现，可发挥基本的湿地生态功能，但其为人类社会和经济提供服务的效率、自身的生产能力都处于较低水平，生态系统对外界干扰具有很大的敏感性，自我调节功能较弱。各个区（县、市）象山县综合指数最高，相对健康状态最好（表 5-10）。

表 5-10　宁波滨海湿地生态系统健康程度综合指数和评价结果

	区域							
	北仑区	镇海区	鄞州区	余姚市	慈溪市	奉化区	象山县	宁海县
综合指数	0.636	0.654	0.532	0.512	0.690	0.716	0.738	0.667
评价结果	亚健康	亚健康	亚健康	亚健康	亚健康	亚健康	亚健康	亚健康

根据宁波市滨海湿地分布特征、资源现状及开发利用现状，形成“三湾、两区”的宁波市滨海湿地保护与修复的空间格局。评价过程中指标体系中的大部分现状值是在宁波市统计年鉴和相关政府部门的统计数据中按行政区划给出的，这给评价统计工作带来一定的难度。因此，本部分在区（县、市）的评价基础上，分区的滨海湿地生态系统健康评价综合指数按分区内涉及的区（县、市）的平均值获得。

宁波分区滨海湿地生态系统功能评价结果显示（表 5-11），三门湾和南部海岛保护区滨海湿地生态系统功能评价为好，杭州湾、象山港和东部沿岸区滨海湿地生态系统功能为中。从综合指数来看，南部海岛保护区滨海湿地的数值最高，意味着滨海湿地功能最好，其次是三门湾滨海湿地。

表 5-11　宁波分区滨海湿地生态系统健康程度综合指数和评价结果

	区域				
	杭州湾滨海湿地	象山港滨海湿地	三门湾滨海湿地	东部沿岸区滨海湿地	南部海岛保护区滨海湿地
综合指数	0.660	0.638	0.703	0.687	0.738
评价结果	亚健康	亚健康	亚健康	亚健康	亚健康

5.3.3　滨海湿地生态系统功能评价

5.3.3.1　指标量化标准

由于滨海湿地生态系统功能评价目标和尺度不同，且选取的指标复杂、多样，不利于分析和评价，因此需统一标准化，以实现不同指标间的加权处理。在查阅参考国家标准、国内外生态指标标准及相关文献的基础上，结合宁波滨海湿地自身特点及已获得的资料，确定了定量指标评价等级标准，对于难以准确定量表达的定性指标的评价标准采用定性描述；最终将滨海湿地生态功能状况划分为五级级别，分别表征状态很好、好、中、差和很差。本文采用极值归一化法对指标进行量纲统一化，取值范围为 0~1（表 5-12）。

表 5-12　宁波滨海湿地系统功能评价指标量化标准

评价指标	评价标准				
	1	[0.7, 1)	[0.3, 0.7)	[0, 0.3)	0
	很好	好	中	差	很差
物质生产变化量	>12%	[6%, 12%)	[-6%, 6)	[6%, -12%)	≤-12%
气候调节	年均气温小于其他区域，年均湿度明显大于其他区域	年均气温略小于其他区域，年均湿度大于其他区域	年均温度和湿度较周围地区没有差别	年均气温略大于其他区域，年均湿度小于其他区域	年均气温大于其他区域，年均湿度小于其他区域
水资源调节	在自然状态下，水资源调节能力强，轻洪程度		筑堤、水库等配合才能有比较调控能力，中洪涝程度	工程附加费大，不能调控水资源，重洪涝程度	
净化水质	一类海水	二类海水	三类海水	四类海水	劣四类海水
休闲与生态旅游	景观美学价值高，开发旅游活动比较多	景观美学价值高，有开发旅游活动	有一定的景观美学价值，有开发旅游活动	景观美学价值小，在特定时间有开发旅游活动	景观美学价值小，没有开发旅游活动
教育与科研	科研价值高，滨海湿地代表性好，每年有很多学者对其进行研究	科研价值高，滨海湿地代表性好，能进行一定量代表性的研究	科研价值一般，与其他同类型滨海湿地相似，有较多学者对其进行研究	科研价值一般，与其他同类型滨海湿地相似，有少量学者对其进行研究	没有代表性，科研价值小，没有学者对其进行研究
保护生物多样性	物种高度丰富，特有种类繁多，生态系统丰富多样	物种高度丰富，特有种类不多，局部地区生物多样性丰富	物种较少，特有属、特有属不多，局部地区生物多样性丰富	物种较少，特有属、特有属少量，生物多样性一般	物种贫乏，生态系统单一，生物多样性极低

5.3.3.2 指标计算方法

主要指标层指标现状值获得采用如下方法，通过分析和计算获得宁波滨海湿地生态系统功能评价指标现状值（表5-13）。

①物质生产变化量：采用水产产量变化率表征，物质生产变化量（%）=（2015年水产产量-2014年水产产量）/2014年水产产量×100%。

②气候调节：根据2016年宁波市气候公报温度分布图和降雨量评估。

③水资源调节：根据库塘和堤坝占比［堤坝占比（%）=堤坝长度/岸线总长度×100%］以及洪涝程度（陈立人等，1997）来评估。

④净化水质：2017年水质监测结果，按《海水水质标准》（GB 3097—1997）进行评价。

⑤休闲与生态旅游：根据区（县、市）主要的旅游景点等评价。

⑥教育与科研：从宁波数字图书馆数据库检索关键字“区（县、市）+滨海湿地”“两湾一港+滨海湿地”“区（县、市）+保护区”获得的文献数量进行累加。

⑦保护生物多样性：通过滨海稀有种类情况、潮间带生物、浮游植物、浮游动物和底栖生物多样性指数来判断。

表5-13 宁波滨海湿地生态系统功能评价指标现状值

指标层	区域							
	北仑区	镇海区	鄞州区	余姚市	慈溪市	奉化区	象山县	宁海县
物质生产变化量（%）	22.28	-75.0	0.27	-5.36	-27.1	4.23	0.94	2.76
气候调节	年均气温大于其他区域，年均湿度大于其他区域	年均气温大于其他区域，年均湿度略大于其他区域	年均温度和湿度较周围地区没有差别	年均温度和湿度较周围地区没有差别	年均温度较周围地区没有差别，年均湿度略大于其他区域	年均温度较周围地区没有差别，年均湿度大于其他区域	年均气温大于其他区域，年均湿度大于其他区域	年均气温大于其他区域，年均湿度大于其他区域
水资源调节	有1.9 hm^2库塘，海堤比例为70.8%，洪涝中灾区	无库塘，海堤比例为87.9%，洪涝轻灾区	无库塘，海堤比例为54.8%，洪涝轻灾区	无库塘，有157.6 hm^2库塘，海堤比例为82.4%，洪涝重灾区	有429.9 hm^2库塘，海堤比例为82.4%，洪涝重灾区	无库塘，海堤比例为43.9%，洪涝中灾区	有5.2 hm^2库塘，海堤比例为36.5%，洪涝中灾区	无库塘，海堤比例为56.5%，洪涝中灾区
净化水质	溶解氧和活性磷酸盐为二类海水，无机氮为劣四类海水，其余为一类海水	溶解氧、活性磷酸盐为二类海水，无机氮为劣四类海水，其余为一类海水	活性磷酸盐为四类海水，无机氮为劣四类海水，其余为一类海水	溶解氧和化学需氧量为二类海水，活性磷酸盐为四类海水，无机氮为劣四类海水，其余为一类海水	溶解氧、化学需氧量和活性磷酸盐为二类海水，无机氮为劣四类海水，其余为一类海水	溶解氧、活性磷酸盐为二类海水，无机氮为劣四类海水，其余为一类海水	溶解氧和化学需氧量为二类海水，活性磷酸盐为四类海水，无机氮为劣四类海水，其余为一类海水	溶解氧为二类海水，活性磷酸盐为四类海水，无机氮为劣四类海水，其余为一类海水

续表

指标层		区域							
		北仑区	镇海区	鄞州区	余姚市	慈溪市	奉化区	象山县	宁海县
休闲与生态旅游		灵石寺、锦泽沙场、梅山盐场纪念馆、洋沙山、中国港口博物馆、梅山湾沙滩公园、宁波滨海万人沙滩	镇海古城、镇海宁波帮文化旅游区、镇海招宝山街道、新桥滨海旅游小镇	南头渔村、鄞州滨海博物馆	余姚滨海农业观光园	杭州湾大桥、大桥生态农庄、慈溪滨海农业观光园、杭州湾国家湿地公园、杭州湾海皮岛景区	奉化滨海休闲旅游区、松兰山滨海旅游度假区、阳光海湾滨海旅游度假区、桐照渔村海洋休闲渔业基地、奉化翡翠湾海洋公园、奉化莼湖、裘村滨海旅游小镇、天妃湖景区	石浦渔港海洋休闲渔业基地，半边山滨海旅游度假区、象山渔山岛、檀头山岛、花岙岛、韭山列岛海洋生态保护区、象山县石浦、爵溪、象山墙头滨海旅游小镇、伍山石窟风景区、中国渔村·阳光海岸景区－皇城沙滩、中国渔村象山黄金沙滩、东旦沙滩、阿拉的海水上乐园、仙子湾花园	三门湾、宁海湾、宁海县强蛟、西店、大佳何旅游小镇、三门蛇蟠岛景区、宁海环球海洋古船博物馆、宁海古戏台
教育与科研（篇）		155	123	17	121	545	18	669	60
保护生物多样性	稀有种类情况	物种稀有，国家保护动植物种类比较多	野大豆属国家Ⅱ级重点保护植物，国家保护动植物较少	野大豆属国家Ⅱ级重点保护植物，国家保护动植物较少	野大豆属国家Ⅱ级重点保护植物，物种，国家保护动植物较少	国家保护鸟类种类比较多，分布极危，国家Ⅰ级和国家Ⅱ级（易危）滨海湿地鸟类数十种	野大豆属国家Ⅱ级重点保护植物，国家保护动植物较少	国家保护动植物种类比较多，分布珊瑚菜（国家二级保护植物）、小青脚鹬（国家Ⅱ级、濒危）、黑嘴鸥（易危）等数十种滨海湿地鸟类	国家保护动植物种类比较多，分布国家Ⅱ级、濒危、近危、易危湿地鸟类数十种
	潮间带生物多样性指数	2.0	1.2	2.1	0.6	1.8	1.3	1.8	2

续表

指标层		区域							
		北仑区	镇海区	鄞州区	余姚市	慈溪市	奉化区	象山县	宁海县
保护生物多样性	浮游植物生物多样性指数	2.4	1.9	1.9	1.8	1.8	2.6	2.5	1.0
	浮游动物生物多样性指数	3.2	2.3	2.4	1.7	1.7	2.7	2.7	2.7
	底栖生物多样性指数	1.0	—	0.8	0.7	0.7	1.0	0.8	0.9

宁波滨海湿地生态系统功能评价指标现状值参照标准宁波滨海湿地系统功能评价指标量化标准进行滨海湿地生态系统功能评价指标级别状态赋值（表5-14）。

表 5-14　宁波滨海湿地生态系统功能评价指标级别状态赋值

一级指标	二级指标	区域							
		北仑区	镇海区	鄞州区	余姚市	慈溪市	奉化区	象山县	宁海县
供给功能	物质生产	1.00	0	0.51	0.32	0	0.64	0.53	0.59
调节功能	气候调节	0.90	0.65	0.90	0.65	0.65	0.95	0.65	0.90
	水资源调节	0.60	0.80	0.80	0.50	0.50	0.80	0.90	0.90
	净化水质	0.65	0.60	0.70	0.50	0.55	0.75	0.85	0.80
文化功能	休闲与生态旅游	0.80	0.80	0.60	0.60	0.80	0.80	0.95	0.90
	教育与科研	0.70	0.60	0.50	0.60	0.90	0.50	0.95	0.55
支持功能	提供生境	0.66	0.75	0.75	0.75	0.90	0.75	0.95	0.80

5.3.3.3　评价结果

宁波各区县（市）滨海湿地生态系统功能状态计算公式为

$$B = \sum_{N=1}^{i} W_i X_i$$

式中：B 为宁波市各区（县、市）滨海湿地生态系统功能综合指数；W_i 为各指标的权重组合值，X_i 为各区（县、市）区域的级别状态赋值；W_iX_i 为评价指数，N 为评价指标的数目。

采用层次分析法确定一级权重，并通过一致性检验（$CR = 0.040\ 91$），特征向量（权重）是$(0.107\ 6,\ 0.413\ 4,\ 0.186\ 8,\ 0.292\ 3)^T$，二级指标中各指标都为同等重要，权重为均值。评价结果（表5-15）显示，象山县和宁海县滨海湿地生态系统功能评价结果为好，其余区（县、市）滨海湿地生态系统功能评价结果为中。

表 5-15　宁波滨海湿地生态系统功能综合指数和评价结果

一级指标	二级指标	区域							
		北仑区	镇海区	鄞州区	余姚市	慈溪市	奉化区	象山县	宁海县
供给功能	物质生产变化量	0.108	0.000	0.055	0.034	0.000	0.069	0.057	0.063
调节功能	气候调节	0.123	0.089	0.123	0.089	0.089	0.130	0.089	0.123
	水资源调节	0.082	0.109	0.109	0.068	0.068	0.109	0.123	0.123
	净化水质	0.089	0.082	0.095	0.068	0.075	0.102	0.116	0.109
文化功能	休闲与生态旅游	0.031	0.031	0.024	0.024	0.031	0.031	0.037	0.035
	教育与科研	0.027	0.024	0.020	0.024	0.035	0.020	0.037	0.022
支持功能	保护生物多样性	0.193	0.219	0.219	0.219	0.263	0.219	0.278	0.234
综合指数		0.653	0.554	0.645	0.526	0.562	0.680	0.737	0.709
评价结果		中	中	中	中	中	中	好	好

本部分在区（县、市）的评价基础上，分区的滨海湿地生态系统功能综合指数按分区内涉及的区（县、市）的平均值获得。从单项功能来看（表 5-16），供给功能东部沿岸区滨海湿地最好，杭州湾滨海湿地最差；从调节功能来看，三门湾滨海湿地最好，杭州湾滨海湿地最差；文化功能和支持功能南部海岛保护区滨海湿地最好，象山港滨海湿地最差。

表 5-16　宁波分区滨海湿地生态系统功能综合指数和评价结果

一级指标	二级指标	区域				
		杭州湾滨海湿地	象山港滨海湿地	三门湾滨海湿地	东部沿岸区滨海湿地	南部海岛保护区滨海湿地
供给功能	物质生产变化量	0.036	0.074	0.060	0.083	0.057
调节功能	气候调节	0.100	0.125	0.106	0.106	0.089
	水资源调节	0.086	0.106	0.123	0.103	0.123
	净化水质	0.082	0.099	0.113	0.103	0.116
	总计	0.268	0.330	0.342	0.312	0.328
文化功能	休闲与生态旅游	0.031	0.030	0.036	0.034	0.037
	教育与科研	0.029	0.022	0.030	0.032	0.037
	总计	0.060	0.052	0.066	0.066	0.074
支持功能	保护生物多样性	0.225	0.216	0.256	0.236	0.278
	综合指数	0.590	0.672	0.723	0.695	0.737
	评价结果	中	中	好	中	好

5.3.4　滨海湿地生态系统价值评价

目前，国内外生态服务价值评估的方法众多，尚无统一完善的技术标准可循，本文根据宁波市滨海湿地生态系统的特点，选择相应的评价方法对其进行评价。

5.3.4.1 物质生产价值评估

宁波滨海湿地生态系统提供的产品主要为食物（水产品）、原材料（芦苇）以及水资源（表 5-17）。采用市场价值法，计算公式为

$$V_m = \sum S_i Y_i P_i$$

式中：V_m 为物质产品价值，单位：元/a；S_i为第 i 类物质生产面积，单位：m^3；Y_i 为第 i 类物质单位面积产量，单位：t/m^2；P_i为第 i 类物质市场价格，单位：元。产品实物价格按照当年相关统计年鉴及当地实物价格。干芦苇单产平均为 7.9 t/hm^2，市场均价为 600 元/t（张绪良等，2009），芦苇面积通过遥感解译获得。海水产品产量按 2015 年市场价值为 9 000 元/t（宁潇等，2016 年）。物质价值评估总价值为 6.7×10^8 元。

表 5-17　物质生产价值评估指标及价值

指标、价值	区域							
	北仑区	镇海区	鄞州区	余姚市	慈溪市	奉化区	象山县	宁海县
海水产品产量（t）	1 383	12	8 064	2 082	18 947	154 388	560 269	149 420
芦苇面积（hm^2）	41.3	38.9	—	435.6	750.2	—	233.7	2 532
食物价值（元）	1.24×10^7	1.08×10^5	7.36×10^7	1.90×10^7	1.71×10^8	1.40×10^9	5.42×10^9	1.30×10^9
原材料价值（元）	1.96×10^5	1.84×10^5	—	2.06×10^6	3.56×10^6	—	1.11×10^6	1.20×10^7

5.3.4.2 文化价值

（1）娱乐

宁波市绵延曲折的海岸线伴生了众多自然和人文景观，具备丰富的滨海旅游开发价值（表 5 18）。由于滨海旅游场所的公共物品属性，其服务价值难以直接市场化，故采用旅行费用法以旅游增加值进行估算。计算公式为

$$V_t = V_{tt} \cdot L_c / L_{tc}$$

式中：V_t 为旅游娱乐服务的价值，V_{tt}为宁波市的总海洋旅游增加值，L_c 为各区（县、市）的海岸线长度，L_{tc}为宁波市的海岸线总长度。宁波滨海旅游业增速较快，增加值为 141.4×10^8 元。

表 5-18　旅游娱乐价值评估指标及价值

指标、价值	区域							
	北仑区	镇海区	鄞州区	余姚市	慈溪市	奉化区	象山县	宁海县
岸线长度（hm^2）	98.25	25.401	28.927	34.098	85.521	53.421	322.523	175.625
景观价值（元）	1.69×10^9	4.36×10^8	4.97×10^8	5.85×10^8	1.47×10^9	9.17×10^8	5.54×10^9	3.01×10^9

（2）教育价值

教育价值评估采用替代法，计算公式为

$$M = A \cdot P$$

式中：M 为年滨海湿地教育科研价值（元/a）；A 为滨海湿地面积（hm^2）；P 为单位面积滨海湿地教育科研价值［元/（$hm^2 \cdot a$）］。根据 Constanza 等（1997）对全球滨海湿地生态系统科研教育服务的研究，滨海湿地单位面积提供的科研教育价值为 861 美元/（$hm^2 \cdot a$），折合人民币 5 940 元/（$hm^2 \cdot a$）（1 美元折

算 6.9 元人民币），我国单位面积滨海湿地生态系统平均科研价值为仅为 382 元/（$hm^2 \cdot a$），两者平均科研价值的平均值即 3 161 元/（$hm^2 \cdot a$），作为我国滨海湿地生态系统的单位面积教学科研价值（表 5-19）。

表 5-19　教育科研价值评估指标及价值

指标、价值	区域							
	北仑区	镇海区	鄞州区	余姚市	慈溪市	奉化区	象山县	宁海县
滨海湿地面积（hm^2）	7 948.4	7 715.1	837.5	13 783.5	55 022.2	4 217.7	124 215.12	24 041.9
教育科研价值（元）	2.51×10^7	2.44×10^7	2.65×10^6	4.36×10^7	1.74×10^8	1.33×10^7	3.92×10^8	7.60×10^7

5.3.4.3　涵养水源价值评估

涵养水源价值评估采用影子工程法，计算公式为

$$V_t = t_1 \sum v_i \cdot \rho_i \cdot D_{1i} + t_2 \sum v_i \cdot \rho_i \cdot D_{2i}$$

式中：V_t 代表调蓄水量的价值，单位：元/a；t_1 代表建设 1 m^3 水库投入的平均成本（7.02 元/m^3）（国家林业局，2008 年），单位：元/m^3；V_i 为第 i 种土地利用类型的，计算方法为面积乘厚度（平均厚度为 10 m），单位：m^3；ρ_i 为第 i 种土地利用类型的土壤容重，单位：t/m^3；D_{1i} 为第 i 种土地利用类型的含水量（表 5-20），单位：%；D_{2i} 为第 i 种土地利用类型的饱和含水量与含水量之差，单位：%；t_2 代表建设单位蓄水量库容成本（0.67 元/m^3）（崔丽娟，2004 年），单位：元/m^3。涵养水源价值为 1.31×10^{10} 元（表 5-21）。

表 5-20　研究区不同土地类型土壤含水量（宁潇等，2017 年）

	土地类型	
	潮间盐水沼泽	淤泥质海滩
土壤含水量（%）	0.433	0.405
土壤饱和含水量（%）	0.451	0.421
土壤容重（g/cm^3）	1.226	1.278

表 5-21　各区（县、市）涵养水源价值评估指标及价值

指标、价值	区域							
	北仑区	镇海区	鄞州区	余姚市	慈溪市	奉化区	象山县	宁海县
潮间盐水沼泽面积（hm^2）	393.8	638.3	52.8	820.9	14 082.6	167.3	2 843.5	3 013.1
淤泥质海滩（hm^2）	14.3	557.7	—	385.3	12 349.2	123.2	178.9	—
水质净化价值 V_t（元）	1.52×10^8	4.41×10^8	1.97×10^7	4.47×10^8	9.75×10^9	1.07×10^8	1.13×10^9	1.12×10^9

5.3.4.4　水质净化价值评估

滨海湿地具有降解污染物，净化水质的作用。滨海湿地水质净化价值估算采用影子工程法，公式为

$$V_p = Q_1 L_1 + Q_2(L_2 + L_3)$$

式中：V_P 为滨海湿地的水质净化功能价值，单位：元/a；Q_1 为滨海湿地每年净化的污水量，单位：t；L_1 为单位污水处理成本，单位：元/t；Q_2 为滨海湿地污水处理规模，单位：m^3，计算方法为废水排放总量乘以处理率；L_2 为污水处理厂建设成本，单位：元/m^3；L_3 为污水处理厂运行成本，单位：元/m^3。根据邵学新等（2013）的研究结果有植被覆盖的自然滩涂每年处理污水量为 196 133.3 t/（$hm^2 \cdot a^{-1}$），有植被覆

盖的自然滩涂按本次遥感解译的各区（县、市）潮间盐水沼泽面积计算。水质由《地表水环境质量标准》（GB 3838—2002）的劣Ⅴ类提升到Ⅲ类。根据谭雪等（2015）对我国227座污水处理厂的研究结果，污水处理厂平均治理成本为2.73元/t，平均建设成本为1.73元/m^3，平均运行成本为1.03元/m^3。水质净化价值评估总价值为1.38×10^{10}元（表5-22）。

表5-22　各区（县、市）水质净化价值评估指标及价值

指标、价值	区域							
	北仑区	镇海区	鄞州区	余姚市	慈溪市	奉化区	象山县	宁海县
废水排放总量（10 000 t）	16 703.22	1 627.41	10 360.73	5 936.20	8 171.14	3 124.11	3 294.06	3 181.87
污水处理厂集中处理率（%）	79.44	79.44	76.55	86.79	87.00	84.41	79.38	88.48
有植被覆盖的自然滩涂面积（hm^2）	393.8	638.3	52.8	820.9	14 082.6	167.3	2 843.5	3 013.1
水质净化价值（元）	8.38×10^8	4.03×10^8	4.03×10^8	6.83×10^8	7.88×10^9	2.14×10^8	1.65×10^9	1.75×10^9

5.3.4.5　固碳价值评估

宁波滨海湿地有多种多样的湿地植物，树木种类丰富，湿地植被覆盖面积大。植物的光合作用吸收大量的CO_2并释放O_2，湿地土壤中同时沿海滩涂每年固定的土壤中也含有大量的碳。固碳价值评估采用碳税法，固碳价值评估公式为

$$V_1 = Y_c(0.273 \cdot 1.63N \cdot S_1 + S_2 \cdot h \cdot \rho \cdot C_c)$$
$$V_2 = WY_c \times \{i \times (1+i)t/[(1+i)t-1]\}$$

式中：V_1为滨海湿地固碳价值，单位：元/a，Y_c为碳税率，单位：元/t；N为单位面积植物净生产量，单位：t/hm^2；S_1为有植被覆盖的湿地面积，单位：hm^2；S_2为滩涂面积，单位：hm^2；h为滩涂每年淤积泥土厚度，单位：m；ρ为滩涂土壤容重，单位：t/m^3；C_c为湿地土壤碳含量，单位：%；V_2为土壤碳储存价值，单位：元；W为土壤碳储存总量，单位：t；V_2为土壤碳储存价值的年金现值，单位：元；i为社会贴现率，单位：%；t为年限，单位：a。

根据本文调查各区（县、市）芦苇、互花米草和海三棱藨草的平均生物量为18~26.4 t/hm^2（表5-23），象山港的平均生物量约为19.8 t/hm^2，东部近岸区的平均生物量约为23.9 t/hm^2，滩涂每年淤积泥土厚度为0.04 m，滩涂土壤碳含量为0.298%，Y_c取43美元/t（IPCC，2007）。土壤平均碳含量为5.1 g/kg（张文敏等，2014）。折现率取3.5%（庞丙亮，2014），由于人类扰动较为频繁，设定年限为10 a。

表5-23　各区（县、市）固碳价值评估指标及价值

指标、价值	区域							
	北仑区	镇海区	鄞州区	余姚市	慈溪市	奉化区	象山县	宁海县
有植被覆盖的滨海湿地面积S_1（hm^2）	393.8	638.3	52.8	820.9	14 082.6	167.3	2 843.5	3 013.1
滩涂面积S_2（hm^2）	408.1	1 196	52.8	1 206.2	26 431.8	346.7	3 030.2	3 013.1
生物量（t/hm^2）	19.8	18	19.8	26.4	26.4	19.8	23.9	22.5
湿地固碳价值V_1（元）	1.50×10^5	2.42×10^5	2.00×10^5	3.00×10^5	5.34×10^6	6.34×10^8	1.08×10^6	1.11×10^6
土壤碳储存价值的年金现值V_2（元）	4.50×10^8	1.34×10^9	5.82×10^7	1.35×10^9	2.97×10^{10}	3.26×10^8	3.34×10^9	3.32×10^9

5.3.4.6 气候调节价值评估

（1）调节气温

滨海湿地植物能够拦截吸收太阳辐射，蒸腾作用消耗太阳热能，在夏天起到降温作用，而在冬季，郁闭的植物使得热量不易散失，起到保温作用。气温调节价值评估采用影子工程法，评估公式为

$$V_c = (c \cdot \rho/0.36) \cdot C \cdot S \cdot H(Q_d \cdot D_d + Q_i \cdot D_i)$$

式中：V_c为滨海湿地调节气温的价值，单位：元/a；c为空气的比热容1 030 J/（kg/℃）（宁潇等，2017）；ρ为空气密度1.29 kg/m^3（宁潇等，2017年）；C为当地电费标准（0.538），单位：元/（kW/h）；S为滨海湿地降温总面积，单位：hm^2；H为滨海湿地调节气温的平均高度（3），单位：m；Q_d为滨海湿地夏季每天的平均降温数值（2.58），单位：℃；D_d为滨海湿地夏季的降温天数（70），单位：d；Q_i为滨海湿地冬季每天的平均升温数值（2.47），单位：℃；D_i为滨海湿地冬季的升温天数（60），单位：d。

（2）增湿

滨海湿地空气增加湿度的作用主要归功于其开放性的水面以及周边的软泥岸和植被。滨海湿地增湿价值评价采用影子工程法，公式为

$$V_h = Q \cdot t \cdot C$$

式中：V_h为滨海湿地增湿的价值，单位：元/a；Q为滨海湿地蒸发的水量，单位：m^3；t为将单位体积水气转化为蒸气的耗电量；C为当地电费标准（0.538），单位：元/（kW/h）。任国玉等（2006）的研究表明，长江流域年平均蒸发量为1 413.6 mm，计算面积为各区（县、市）所有滨海湿地面积（表5-24）。以市场上较常见的家用加湿器功率32 W来计算，将1 m^{3}水转化为蒸气耗电量约为125度（宁潇等，2017）。

表5-24 气候调节价值评估指标及价值

指标、价值	区域							
	北仑区	镇海区	鄞州区	余姚市	慈溪市	奉化区	象山县	宁海县
滨海湿地降温总面积S（hm^2）	7 948.4	7 715.1	837.5	13 783.5	55 022.2	4 217.7	124 215.12	24 041.9
调节气温价值（元）	3.94×10^{11}	3.83×10^{11}	4.16×10^{10}	6.84×10^{11}	2.73×10^{12}	2.10×10^{11}	6.16×10^{12}	1.20×10^{12}
增湿价值（元）	1.40×10^{10}	1.36×10^{10}	1.50×10^{9}	2.43×10^{10}	9.72×10^{10}	7.45×10^{9}	2.20×10^{11}	4.24×10^{10}

5.3.4.7 大气调节价值评估

（1）释放氧气价值

释氧价值评估采用替代成本法，公式为

$$Q_{O_2} = N \cdot S$$

$$V = Q_{O_2} \cdot Y$$

式中：Q_{O_2}为年释放氧气总量，单位：t/a；N为单位面积植物每年净生产量，单位：t/a，采用滨海湿地光合作用过程每形成1 g有机质释放1.19 g O_2（张绪良等，2009）计算，单位面积植物每年净生产量按宁潇等（2017）的研究成果生物量增加40.297 t/hm^{2}来计算；S为有植被覆盖的湿地面积，单位：hm^2，按本次遥感解译的各区（县、市）潮间盐水沼泽面积计算；Y为O_2价值（以我国工业制氧的现价600元/t作为单位价值），单位：元/t。

（2）温室气体排放价值

滨海湿地植物是温室气体的一个主要来源，滨海湿地植物释放CH_4、N_2O等温室气体，具有负面效

应，在计算气候调节服务价值应给予扣除。温室气体排放价值估算采用市场价值法，其计算公式为

$$V_g = P_1 \sum F_{1i} \times S_i \times T_i + P_2 \sum F_{2i} \times S_i \times T_i$$

式中：V_g 为滨海湿地温室气体排放价值（负值），单位：元/a；S_i 为滨海湿地中第 i 种水生植物面积，单位：hm^2；F_{1i}、F_{2i}分别为滨海湿地中第 i 种水生植物 CH_4、N_2O 平均的排放通量，单位：mg/（$m^2 \cdot h$）；T_i 为滨海湿地中第 i 种水生植物 CH_4排放的时间，单位：h；P_1 为 CH_4 的单位价格，单位：元/kg；P_2为 N_2O 的单位价格，单位：元/kg。研究区主要温室气体排放植物为芦苇、互花米草（海三棱藨草）以及部分裸滩滨海湿地，其温室气体排放通量为（王蒙等，2014；王蒙，2014）：$F_{11}=0.582$ mg/（$m^2 \cdot h$），$F_{12}=1.085$ mg/（$m^2 \cdot h$），$F_{13}=0.042$ mg/（$m^2 \cdot h$），$F_{21}=0.015$ mg/（$m^2 \cdot h$），$F_{22}=0.005$ mg/（$m^2 \cdot h$），$F_{23}=0.007$ mg/（$m^2 \cdot h$），海三棱藨草群落被互花米草侵入，无法区分，因此给予合并，其通量直接采用护花米草的。损失计算采用皮尔斯（Pearce）等（郑伟等，2012）在 OECD 中提出的 CH_4和 N_2O 的散放值（CH_4为 0.11 美元/kg，N_2O 为 2.94 美元/kg）。大气调节价值评估计算结果见表 5-25。

表 5-25　大气调节价值评估指标及价值

指标、价值	区域							
	北仑区	镇海区	鄞州区	余姚市	慈溪市	奉化区	象山县	宁海县
有植被覆盖的湿地面积 S（hm^2）	393.8	638.3	52.8	820.9	14 082.6	167.3	2 843.5	3 013.1
潮间盐水沼泽-芦苇 S_1（hm^2）	41.3	38.9	—	435.6	750.2	—	233.7	2 532.0
潮间盐水沼泽-互花米草 S_2（hm^2）	336.7	41.7	52.8	—	983.2	44.1	2 188.4	83.0
裸滩湿地 S_3（hm^2）	14.3	557.7	—	385.3	12 349.2	179.4	186.7	—
释放氧气价值（元）	1.13×10^{11}	1.83×10^{11}	1.52×10^{10}	2.36×10^{11}	4.10×10^{12}	4.81×10^{10}	8.20×10^{11}	8.70×10^{11}
温室气体排放价值（元）	1.43×10^{6}	6.96×10^{5}	2.06×10^{5}	1.66×10^{6}	1.53×10^{7}	3.04×10^{5}	9.41×10^{6}	8.32×10^{5}

5.3.4.8　生物多样性价值评估

生物多样性维护价值评估采用成果参照法，计算公式为

$$V_h = S \cdot I$$

式中：V_h 为生物多样性价值，单位：元/a；S 为滨海湿地面积，单位：hm^2；I 代表生物多样性保护单位价值，单位：元/（$hm^2 \cdot a$）。采用谢高地等（2001）的调查报告结果湿地生态系统生物多样性保护单位价值 I 为 2 212.2 元/（$hm^2 \cdot a$）来计算。生物多样性价值评估如表 5-26 所示。

表 5-26　生物多样性价值评估指标及价值

指标、价值	区域							
	北仑区	镇海区	鄞州区	余姚市	慈溪市	奉化区	象山县	宁海县
滨海湿地面积（hm^2）	7 948.4	7 715.1	837.5	13 783.5	55 022.2	4 217.7	124 215.12	24 041.9
生物多样性维护价值（元）	1.80×10^{8}	1.71×10^{7}	1.85×10^{6}	3.05×10^{7}	1.22×10^{8}	9.33×10^{7}	2.75×10^{8}	5.32×10^{7}

5.3.4.9　栖息地价值

栖息地价值评估采用成果参照法，计算公式如下，结果如表 5-27 所示。

$$V_h = S \cdot I$$

式中：V_h 为栖息地价值，单位：元/a；S 为滨海湿地面积，单位：hm^2；I 代表生物多样性保护单位价值，单位：元/（a · hm^2）。生物多样性保护单位价值采用Constanza等（1997）的研究成果，即湿地的避难所价值为304美元/hm^2 来计算（1美元约折合6.9元人民币）。

表5-27 栖息地价值评估指标及价值

指标、价值	区域							
	北仑区	镇海区	鄞州区	余姚市	慈溪市	奉化区	象山县	宁海县
滨海湿地面积（hm^2）	7 948.4	7 715.1	837.5	13 783.5	55 022.2	4 217.7	124 215.12	24 041.9
栖息地价值（元）	1.45×10^{10}	1.41×10^{10}	1.53×10^{9}	2.52×10^{10}	1.00×10^{11}	7.70×10^{9}	2.27×10^{11}	4.39×10^{10}

5.3.4.10 各区（县、市）滨海湿地生态系统价值综合评价

宁波市各区（县、市）滨海湿地生态系统价值评价计算公式如下，结果如表5-28所示。

$$C = \sum_{i=1}^{N} Y_i$$

式中：C 为宁波各区（县、市）滨海湿地生态系统总价值 Y_i 为各指标的价值；N 为评价指标的数目。

表5-28 宁波滨海湿地生态系统价值

指标、价值	区域							
	北仑区	镇海区	鄞州区	余姚市	慈溪市	奉化区	象山县	宁海县
总价值（元）	1.45×10^{10}	1.41×10^{10}	1.53×10^{9}	2.52×10^{10}	1.00×10^{11}	7.70×10^{9}	2.27×10^{11}	4.39×10^{10}

价值评价在区（县、市）的评价基础上进行，分区的滨海湿地生态系统价值以每个区内涉及的区（县、市）的滨海湿地生态系统价值进行累加，如果涉及的区（县、市）仅占一部分，则以岸线比例（以系数表示）为分配标准进行累加，其中南部保护区由于没有岸线，按面积比例系数0.472计算，同时由于靠岸比较远，加上了修正系数0.2（修正系数通过滨海湿地宽度除以韭山列岛离岸距离获得，另外文化价值由于不受面积影响，该指标不加修系数），按以上方法获得各分区生态系统价值，具体计算方法如下：①杭州湾滨海湿地生态系统价值=余姚市生态系统价值+慈溪市生态系统价值+镇海区生态系统价值；②象山港生态系统价值=0.536×北仑区生态系统价值+鄞州区生态系统价值+奉化区生态系统价值+0.436×宁海县生态系统价值+0.318×（象山生态系统价值-南部保护区生态系统价值）；③三门湾生态系统价值=0.219×（象山县生态系统价值-南部保护区生态系统价值）+0.564×宁海县生态系统价值；④东部近岸区生态系统价值=0.464×北仑区生态系统价值+0.463×（象山县生态系统价值-南部保护区生态系统价值）；⑤南部保护区生态系统价值=0.472×0.20象山县生态系统价值。

宁波生态分区滨海湿地生态系统价值评价结果显示，各分区滨海湿地生态价值都较高均在7.03×10^{11}元以上，杭州湾滨海湿地最高（8.60×10^{12}元），象山港滨海湿地次之（3.71×10^{12}元）（表5-29）。

从单项来看，产品价值象山港滨海湿地最高（3.51×10^{9}元），杭州湾滨海湿地最低（1.95×10^{8}元）；生态调节价值杭州湾滨海湿地最高（8.46×10^{12}元），南部海岛保护区滨海湿地最低（6.8×10^{11}元）；象山港滨海湿地文化价值最高（4.69×10^{9}元），东部沿海区滨海湿地最低（2.37×10^{9}元）；杭州湾滨海湿地生物多样性价值和支持价值最高，分别为（1.69×10^{8} 元）和（1.40×10^{11}元），南部海岛保护区滨海湿地最低（2.59×10^{7} 元）和（2.14×10^{10}元）。

表 5-29　宁波分区滨海湿地生态系统价值

一级指标	二级指标	杭州湾滨海湿地	象山港滨海湿地	三门湾滨海湿地	东部沿岸区滨海湿地	南部海岛保护区滨海湿地
产品价值	水产品价值（元）	1.89×10^{8}	3.51×10^{9}	1.73×10^{9}	2.12×10^{9}	4.76×10^{8}
	原材料价值（元）	5.81×10^{6}	5.66×10^{6}	6.77×10^{6}	5.55×10^{6}	1.05×10^{5}
	总计（元）	1.95×10^{8}	3.51×10^{9}	1.74×10^{9}	2.12×10^{9}	4.76×10^{8}
文化价值	娱乐价值（元）	2.49×10^{9}	4.56×10^{9}	2.29×10^{9}	2.14×109	2.61×10^{9}
	教育价值（元）	2.42×10^{8}	1.29×10^{8}	8.69×10^{7}	1.08×10^{8}	1.85×10^{8}
	总计（元）	2.73×10^{9}	4.69×10^{9}	2.37×10^{9}	2.24×10^{9}	2.80×10^{9}
生态调节价值	涵养水源价值（元）	1.06×10^{10}	1.02×10^{9}	8.36×10^{8}	5.42×10^{8}	1.06×10^{8}
	水质净化价值（元）	8.96×10^{9}	2.3×10^{9}	1.28×10^{9}	1.08×10^{9}	1.55×10^{8}
	植物固碳价值（元）	5.89×10^{6}	9.71×10^{5}	8.37×10^{5}	5.21×10^{5}	1.02×10^{5}
	动物固态价值（元）	3.24×10^{10}	3.03×10^{9}	2.47×10^{9}	1.61×10^{9}	3.15×10^{8}
	调节气温价值（元）	3.8×10^{12}	2.76×10^{12}	1.87×10^{12}	2.77×10^{12}	5.82×10^{11}
	增湿价值（元）	1.35×10^{11}	9.82×10^{10}	6.67×10^{10}	9.85×10^{10}	2.07×10^{10}
	释放氧气价值（元）	4.47×10^{12}	7.38×10^{11}	6.36×10^{11}	3.96×10^{11}	7.72×10^{10}
	温室气体价值（元）	1.76×10^{7}	7.62×10^{6}	6.40×10^{6}	4.61×10^{6}	8.88×10^{5}
	总计（元）	8.46×10^{12}	3.6×10^{12}	2.58×10^{12}	3.26×10^{12}	6.8×10^{11}
生态多样性价值	生物多样性（元）	1.69×10^{8}	1.23×10^{8}	8.35×10^{7}	1.23×10^{8}	2.59×10^{7}
支持价值	生存栖息地（元）	1.40×10^{11}	1.01×10^{11}	6.89×10^{10}	1.02×10^{11}	2.14×10^{10}
总计（元）		8.60×10^{12}	3.71×10^{12}	2.65×10^{12}	3.37×10^{12}	7.03×10^{11}

第6章　滨海湿地保护和修复理论体系研究

湿地作为一种独特的自然资源和重要的生态系统，是人类赖以生存和发展的资源宝库和环境条件，是国民经济可持续发展的重要内容。它不仅可以为人类提供丰富多样的物质产品和文化产品，而且在维护生态安全、气候安全、淡水安全和生物多样性等方面发挥着不可替代的作用。国家及地方政府都高度重视湿地保护工作，相继出台了一系列规划，加强湿地保护与修复。本章着重分析介绍湿地保护和修复技术主要理论依据，为宁波市相关工作的开展提供技术参考。

6.1　滨海湿地保护体系

6.1.1　重要滨海湿地

滨海湿地等级分类是根据滨海湿地生态区位、生态系统功能和生物多样性，对滨海湿地实施分级管理，将滨海湿地划分为国家级、省级和市级（县级）3个重要湿地保护等级（国家海洋局，2018）。

（1）国家重点保护滨海湿地

①具有典型性、代表性、稀有性或独特性的滨海湿地；

②处于各类国家级保护区范围内的滨海湿地；

③处于珍稀濒危物种栖息地、候鸟关键栖息地、重要海岛范围内的滨海湿地；

④具有生物多样性保护、生物连通、防灾减灾等重大生态价值的滨海湿地；

⑤列入国家级自然保护区（海洋特别保护区、海洋公园）的滨海湿地。

（2）省级重点保护滨海湿地

①具有省级以上濒危、渐危保护物种，或特有动植物物种的滨海湿地；

②省内特有或稀有湿地类型的滨海湿地；

③重要鸟区或水鸟度过其生活史中某一阶段栖息的滨海湿地；

④省内具有显著的历史或文化意义的滨海湿地；

⑤列入省级自然保护区（海洋特别保护区、海洋公园）或省级生态红线范围内的滨海湿地。

（3）市级重点保护滨海湿地

①当地湿地类型特殊或珍稀野生动植物物种分布区；

②当地重要鸟区或候鸟栖息地；

③当地有重要历史人文意义、重要滨海旅游区。

6.1.2　滨海湿地保护区

滨海湿地保护区，是指对有代表性的天然湿地生态系统、珍稀濒危野生动植物物种的原生地或集中分布区、有特殊意义的湿地自然遗迹等为主要保护对象的湿地，依法划出一定面积予以特殊保护和管理的区域。建立保护区是抢救性保护湿地的有效措施（国家海洋局，2018）。

（1）海洋自然保护区

①典型海洋生态系统所在区域；

②高度丰富的海洋生物多样性区域或珍稀、濒危海洋生物物种集中分布区域；

③具有重大科学文件价值的海洋自然遗迹所在区域；

④具有特殊保护价值的海域、海岸、岛屿、湿地；

⑤其他需要加以保护的区域。

（2）海洋特别保护区（海洋公园）

①海洋生态系统敏感脆弱和具有生态服务功能的区域；

②资源密度大或类型复杂、涉海产业多、开发强度高，需要协调管理的区域；

③领海基点等涉及国家海洋权益的区域；

④具有特地保护价值的自然、历史、文化遗迹分布区域；

⑤海洋资源和生态环境亟待恢复、整治的区域；

⑥潜在开发和未来海洋产业发展的预留区域；

⑦其他需要予以特别保护的区域。

6.1.3 湿地公园

湿地公园是指以具有显著或特殊生态、文化、美学和生物多样性价值的湿地景观为主体，以保护湿地生态系统的完整性、维护湿地生态过程和生态服务功能为宗旨，在此前提下充分发挥湿地的多种功能效益，合理利用湿地，可供公众游览、休闲或进行科学、文化和教育活动的特定区域（国家海洋局，2018）。

湿地公园建设集保护与利用于一身，既可以改善区域生态环境，增强生态保护意识，成为宁波市绿色与经济协同发展的典范；又可以通过湿地保护建设，有助于促进当地旅游服务业及其相关生态产业的发展，提升区域知名度、影响力和投资环境，进而提升地方政府对湿地保护的动力。

建园要求有以下 6 点：①具有显著或特殊生态、文化、美学和生物多样性价值的湿地景观，湿地生态特征显著。②以湿地景观为主体，融合湿地景观和人文景观，并具有生态、科学、教育、其他自然景观和历史文化价值。③能够在保护湿地野生动植物方面发挥重要作用，并通过适宜的规划面积能保持湿地生态完整性及其周围风貌。④区域内无土地权属争议，湿地生态用水权益基本保障。⑤湿地公园经营机构明确，建设投资主体确定，运行维护投入制度健全。⑥具备开展湿地保护科普宣传教育活动的能力。

6.2 滨海湿地整治修复体系

6.2.1 滨海湿地整治修复理论

6.2.1.1 海洋生态恢复理论

海洋生态恢复理论（陈彬，2012）是滨海湿地整治修复理论基础，具有整治修复项目程序与内容、指导修复工作开展与落实的作用。完整的整治修复程序包括 8 个环节（图 6-1）。各环节不是绝对按顺序进行，而是不断反馈的循环过程。

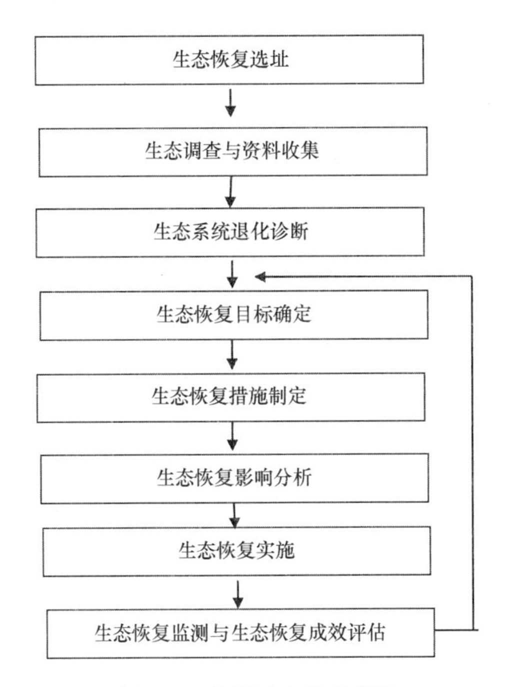

图 6-1 海洋生态恢复程序

（1）生态恢复选址

在选址上，要考虑现有条件能否支持恢复程序的顺利进行，退化的生态环境带来了哪些不良影响及生态恢复可带来效益等因素。

（2）生态调查与资料收集

整治修复项目的进行离不开生态环境、社会经济等各方面资料的支撑；这些资料贯穿整治修复工作各个环节，数据资料的收集要保证时间及空间尺度上的完整性。

（3）生态系统退化诊断

这一环节旨在诊断出导致退化的因素有哪些、弄清其强度、持续时间等特征。可以根据科学的评判指标，用不同表达方式判断生态退化程度。

（4）生态恢复目标确定

恢复目标的确定需综合考虑生态、社会等多方面要素，恢复目标必须是可实现的、明确具体的。由于生态系统是动态发展的，恢复目标应是多阶段的，同时应尽量保证定量化，为后面的生态恢复跟踪检测及恢复成效评估提供可量化指标。

（5）生态恢复措施制定

生态恢复措施的制定需综合考虑前四个环节的内容。生态恢复途径分为自然恢复、人为促进生态恢复及生态重建三类。生态恢复措施主要包括非生物环境恢复技术；生物因素恢复技术和景观恢复技术。

（6）生态恢复影响分析

这一环节通过选取合适的技术手段预测生态措施实施后是否可有效改善、在多大程度上改善区域生态环境。由于不同整治修复项目侧重点不尽相同，这一环节的评价指标和内容应具体而定。

（7）生态恢复实施

主要包括施工前期准备、施工及施工监测、施工验收。

（8）生态恢复监测与生态恢复成效评估

这一阶段需要选取合适的监测参数，制定合适的监测时长，布设合适的监测点位收集相应的监测信息。选取合适的评估指标，确定合理的评估方法，根据之前制定的阶段目标与检测数据评估阶段修复成效。

6.2.1.2 湿地生态修复目的

湿地生态修复目的如下：①保护现存湿地。湿地修复耗时较多，对现存湿地的保护以维持生物多样性。②恢复水系统。水是湿地不可或缺的元素，水系统的恢复将增强水体自净能力，提升湿地自身修复能力，有利于生态景观恢复。③恢复生态完整性。可以通过建设生态工程等以保留自然特性，加快湿地的恢复，并为后期湿地的生存提供保障。④修复湿地的结构功能。⑤对滨海湿地周边和流域内的岸线和岛屿的生态和景观进行修复。⑥湿地环境容量研究，通过科学核定海域纳污容量，逐步推进陆源污染物减排考核，减少陆源污染对湿地环境的破坏。滨海湿地受周边海域、海岸线、海岛、陆地和周边人类活动共同作用，因此，滨海湿地修复工程应从整体考虑，不能只局限于某一区域。

6.2.1.3 滨海湿地生态修复原则

滨海湿地生态修复原则如下：①综合考虑，整体保护。在考虑资源保护的时候，兼顾生物多样性、生态系统平衡与人文景观；兼顾生物资源与人文资源。②恢复与保护结合。③综合性保护。采取工程与非工程措施结合的保护办法。④分区保护。保护区分为核心区域和缓冲区。工程实施过程中不能破坏自然资源和景观，一切活动要遵循规定。其中核心区为绝对保护范围，禁止一切人为活动。在不影响湿地恢复和保护的前提下，可以适度开展科学实验、教学实习。⑤全面保护与突出重点结合。由于经费和技术力量往往有限，在整体性与全面性的前提下，对重点区域重点保护，有主次地侧重。⑥兼顾可持续发展理念。在生态保护的同时，可兼顾经济发展理念，增强湿地发展能力。

6.2.2 滨海湿地修复措施

6.2.2.1 海岸线修复

海岸线是人类活动和滨海湿地生态系统交互的重要区域，例如围海造地、围海养殖、岸边矿山开矿、自然岸线被人工岸线取代等活动，导致大量湿地被占用，滨海生态系统受损，生态功能下降。因此，对海岸线的修复，尤其是通过生态修复的方式恢复岸线的自然属性，是恢复滨海湿地生态功能的重要方式。

近年来，宁波市结合国家海洋局生态岛礁建设工程、蓝色港湾建设工程和宁波市岸线修复规划中相关工程的实施，加快推进全市岸线整治修复工作，提高全市生态岸线比重，逐步形成自然岸线、生态岸线、景观岸线合理分布；构建水净岸洁、生态和谐、文景共荣的“黄金美丽海岸带”，促进了蓝色经济与海洋生态环境协调发展。

岸线修复类型包括生态化整治修复、景观化整治修复和能力提升整治修复（浙江省海洋与渔业局，2017）。

通过人工补沙、沙滩养护、堤坝拆除、退堤还海、湿地植被种植、促淤保滩以及生态护岸、滨海湿地和生态廊道建设等生态化措施，提升海岸生态功能的整治修复活动。

景观化整治修复：通过环境整治、生态绿化、景观改造、文化挖掘、亲海设施构建等措施，打造海岸景观廊道和滨海广场，构建民众亲海空间，提升海岸线景观效果和文化价值的整治修复活动。

能力提升整治修复：通过海堤护岸原位除险加固或海岸清淤疏浚整治等措施，增强海岸抗侵蚀和灾害防御能力，或增强海岸水体交换能力和改善冲淤环境，提升岸线基本利用功能的整治修复活动。

工程措施包括海岸侵蚀防护、沙滩修复养护、近岸构筑物清理、海岸清淤疏浚整治、海岸植被修复与种植和海岸生态廊道建设（浙江省海洋与渔业局，2017）。

海岸侵蚀防护：采取工程或生态防护措施保护受损海岸，减轻因海岸侵蚀、崩塌对岸上设施的破坏，增强海岸稳定性与防护能力。工程措施主要包括建设丁坝、离岸潜堤、人工岬角或加固与修建亲水护岸海堤等方式；生态防护措施主要包括种植红树林、芦苇等消浪固滩的植物。

沙滩修复养护：采取沙滩养育与养护等措施保护遭受侵蚀的砂质海岸。工程措施包括人工补沙，提高沙滩质量，恢复沙滩功能；修建突堤、离岸堤、人工岬角等固沙工程，抵御浪流对沙滩的侵蚀，维护沙滩的稳定性。

近岸构筑物清理：采取拆除养殖池、废弃堤坝等近岸构筑物设施方式，恢复海岸线与岸滩原有形态，扩大湿地面积，改善水动力环境条件，恢复与提升岸滩湿地生态功能。

海岸清淤疏浚整治：通过清淤疏浚，增强水体交换能力，改善冲淤环境，提升近岸水域环境质量与生态功能。

海岸植被修复与种植：针对生态环境受损的海岸带区域，根据区域自然条件适宜性的不同，利用退养还湿、清淤补水、植被修复、外来物种清除等措施，修复或重建海岸植被，改善海岸生态功能。

海岸生态廊道建设：采取生态与亲水护岸建设、景观再造、植被种植等多种方式在海岸构建生态景观廊道，满足人们观景、休憩、亲水等需求，提升海岸生态景观功能。

6.2.2.2　海岛整治修复

海岛生态系统组成与结构复杂，保护目标多样，用途与功能各异。针对当前我国海岛保护和开发利用现状及主要问题，按生态保育、权益维护、生态景观、宜居宜游、科技支撑开展生态岛礁工程建设（国家海洋局，2017）。

（1）生态保育类

对珍稀濒危和特有物种开展就地和迁地保护，重点实施生境保育和修复；对珊瑚礁等典型海洋生态系统实施整体保护和修复；对鸟类和重要物种迁徙通道上的海岛实施封岛保育；开展海岛生态本底调查与评价，实施常态化监视监测，视情况建设海岛生态监视监测站（点）；加强已建保护区能力建设，新建若干保护区。

（2）权益维护类

开展领海基点及潜在领海基点所在海岛现状调查，划定领海基点保护范围，设立保护范围标志；建立海岛监视监测系统，开展岛体、岸滩等修复和生态化改造，研究珊瑚礁退化机理和修复技术并示范。

（3）生态景观类

保护海岛特色地质地貌景观，修复受损岸线和沙滩等；防治海岛水土流失，保护与修复海岛植被；保护海岛特色建筑和历史街区、村落等；开展保护和修复技术研发、生态景观保护相关理论方法的研究。

（4）宜居宜游类

开展基于生态系统的景观设计与建设，完善海岛基础设施；开展有居民海岛环境清洁与整治，完善污水和固体废弃物处置设施，建设防波堤和护岸等防灾减灾工程；保护无居民海岛原生态景观，开展受损植被和沙滩等修复与整治。

（5）科技支撑类

开展水资源综合利用、废弃物资源化利用、多能互补性电力供应系统、海岛保护修复技术研发与示范，建设海岛生态实验基地；建设集海洋环境监测、观测与预报、海岛监视监测和防灾减灾等于一体的“一站多能型”海洋生态监测站（点）；针对石化和能源等重大用岛项目，制定标准体系，指导企业采用生态化和清洁技术，开展全过程监视监测和监督管理。

海岛生态修复技术主要包括工程技术、生物技术及两者相结合的技术。工程技术往往用于出现沙滩退化、海岸侵蚀的海岛。工程措施主要有人造梯度湿地等。现今多采用绿化混凝土材料，它具有较大的抗拔力和高透水性、透气性。绿化混凝土材料减缓了传统硬防护带来的水域污染等问题。生物技术往往用于海岛潮间带修复；对于岩礁等类型的潮间带，可以通过珊瑚礁移植、建设海藻场、利用附着性贝类促进生物沉淀（王雪，2016）。

目前，宁波市结合国家海洋局生态岛礁建设项目，逐步开展受损岛体、植被、沙滩及周边海域等修复工程，改善海岛和周边海域生态环境质量，恢复海岛及周边海域生态系统，促进海岛生态系统完整性，提升海岛生态功能。

6.2.2.3 渔业资源修复

滨海湿地环境为鸟类、鱼类提供丰富的食物和良好的生存繁衍空间，对物种保存和保护物种多样性发挥着重要作用。湿地是重要的遗传基因库，对维持野生物种种群的存续、筛选和改良均具有重要意义（陈增奇，2006）。

宁波沿海曾是渔业资源最丰饶的海域。近几十年来，由于填海造地、航道航运、过量捕捞等人类活动及海水富营养化严重毁坏了水生生物的生活环境，大量水生生物的生存空间被挤占，洄游通道被阻断，产卵场被破坏，生存条件恶化，渔业资源严重衰退。原产宁波的大黄鱼、乌贼、菲律宾蛤子、毛蚶的产卵场在不断减少，珍稀濒危物种数量显著增加，地方性特色水产濒危程度不断加剧。近岸七大渔场中灰鳖洋、峙头洋等渔场已基本形不成渔汛，11 种主要捕捞品种只有带鱼、鲳鱼、梭子蟹、鲐鲹等尚能成汛，大小黄鱼、乌贼、鳓鱼、海蜇等均已不能成汛，20 世纪 90 年代初宁波市大马力渔船剧增，随之带来了捕捞量的快速增长，全市海洋捕捞量一直维持在 50×10^4 t/a 左右，但与之相对应的单位捕捞强度渔获量却急剧下降，且低值鱼类的比重逐年上升，已到了资源利用的极限，难以长期维系（宁波市海洋与渔业局，2010）。

宁波市海洋渔场修复措施包括牧场区栖息地改造、牧场区渔业资源增殖和海珍品农牧化增养殖（宁波市海洋与渔业局，2010）。

（1）牧场区栖息地改造

牧场区栖息地主要有人工鱼礁及海藻场建设等形式。人工鱼礁建设通过在牧场区人工设置各种构造物，形成适宜鱼类栖息、繁衍的场所，达到渔业资源修复、水域生态环境优化并限制近岸海域底拖网作业的目的，国内外实践证明人工鱼礁建设是改善水域生态环境、治理水域荒漠化的有效手段之一。根据人工鱼礁的资源类型可分为鱼礁、贝藻礁两种，鱼礁的结构类型可分船礁和水泥混凝土礁两种。鱼礁的设计和投放要考虑海底地形、水深、海流速度，还应结合本地生物资源的类型，按照“科学论证、合理布局”的原则，争取用 5~10 年时间，基本构成集海洋资源开发、增殖、海上游钓、休闲旅游等多功能于一体的“海上人工牧场”的框架。

大型底栖藻类移植是牧场区栖息地改造的又一重要途径，通过海藻移植等方式，使藻类在自然水体中生长，逐步形成的自然生长的海藻场，辐射到邻近的海区，提高海域自然生产力，建立高效碳汇的生态系，降低富营养化水平，营造海洋生物适宜的生长环境，并通过及时采收和利用，产生良好的经济效益。根据本地土著性、海域适宜性、冷水性与暖温性相交替、可大规模繁育等原则，选择适宜藻类进行人工附苗及海区移植，进行主要包括冷水性海带、紫菜、马尾藻以及暖温性江蓠、蜈蚣藻、石莼、海松等的移植。采用多水层及不同管理方式，进行高效的移植培养，选择海藻适宜的生长基质，研制不同形式的人工藻礁和藻床，探索立体化移植模式。

（2）牧场区渔业资源增殖

近年来，宁波市每年在近岸海域放流大黄鱼、黑鲷、梭鱼等苗种数百万尾，对恢复渔业资源种群数量、实现资源的可持续利用有显著成效。海洋牧场区域增殖放流要在现有基础上，加强增殖放流海域生态系统优化和管理，科学选择适合放流的品种和数量，完善亲体选育和苗种培育体系，满足牧场建设区增殖放流的苗种需求，开展规模化增殖放流。

（3）海珍品农牧化增养殖

海珍品底播（包括海参、鲍、扇贝等）是近年来发展起来的新型牧场化增养殖模式。2009 年，宁波市在渔山海域进行了试验性底播养殖，选择适宜的海区先后放养了鲍和海参苗种，通过试验观察，投放后的鲍和海参生长状况较好。海珍品底播应在调查了解海区的各种生态环境的基础上，根据海洋牧场建设区的水质、水温、底质等条件，在设置人工藻礁的基础上，开展适宜贝类的底播增殖，近期以菲律宾蛤仔、泥蚶、毛蚶等底播增殖为主，研究分析海参等海珍品底播增殖的适宜性和可行性，并进行适宜品种的筛选，利用现有育苗设施开展底播品种的暂养、育苗，形成一定的底播增殖规模。

6. 2. 2. 4　陆源污染物减排

由于人口增加、工农业和养殖业的发展，陆源污染迅速增加导致滨海湿地污染加剧。滨海湿地的污染不仅使沿岸经济利益受到严重损害，也影响了环境，破坏了海岸景观（杨杰峰，2016）。因此，通过完善海陆并举、区域联动的环境污染治理机制，强化涉海机构协同。开展入海排污口排查和监测，科学核定海域纳污容量，逐步推进陆源污染物减排考核，是减少陆源污染对滨海湿地过度破坏的科学手段（姚炎明等，2015；黄秀清，2015；2018）。

（1）海洋环境容量计算

环境容量的概念最早是由日本环境学界的学者于 1968 年提出来的。日本学者矢野雄幸提出：环境容量是按环境质量标准确定的，一定范围的环境所能承纳的最大污染物负荷总量。当时日本为了改善环境质量状况，提出污染物排放总量控制的问题，即把一定区域的大气或水体中的污染物总量控制在一定的允许限度内，而环境容量则作为污染物总量控制的依据。之后日本环境厅委托卫生工学小组提出《1975 年环境容量计量化调查研究报告》，环境容量的应用逐渐推广，并成为污染物治理的理论基础。欧洲国家的学者较少使用环境容量这一术语，而是用同化容量、最大容许排污量和水体容许污染水平等来表达这个概念。水环境容量的计算，首先要通过水域功能区划确定水质目标，然后应用数学模型模拟，考察污染物排放量与水环境质量的定量响应关系。水环境容量定量分析（计算）的基础是对水域水质状况预测的水质模型。水质模型是污染物在水环境中变化规律及其影响因素之间相互关系的数学描述，广泛应用于污染物水环境行为的模拟和预测、污染物对水环境及人体的暴露分析、水质监测网络的设计及水质评价管理规划等方面。在最近的 20 多年，水质模型的发展和完善使数学模拟更好地反映了客观实际情况，环境容量计算的可靠性得到了加强。

（2）海洋环境容量分配

之所以允许向天然水体排放一定量的某种污染物，是因为天然水体对该种污染物具有一定的环境容量，排放总量最根本的是要根据水体的允许纳污能力来确定。水污染物总量分配必须以污染物不超过水环境容量的限度为基础。各个排污单位或污染源之间如何科学、合理、优化分配水环境容量是水污染总量控制的核心工作。

在分配中应尊重公平和效益原则，充分反映水环境容量分配的社会性、经济性和历史性，以保证实际的可操作性。公平原则的分配方法包括：水污染负荷量的公平分配、收益和处理费用的公平分配、行政协调的公平分配。效益原则下的分配方法包括：区域内治理费用最小法、最优组合治理方案分配法、边际净效益最大法。

分配允许排放量本质上是确定各排污者利用环境资源的权利、确定各排污者削减污染物的义务，利益的分配和矛盾的协调，所以在市场经济条件下，公平原则是排污总量分配中应遵循的首要原则，然后在公平的基础上追求效率。公平分配排污总量也是处理污染纠纷，确定跨边界水质标准的依据。因此排污总量分配中的公平性是环境规划中一个非常重要的概念。

第7章　宁波滨海湿地保护和修复工程技术研究

近年来，宁波市通过重要湿地分级，滨海湿地自然保护区建设和滨海湿地公园建设等措施，加强了湿地的保护范围和保护力度。同时，根据不同滨海湿地存在的生态问题，结合国家、省、市海洋局开展的岸线修复规划、生态岛礁建设、蓝色港湾建设等项目，以保护和开发并举的原则，采取沙滩整治修复、生态廊道建设、垃圾无害化处理、岸线整治修复、珍稀物种保护、湿地修复等修复措施，恢复滨海湿地的生态价值，提升景观价值和旅游价值。

7.1　宁波市重要滨海湿地保护

7.1.1　宁波市重要滨海湿地划分

目前，宁波市纳入各级重要湿地名录的共有18个湿地，总面积约 10.8×10^4 hm²。其中，国家级重要滨海湿地3个，分别为韭山列岛、花岙岛和渔山列岛，总面积 5.7×10^4 hm²；省级重要滨海湿地7个，分别为杭州湾湿地海洋保护区、杭州湾南岸保留湿地、杭州湾河口海岸镇海段湿地、象山港蓝点马鲛国家级水产种质资源保护区、南沙山、缸爿山海岛保护区、西沪港重要滩涂湿地保护区（象山港海岸湿地海洋保护区）和岳井洋湿地，总面积为 4.6×10^4 hm²，市级重要滨海湿地8个，分别为檀头山岛湿地、南田岛东侧湿地、铁港贝类苗种保护区、黄墩港贝类苗种保护区、宁海强蛟湿地、凤凰山湿地、石浦湿地和鹤浦湿地，总面积为 0.5×10^4 hm²（表7-1）。

表7-1　重要湿地分级结果

序号	湿地名称	地理位置	湿地面积（hm²）	分布区域	规划等级	主要保护对象
1	韭山列岛	29°18′31.6″—29°32′57.1″N，122°08′29.6″—122°23′48.3″E	48 478	象山	国家级重要滨海湿地	海洋生态系统、重要经济鱼种繁殖产卵地、多种水鸟栖息繁殖和迁徙越冬停息地
2	花岙岛	29°3′9.00″—29°6′8.41″N，121°46′38.46″—121°51′9.75″E	4 424	象山港	国家级重要滨海湿地	海蚀地貌、卵石滩及沙滩
3	渔山列岛	28°50′00″—28°57′00″N，122°13′00″—122°18′00″E	5 700	象山县	国家级重要滨海湿地	海洋生物资源及其生态环境
4	杭州湾湿地海洋保护区	30°18′41.81″—30°23′17.20″N，121°02′20.89″—121° 06′52.00″E	3 084	慈溪市	省级重要滨海湿地	滩涂沼泽湿地生态系统、多种水鸟栖息繁殖和迁徙越冬停息地
5	杭州湾南岸保留湿地	30.22°—30.38°N，121.36°—121.55°E	8 354	慈溪市	省级重要滨海湿地	河口湾湿地生态系统、河口鱼类、湿地水鸟、涌潮景观

续表

序号	湿地名称	地理位置	湿地面积（hm^2）	分布区域	规划等级	主要保护对象
6	杭州湾河口海岸镇海段湿地	30°12′47″—30°30′50″N，121°10′26″—120°50′20″E	9 407	镇海	省级重要滨海湿地	水鸟及其栖息地、滨海湿地生物资源及生态系统
7	象山港蓝点马鲛国家级水产种质资源保护区	29°31′27.55″—29°43′0.23″N，121°41′33.3″—121°55′48.00″E	18 750	象山港	省级重要滨海湿地	蓝点马鲛种质资源
8	南沙山、缸爿山海岛保护区	29°31′1.2″—29°32′38.4″N，121°37′26.4″—121°33′14.40″E	669	奉化	省级重要滨海湿地	海滨木槿、牛背鹭等鸟类
9	西沪港重要滩涂湿地保护区（象山港海岸湿地海洋保护区）	29°28′34″—29°32′11″E，121°45′38″—121°49′46″N	4 023	象山	省级重要滨海湿地	典型湿地生态系统
10	岳井洋湿地	29°15′53.21″—29°22′45.05″N，121°45′58.93″—121°47′40.99″E	1 510	象山县	省级重要滨海湿地	湿地生态系统
11	檀头山岛湿地	29°9′9.89″—29°12′50.13″N，122°4′18.79″—121°59′55.76E″	3 169	象山县	市级重要滨海湿地	海岛生态系统及人文景观
12	南田岛东侧湿地	29°1′4.80″—29°6′30.47″N，122°2′40.95″—122°0′32.48″E	395	象山县	市级重要滨海湿地	褐翅燕鸥、黑尾鸥等海鸟栖息地及海洋生态环境
13	铁港贝类苗种保护区	29°26′02″—29°29′24″N，121°26′49″—121°29′07″E	12.34	宁海	市级重要滨海湿地	菲律宾蛤仔
14	黄墩港贝类苗种保护区	29°24′22″　29°26′29″N，121°29′42″—121°31′53″E	491	宁海	市级重要滨海湿地	菲律宾蛤仔、毛蚶等
15	宁海强蛟湿地	29°26′20.4″—29°26′34.8″N，121°30′46.80″—121°37′12.00″E	2 650	宁海	市级重要滨海湿地	滨海湿地景观
16	凤凰山湿地	29°30′14.00″—29°32′34.00″N，121°33′41.00″—121°36′48.00″E	1 711	奉化	市级重要滨海湿地	滨海湿地景观
17	石浦湿地	29.21°—29.28°N，121.97°—122.03°E	3 212	象山	市级重要滨海湿地	滨海湿地景观
18	鹤浦湿地	29°03′50.40″—29°08′56.40″N，121°57′32.40″—121°59′31.2″E	2 700	象山	市级重要滨海湿地	滨海湿地景观

7.1.2　滨海湿地自然保护区重点建设工程

7.1.2.1　已建湿地自然保护区的续建与升级

根据宁波市现有海洋自然保护区现状，结合湿地及生物多样性保护的需要，对 2 个海洋自然保护区进行升级改造（表 7-2）。

表 7-2　续建与升格湿地自然保护区一览表

序号	保护区名称	保护级别	建设规划	主要保护对象
1	渔山列岛国家级海洋生态特别保护区	国家级	省级	海洋生态系统
2	浙江韭山列岛国家级海洋生态自然保护区	国家级	近期续建	海洋生态系统

（1）渔山列岛国家级海洋生态特别保护区生态修复工程

通过道路交通、海岛垃圾、污水等基础设施建设和视频监控、信息采集、浮标等信息化系统建设提升保护区基础设施和管理能力。

（2）浙江韭山列岛省级海洋生态自然保护区修复工程

通过对保护区海岸带的景观生态带建设与修复、附近海域鸟类资源植被资源、渔业海洋资源保护与恢复和视频监控等信息化系统建设提升保护区生态环境和管理能力。

7.1.2.2　新建湿地自然保护区

规划新建象山港海岸、杭州湾河口海岸湿地等 2 个滨海湿地保护区纳入重点建设工程范围（表 7-3）。

表 7-3　宁波市湿地自然保护区重点工程建设一览表

序号	保护区名称	规划期限	规划保护等级	主要保护对象	建设条件
1	杭州湾河口海岸湿地自然保护区	近期 中远期	省级 国家级	河口湿地生态系统、河口鱼类、湿地水鸟、涌潮景观	已列入《全国湿地保护工程实施规划》保护区建设名录、国家级重要湿地名录
2	象山港海岸湿地自然保护区	近期 中远期	省级 国家级	海湾湿地生态系统、海洋生物资源及黑脸琵鹭、雁鸭类、黑嘴鸥等候鸟迁徙越冬栖息地	已列入《浙江省湿地保护规划》保护区建设名录、省级重要湿地名录

7.1.3　滨海湿地公园建设示范工程

根据《国家海洋局关于加强滨海湿地管理与保护工作的指导意见》和《浙江省滨海湿地管理与保护实施方案》要求，参考《浙江省湿地规划》和全市湿地保护与合理利用实际条件和需求，选择优先建设以下 4 个湿地公园示范工程（表 7-4），并逐步推广湿地公园工作。

表 7-4　滨海湿地公园建设示范工程一览表

序号	湿地公园名称	湿地类型	位置	面积（hm^2）	级别
1	浙江杭州湾国家湿地公园（二期）建设工程	浅海水域滩涂	杭州湾新区	6 273	国家级
2	宁波象山花岙岛国家级海洋公园建设工程	海岛海域	三门湾	4 424	国家级
3	象山西沪港湿地公园工程	浅海水域滩涂	象山港	4 500	省级
4	横江滨海湿地公园建设工程	河口湿地	象山港	560	市级

7.1.3.1　浙江杭州湾国家湿地公园（二期）建设工程

继建一个湿地公园，包括浅海湿地生态保育与保护建设工程、鸟类生境营建工程、鱼类生境营建工程、底栖生物生境营建工程、植被群落配置工程、科研监测与研究建设、湿地科普宣教建设 7 个子工程。湿地公园总面积 6 376.69 hm^2，其中湿地面积 6 261.58 hm^2，湿地率 98.19%，包括沿海滩涂、离岸沙洲和塘内围垦湿地等。

7.1.3.2　宁波象山花岙岛国家级海洋公园建设工程

宁波象山花岙岛国家级海洋公园于 2016 年 12 月 26 日获得国家海洋局批准（国海环字〔2016〕705 号），总面积约 44.24 hm^2，其中海域面积约 27.80 hm^2，陆地面积约为 16.44 hm^2，包括花岙岛及其附近 24 个岛礁和周边海域。建设工程通岛体整治修复工程中，对古樟沙滩进行清理，形成沙滩面积 12×10^4 m^2，修复沙滩提升品质，对天作塘进行坝体修复，对受损海岸 810 m 进行加固与修复，解决海岸受损和侵蚀问题，提升海岛景观价值，促进海岛可持续发展；拟通过生态旅游和文化保护建设，加大景区环岛主道、景区生态绿道、完成花岙岛景区 15.90 km 的生态绿道修建和 5.35 km 环岛主干道提升改造，废弃物垃圾处理以及景观小品、亮化绿化等基础设施建设，完善海岛基础设施建设，改善海岛生态环境质量，提升海岛旅游品质，解决生活资源短缺，废物处理能力不足问题；开展海防文化的保护，做好历史遗迹和文化的传承和保护，沉淀海岛文化。拟通过珍稀濒危和特有物种及生境保护工程解决水土流失等问题，有效促进濒危物种的恢复和保护；开展海岛监视监测站点建设和生态环境本底调查，以掌握花岙岛“三位一体”海岛生态系统特征，为花岙岛的综合开发利用提供服务，为海岛保护与管理提供决策依据。

7.1.3.3　西沪港海洋公园建设工程

西沪港湿地已列入《浙江省湿地保护规划》湿地公园建设名录，湿地面积约 4 500 hm^2。通过基础设施建设提升湿地景观功能，提升旅游价值；水域环境监测系统建设已掌握湿地生态系统特征。

7.1.3.4　横江滨海湿地公园建设工程

依托黄贤省级森林公园及国家 AAAA 级旅游景区的旅游资源，在象山港阳光海湾旅游度假区与象山港国家级自然保护区之间规划建设横江滨海湿地公园，以横江湿地与连接象山港滨海海岸为核心景观。横江湿地位于裘村镇翔鹤潭村与马头村之间，滨临象山港，以翔鹤潭江为中轴，两旁分布有芦苇荡、沼泽、小溪、养殖塘、水田、橘园等，面积约 560 hm^2。横江湿地是咸淡水交汇的地方，海洋与陆地，咸水和淡水，多重性质的融合，使得横江湿地成为动物乐园，有鸟类、两栖类、鱼类、贝类等，生物多样性丰富。结合象山港渔港文化资源，设置主题包括淡水到咸水，河流到海洋，农田到渔港，有河流、农田、集市、沙滩、岛屿、滩涂，融生物生长、渔港文化，海景人居，滨海休闲为一体。

7.2　滨海湿地生态修复

7.2.1　岸线修复工程

7.2.1.1　宁波市岸线保护与整治修复工程

（1）主要问题

岸滩资源衰退，湿地生态失衡。海岸带过度开发建设使宁波市自然岸线和湿地面积不断减少，潮间带生态系统遭受破坏，对区域生态环境造成极大的压力。环境问题突出，滨海景观亟待提升。沿海地区经济快速发展和人口增长，给海岸带带来巨大的环境压力，造成局部岸线环境脏乱差，垃圾遍地，生产和生活污水排入大海，营养盐等生源要素大量输入，导致近岸海域富营养化加剧，赤潮频发。海岸带的无序开发，还严重破坏滨海景观，使海岸线人工化程度提高，很多有价值的海岸自然景观资源被破坏，造成滨海景观破碎化。

（2）修复目标

通过岸线统筹保护、生态岸线修复、岸滩资源养护、海岸环境整治和滨海景观构建，加强对岸滩资源衰退、湿地生态失衡、环境问题突出及滨海景观受损的岸线进行保护与修复。

（3）修复措施

对宁波市大陆岸线使用方式的生态化优化调整，对影响正常海域使用、损害海岸健康的废置堤坝、围塘以及海洋工程垃圾、生产废弃物等进行清理，增强海岸和近岸海域开发空间潜力，改善港湾水质条件和沿岸生态质量。结合《宁波市大陆海岸线保护与整治修复规划（2017—2020年）》近期完成整治共涉及岸线长度11.67 km。

7.2.1.2　松兰山海岸带修复及综合整治工程

（1）主要问题

松兰山先后被评为省级旅游度假区、中央电视台黄金周直报景点、国家AAAA级旅游景区、上海市民最喜爱的浙江十佳景区等称号，已成为华东地区集休闲、娱乐、度假、会议等为一体的综合性海滨旅游度假区。然而，由于气候及其潜在的全球性变化所带来的影响，使海岸带受到严重威胁；以及人类活动强度的增大，各种不规范开发利用活动的长期积累，海岸带资源与生态环境的破坏程度日益显现。

（2）修复目标

将松兰山海岸带东沙滩至白沙湾道路临海一侧打造成“绿色廊道”，使松兰山海岸带生态环境得到恢复，维护滨海生态系统的连续性和多样性，保证海洋经济的可持续发展；维护自然岸线系统平衡，并美化海洋环境，提升区域景观质量，改善沿岸人居环境，以营造适宜民众亲海的海岸带风貌，提供以人为本的全方位休闲运动空间，提升人民群众幸福指数，打造宜人、美观、低碳、生态象山。

（3）修复措施

通过松兰山海岸带植被修复工程：恢复松兰山沿海岸线的自然面貌，恢复具有自然再生能力的沿海生态系统，植被修复面积2 733 m^2。通过松兰山海岸带栈道建设工程：新建栈道1 100 m，宽2.5 m；沙滩游步道800 m，宽3 m；自行车道3 660 m，宽2 m；钢桥4座，宽2 m；廊架4座，共64 m。通过松兰山海岸带配套设施改善工程：建设休息区服务建筑4座，共854 m^2；及相关的台阶、退台、观景平台、电气等配套设施。

7.2.1.3　象山县爵溪下沙及大岙沙滩修复工程

象山县下沙及大岙沙滩的整治、修复及保护，拟修复沙滩岸线总长度1 030 m，其中下沙海湾修复岸线长度540 m，面积9.15×10^4 m^2，其前沿线的岸线形态布置与其后侧岸线原有的形态基本一致，为内凹弧线布置，前沿线所在处涂面高程为-1.2～-1.0 m，坡脚线所在处涂面高程为-1.3～-1.0 m，西侧局部达到-1.5 m。大岙海湾修复岸线长度490 m，面积6×10^4 m^2，其前沿线的岸线形态布置也与其后侧岸线原有的形态基本保持一致，为内凹弧线布置，前沿线所在处涂面高程为-0.5～-0.2 m，坡脚线处为-0.9～0.7 m。工程总用沙量约为45×10^4 m^3。

7.2.1.4　杭州湾近海与海岸湿地的综合保护治理工程

（1）主要问题

受当地围海造地活动的影响，本区域内湿地面积灭失严重。滩涂的开发与环境保护之间的矛盾仍然存在。随着土地资源的紧张，加大了围垦力度，加剧了滩涂面积的萎缩，使生态功能退化。

（2）主要目标

基本恢复自然岸滩形态，提升岸滩自然生态功能。

（3）主要措施

对杭州湾河口海岸余姚段湿地、杭州湾新区东部近海与海岸湿地和杭州湾河口海岸镇海段湿地3个湿地以生态岸线修复、岸滩资源养护为主要方向；建设杭州湾湿地公园，提高湿地生物多样性。

7.2.1.5　象山港梅山综合治理工程

（1）主要问题

梅山湾陆源污染和悬沙浓度居高不下，水环境质量下降；海涂围垦与海岸工程建设导致湿地破坏与丧失，湿地资源匮乏；梅山湾岸线无序糙乱，生态景观难以满足滨海城市要求。

（2）修复目标

促进海岛经济发展、确保岸线有序开发和保护；保持自然岸线保有率、修复受损湿地环境；改善生活环境，促进社会和谐发展。

（3）修复措施

通过象山港梅山湾岸线整治修复项目的实施，修复砂质岸线1 984 m，完成32.33×10^4 m^2的人工沙滩建设；通过生态廊道建设，完成绿化带面积约21×10^4 m^2，景观绿化带宽度40～160 m；通过湿地保护与修复，形成湿地面积约15×10^4 m^2；开展在线系统建设，并对工程施工影响和工程区域海洋经济可持续发展的情况开展监测和评估，水质环境稳中趋好，梅山湾水体中悬浮物浓度下降20%以上，象山港COD_{Cr}排放总量维持现状，至2017年，象山港无机氮总量较2013年削减5%，象山港活性磷酸盐总量削减5%。

7.2.1.6　西沪港生态修复工程

（1）主要问题

水产养殖造成象山港水质和沉积物环境破坏；互花米草和米草入侵严重，占据芦苇等本土植物的生存空间。

（2）修复目标

减少养殖规模，减轻西沪港的生态环境压力，清除和抑制外来物种，恢复滩涂原生生态系统。

（3）修复措施

通过生态养殖系统建设工程控制海水养殖规模，降低水产养殖业对区域生态环境的污染和破坏；通过物理（人工机械开挖等）或者生物等综合治理方法清除西沪港18 000亩治理区内的互花米草。在互花米草治理区选择地势较平坦、富含有机质的滩涂2 000亩，建立滩涂恢复性养殖试验区，放养沙蚕幼体、贝类等进行生态修复型养殖，对滩涂进行综合利用，抑制互花米草的生长。

7.2.1.7　象山港北岸咸祥段整治工程

（1）主要问题

废水处理设施欠缺，海水富营养化严重，制约环境保护和可持续发展；防灾减灾能力不足，人民生命财产安全受到威胁；互花米草入侵滩涂，生态环境恶化；护塘地植被稀疏，生态系统脆弱，影响鸟类资源保护；历史景观保护能力不足，海防遗迹遭受破坏。

（2）修复目标

改善附近海域生态环境，修复生态系统，恢复生态功能；减少污水排放，提升海域自我修复能力；增加鸟类在滨海湿地的栖息和繁衍空间，保护鸟类资源；保护海洋历史文化和提升海岸景观，促进滨海旅游业发展。提升岸线防护能力，保障人民生命财产安全。

（3）修复措施

通过滩涂整治修复工程清理海漂垃圾，同时清除滩涂互花米草约20×10^4 m^2；滩涂种植芦苇、盐地碱蓬和海三棱藨草等耐碱盐植物约10×10^4 m^2，投放底栖贝类和沙蚕约5×10^4 m^2。通过岸线修复工程海塘加固长约 12 km，恢复 50 年一遇设防标准。通过污染物减量工程建成长约 32 km 的污水管线，完成截污约 $16×10^4$ m^3/a；建设约 1 350 亩的海藻场，吸收 N、P。通过护塘地植被修复工程完成长约 10 km、平均宽度为 15 m 的护塘地植被修复；建成总面积约 3 900 m^2 的候鸟保护宣传区。通过海防文化保护提升工程完成沿海横山烽火台、横山闸碉堡、龙尾硖碉堡等军事遗迹的修复、保护，完成周边景观环境提升。通过环境监视监测及评估工程开展咸祥镇域内的主要入海河流和周围海域的生态环境本底调查，建立滨海城镇生态修复效果评价体系，建立海岸带基本要素监视监测业务体系，进行项目跟踪监视监测和海洋经济运行监测。

7.2.1.8 宁海湾滩涂湿地生态恢复与重建工程

（1）主要问题

水产养殖和陆源污染物造成港区水质和沉积物环境破坏；互花米草和米草入侵严重，占据芦苇等本土植物的生存空间。过度捕捞导致渔业资源衰退。

（2）修复目标

海水养殖区规模和陆源污染物入海通量；清除和抑制外来物种，恢复滩涂原生生态系统；恢复渔业资源，推进宁海湾渔业生产可持续发展。

（3）修复措施

严格控制海水养殖区规模；加强以大米草和互花米草为主的外来入侵生物治理力度，恢复以芦苇和盐蒿等为主的地带性湿地植被 35 km、面积 550 hm^2；加强以主要污染物质为重点的湿地生态环境监测和预警体系建设；加大周边山地区域森林抚育和封山育林力度，完成森林抚育和林相改造面积 240 hm^2、宜林地和补充林地造林面积 15 hm^2，为滩涂湿地提供生态屏障；从严控制以马鲛鱼、菲律宾蛤等为代表的资源型水生动物采种、捕捞强度，划定区域实行主要水产种质资源保护，积极推进优质水产种源培育，逐步降低对天然水产种质资源的依赖和利用强度；以人工放流等辅助措施，恢复和扩大水产种质资源规模。

7.2.1.9 三门湾近海与海岸湿地的综合保护治理工程

（1）主要问题

受当地围海造地活动的影响，本区域内湿地面积灭失严重，湿地生态功能破坏。自然岸线保有率下降，岸滩垃圾遍布，导致岸线生态功能和景观功能下降。

（2）修复目标

保护和恢复滩涂资源和生态环境，提升岸线的生态功能和景观功能。

（3）修复措施

以岸滩资源养护为主要方向，维持滩涂湿地面积和区域海洋资源，修复生态功能；以海岸环境整治为抓手，清理岸滩垃圾，改善港湾水质；远期通过科学规划和景观设计，营造环境清洁、景观优良的亲水空间。

7.2.2 海岛整治修复工程

7.2.2.1 宁波市东门岛生态保护与修复工程

（1）主要问题

海岛废水废弃物处理设施欠缺，生活污水和生活垃圾得不到有效处理；滩涂环境较恶化，海岸受损较严重；局部岛体植被稀疏，生态系统较脆弱；渔村传统风貌受破坏，海洋文化保护能力不足，有碍海岛文化保护。

（2）修复目标

提高海岛污水和垃圾处理率，减少对海岛的污染。整治修复受损滩涂、护岸和岛体，恢复海岛湿地生态系统健康；提升自然景观和基础设施，保护开发海洋文化，推进宜居宜游海岛建设，推进渔民转业转产，减轻海洋资源压力。

（3）修复措施

通过废弃物处理工程完成对传统渔村基础设施及环境整治，更好地提高海岛环境卫生，以减少对岛上生态现状和传统风貌核心区的破坏。通过岛体修复工程使受损山体边坡得到有效治理，增加植被覆盖率；通过岸滩养护清理滩涂垃圾，整治和修复岸滩生态环境，增强该部分岸段的防灾减灾能力；通过生态旅游景观修复工程提升海岛生态旅游景观价值，以改善海岛生态旅游环境，推进海岛生态文明建设；通过海洋文化保护及特色渔村修复工程保护海岛海洋文化及修复特色渔村，提升东门岛海岛景观，促进海岛旅游业发展。通过海岛环境监视监测及生态评估工程完善海岛及周边海域的生态环境本底调查资料，为海岛生态系统的可持续健康发展提供技术支持。

7.2.2.2　横山岛整治修复及保护工程

（1）主要问题

横山岛沙滩破坏严重，几乎全部变为了泥滩；古树名木因生存环境受损，病虫害多等原因数量不断减少。

（2）修复目标

修复受损沙滩，保护受损古树名木，开发海岛旅游资源。

（3）修复措施

通过对横山岛的整治修复与保护，使横山岛受损沙滩得以修复，增加海岛景观效果，美化海岛环境；横山岛的古迹建设和古文化得到传存；横山岛上的古树名木得到了有效保护，岛上的生态环境得到明显改善，并提升海岛的人文资源价值，大大促进横山岛旅游业发展，为当地海岛经济发展，海岛生态文明建设和美丽海岛，为浙江省及全国海岛整治修复与保护工作提供示范。

7.2.2.3　象山县檀头山岛整治修复与保护工程

（1）主要问题

海岛废水废弃物处理设施欠缺，生活污水和生活垃圾得不到有效处理；海岛淡水资源匮乏，交通旅游基础设施薄弱，姐妹沙滩和海中沙埕等沙质岸线未得到有效开发与保护，制约海岛旅游开发。

（2）修复目标

通过工程完成姐妹沙滩“护坡保滩”和海中沙埕的整治与修复，提升海岛水资源利用率，提高海岛垃圾处理与污水处理能力，改善岛内交通旅游设施。使海岛人民生活环境和条件得到明显改善，海岛的旅游条件得到大幅度提升，为实现“浙江海洋经济发展示范区建设规划”中檀头山岛旅游岛，把檀头山岛建设成为面向中高端旅游消费目标市场，具有海岛渔村文化鲜明特色、海岛旅游、度假和休闲、海洋文化项目，并有创新和发展体验和新兴旅游特色功能区的浙江东部最佳海岛旅游胜地，远期建设成国家AAAA级旅游景区，特色鲜明的休闲度假旅游岛。加速推进渔民转业转产，减轻海洋资源压力。

（3）修复措施

通过对姐妹沙滩和海中沙埕经整治与修复工程，发挥沙质岸线的观光、休闲、娱乐价值。通过海中沙埕至“大王宫”渔村道路建设工程和“大王宫”码头扩建工程，提升海岛交通基础设施。通过龙门头水库扩容工程，提高海岛淡水供给能力。通过海岛垃圾处理与污水处理工程，提升海岛生活污水和生活垃圾处理能力。

7.2.2.4 象山县高塘岛生态岛礁建设工程

（1）主要问题

部分岛体受损，亟须生态修复；岛内河道淤积，水体自净能力差；高塘岛生态旅游基础设施薄弱；海岛监视监测能力不足。

（2）修复目标

提升海岛生态景观和旅游设施配套水平，有效实施受损岛体的生态修复，促进海岛生态系统保护和宜居海岛建设，加速推进渔民转业转产，减轻海洋资源压力。提升海岛自然水体自净能力，减少污染物入海通量，减小近岸海域生态压力，提升高塘岛和三门湾生态环境监视监测能力，逐步实现“美丽港湾、生态岛礁、绿色海岸”的海洋生态文明建设目标。

（3）修复措施

通过岛体修复工程，恢复海岛生态环境，提升海岛景观水平。通过高塘岛乡海岛生态休闲公园工程，完成炮台山风车公园建设，提升海岛生态旅游价值。通过旅游集散中心建设工程，建设一个年旅客接待量为100万人次的旅游集散中心，提升海岛的旅游管理服务能力和海岛旅游容量。通过南方塘压脚河水环境生态修复工程加固岛内河岸，提升河道水体净化能力，减少岛内污染物入海通量。通过开展海岛监视监测站点建设和生态环境本底调查，以掌握高塘岛“三位一体”海岛生态系统特征，为高塘岛的综合开发利用提供服务，为海岛保护与管理提供决策依据。

7.2.2.5 白石山岛生态保护与修复建设工程

（1）主要问题

海岛废弃物处理设施欠缺，生活垃圾得不到有效处理；部分岛体受损，亟须生态修复；海岛交通旅游基础设施落后，旅游价值有待开发；滩涂湿地外来物种入侵，原生生态系统遭到破坏。

（2）修复目标

建设生活垃圾处理设施，修复受损的滩涂湿地和岛体，提升海岛生态环境质量。提升海岛交通旅游基础设施，开发海岛旅游价值，加速推进渔民转业转产，减轻海洋资源压力。

（3）修复措施

通过宜居海岛建设工程对岛内废弃物进行分级处理，消除海岛垃圾污染，提升海岛环境质量。海岛岛体修复工程修复受损岛体，消除海岛地质灾害隐患，减少水土流失，恢复海岛植被。生态景观保护工程完成道路、栈道及配套设施修建设，提升海岛交通旅游基础设施，提升海岛旅游价值。通过岸滩湿地综合整治修复工程清除海岛南岸大米草8.9 hm^2，并完成人工沙滩改造建设。

7.2.2.6 南沙山岛环境整治和鸟类保护区建设

（1）主要问题

海岛资源和生态环境本底资料不全；海岛鸟类保护宣传基础设施不全；东侧滩涂红树林未得到有效保护。

（2）修复目标

在完成海岛资源和生态环境本底资料调查的基础上，保护南沙山岛的生态环境，将南沙山岛建设成一个集鸟类研究、保护和宣传于一体的科普基地。

（3）修复措施

在对海岛资源和生态环境调查分析的基础上，对南沙山岛进行整治修复。开展南沙山岛环境整治工程及海岛步行道建设工程，建设集鸟类展示、研究和鸟类保护、救护于一体的南沙山鸟类保护科普基地。

主要包括修复海岛东侧滩涂红树林景观，西侧建设鸟类保护科普基地和景观内湖，对海岛整体环境进行整治及山体的复绿，修建环岛景观步行道以及建设观鸟平台和登岛简易码头等。

7.2.3　海洋渔业资源修复工程

（1）主要问题

由于填海造地、航道航运、过量捕捞等人类活动及海水的富营养化严重毁坏了水生生物的生活环境，大量水生生物的生存空间被挤占，洄游通道被阻断，产卵场被破坏，生存条件恶化。宁波近海中部分经济水生生物产卵场和索饵育肥场功能明显退化，亲体繁殖力和幼体存活力降低，渔业资源得不到有效补充，致使水域生产力下降。据统计随着海洋污染的加剧和捕捞强度的增大，渔业资源严重衰退，近岸七大渔场中的灰鳖洋、峙头洋等渔场已基本形不成渔汛，宁波市单位捕捞强度渔获量却急剧下降，且低值鱼类的比重逐年上升，已到了资源利用的极限，难以长期维系。

（2）修复目标

优化渔业产业结构，加快渔业发展方式转变；保护海洋环境，恢复渔场资源；充分利用海域空间，协调海洋产业发展；缓解渔民转产转业压力，增加渔民收入。

（3）修复措施

结合《宁波市海洋牧场规划》（2011—2020）以象山港和韭山列岛海洋自然保护区、渔山列岛海洋特别保护区的资源保护与增殖为重点，实施海洋牧场建设“123 工程”（“一港两岛三区”），通过人工鱼礁建设、大型藻类移植、贝类底播增殖、资源增殖放流等方式，在宁波沿海建设象山港、韭山列岛、渔山列岛、象山东部沿海、三门湾和杭州湾 6 个各具特色的海洋牧场区，使宁波市乃至周边海域渔业资源衰退、生态环境恶化和海洋生物多样性下降的状况得到有效改善，渔业资源实现可持续利用，集海洋环境保护、渔业资源增殖、农牧化养殖、海上休闲游钓等功能于一体的“海洋牧场”框架基本构成。到 2020 年，计划投放人工鱼礁（50~60）$\times10^4$ 空方，形成 8~10 个人工鱼礁区；筛选适合宁波海域的藻类品种 8~10 种，海区移植 500~600 hm^2；改善局部底质环境，贝类底播以及海珍品放养区面积达到 50~100 km^2；加大资源增殖放流力度，研究品种和数量组合，年放流量在现有基础上增加 2~3 倍，达（2 000~3 000）$\times10^4$ 尾/a。削减传统养殖网箱 3×10^4 只，沿岸养殖网箱从现有的 7×10^4 多只下降到 4×10^4 只，引导渔民开展生态养殖、海洋休闲游钓服务，实现 2 000~3 000 名渔民转产转业。

7.2.4　陆源污染物控制

7.2.4.1　陆源排污口排查

每 5 年对宁波市陆源入海污染源进行一次排查工作，摸清目前宁波市海域陆源入海污染物的入海地点、方式、种类、数量、其时空分布及污染源主要污染因子。排查对象包括污水直排口（排污河、污水海洋处置工程排放口、养殖排水口、排涝泄洪口等）和入海河流。建立宁波市陆源入海污染物直排口信息档案，为实施宁波市滨海湿地污染防治海陆并举，区域联动提供基础信息和技术依据。

7.2.4.2　陆源排污口污染物入海通量监测

根据陆源排污口普查结果，每年对重点排污口的污染物入海通量进行监测，估算陆源污染物点源污染排放总量估算，为进一步开展陆源污染物减排工作提供决策依据。

7.2.4.3　宁波市入海污染物总量与环境容量估算

近期以象山港区域为示范区，在象山港污染源调查的基础上，以象山港主导海洋功能区为依据，通过对象山港区域自然环境、社会经济、开发利用现状等的调查，结合各污染源对水体污染的贡献、生态效应和沉积物环境影响程度，核算象山港环境容量，制定污染物总量控制方案，开展减排试点研究，在中期和远期逐步推广至三门湾、杭州湾和东部沿海。通过科学合理制定减排方案，采取海陆并举，区域联动，逐步推进污染物整治，确保宁波市近岸海域第一、第二类水质面积占比稳中有升。

7.3　典型滨海湿地修复工程案例

7.3.1　花岙岛海洋公园建设工程

7.3.1.1　区域概况

花岙岛是国家级海洋生态文明建设示范区、浙江省海洋综合开发与保护试验区——象山县的核心建设区域，是浙江省级地质公园，正在申报国家级海洋公园。努力打造成为宜居、宜业、宜游，环境美、生活美、精神美的“三宜三美”国家级美丽海岛。

1）地理位置

花岙岛别名大佛岛、大佛头山，隶属于宁波市象山县高塘岛乡，位于象山县南部的三门湾口东侧（图7-1）。

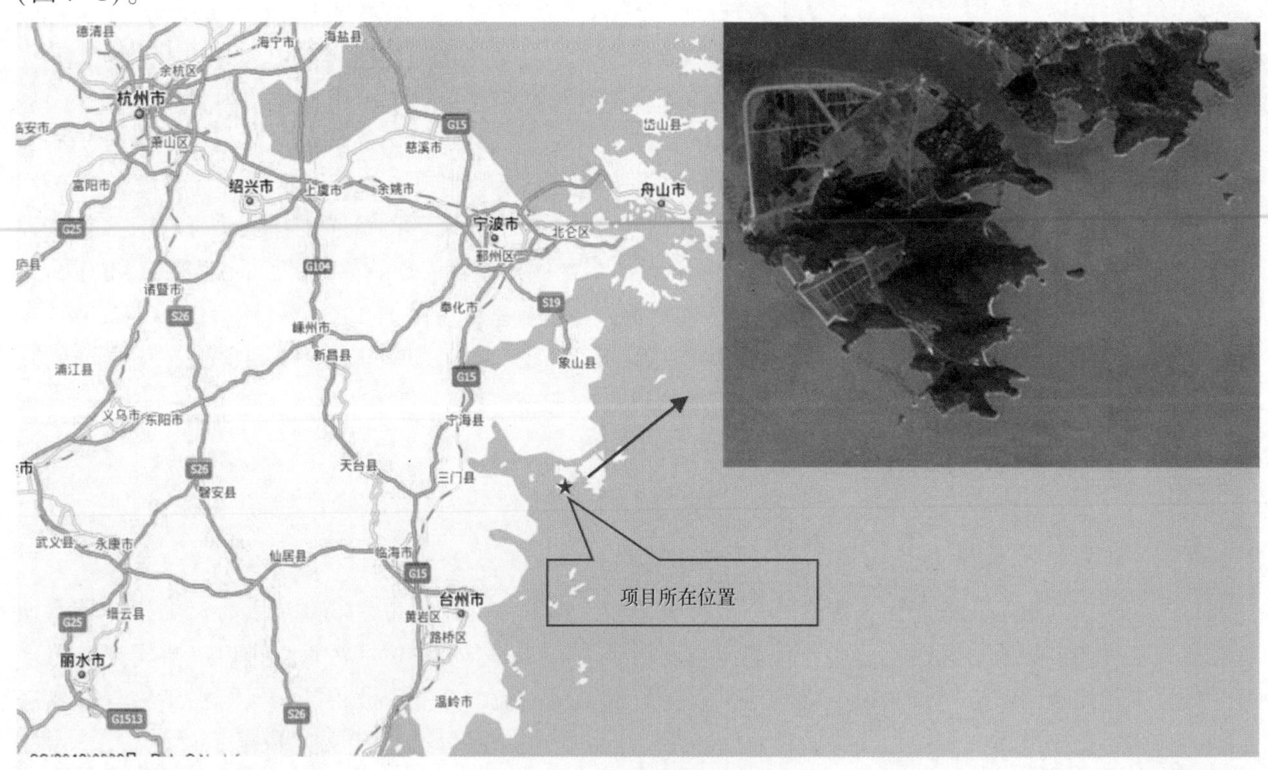

图7-1　花岙岛地理位置示意

2）面积

花岙岛陆地面积16 km^2（含新增滩涂4 km^2），海岸线长29.86 km。

3）自然环境概况

（1）地质地貌

花岙岛由海岛丘陵和海积平原组成，其中平原约占 1/3，丘陵山地占 2/3。全岛最高峰雉鸡山海拔约 308.5 m，由质地坚硬的潜正长斑岩构成。岸滩和海域沉积有黏土质粉砂、砾石、沙砾、中细砂、粉砂和粉砂质沙等。海岸类型以基岩海岸为主，沙砾质海岸主要分布在西南和东部湾岙口内，岸外有潮滩或沙砾滩。人工海岸主要分布在海岛西北部及西部。

花岙地处浙闽粤沿海燕山期火山活动地带北段，燕山晚期火山活动强烈，地质构造复杂，形成了大量的长斑岩和白垩系火山岩沉积盖，正长斑呈不规则结晶立柱，斑状结构明显，可观性强。岛上山脉连绵，多生支脉，形成多山岙港湾，地貌雄奇，岛南部有世界三大火山岩原生地貌之一的“石林景观”，北部有山峰陡立的大佛山。

（2）气候条件

气温：花岙岛位于浙江省东部沿海，属亚热带季风区，气候冬暖夏凉，四季宜人。全年平均气温 16 ℃ 左右，多年平均最高气温 35.5℃。

降水：多年平均降雨量为 1 516 mm，最大年降雨量为 2 177.6 mm，最小年降雨量为 770.6 mm。非汛期受冷高压控制，天气稳定少雨。

风：花岙岛地处副热带季风气候区，风向风速季节变化非常明显，冬季受西北高压影响，盛行偏北风，风力较强；夏季受副热带高压控制，多偏南风；同时受台风影响，春秋季为季风转换期，风向多变，平均风速夏季最大，春季最小。

（3）自然资源

花岙岛自然资源丰富，各类资源体系均集中在岛屿及其周边海域。

地质景观资源：柱状节理群，由熔结凝灰岩发育而成，历经常年海水冲刷、土层和岩层崩落、完整剥离后才能完全显现。花岙岛西南沿岸的大量柱状节理群是独特的地质景观资源，规模之大、结构独特，实属罕见（图 7-2）。

图 7-2　花岙岛柱状节理群

旅游资源：花岙岛因多花多岙得名，全岛有36岙、108洞，岙岙有“景”，洞洞有“仙”，旅游资源十分丰富。气势恢宏的中心式火山岩原生地貌海上石林、神形巨岩大佛头、五色玲珑鹅卵石滩、奇特的蜂窝岩、日月并行吞吐洞、仙子洞、千年古樟桩、张苍水抗清兵营遗址等独具特色，素有“海琢石空、精巧峻险”之称。

海洋文化资源：花岙村是一个典型的海洋渔村，无论从村落形态到建筑风貌，形成了具有鲜明特色的民俗风情。此外，几百年来花岙村一直以海洋渔业为主要产业，保持了很多具有当地特点的民俗风情活动和生活，尤其是保留至今的庆典活动和祭祀活动，是宝贵的非物质文化遗产。

植物资源：花岙岛处于中亚热带常绿林地带，岛上山峦叠翠，植被覆盖良好，主要植物有马尾松、黑松、木麻黄、香樟、毛竹等。花岙滩涂上多株约4 000年前的古香樟树（图7-3）以及2013年首次在花岙岛发现的现存最原始的陆生高等植物松叶蕨（图7-4），均堪称植物活化石。

图7-3 古香樟树

图7-4 “最老活化石”——松叶蕨

（4）人文历史资源

花岙岛有两处著名民族英雄张苍水抗清兵营遗址，一距雉鸡山顶200 m处有面积约7 000 m^2的长方形营房遗址，附近占地约1 300 m^2的广场似为练兵场地；另一营房遗址在雉鸡山和北面山之间的高度岙，房屋约30间。张苍水兵营遗址是花岙岛宝贵的人文历史资源，不少海防专家来此考证、研究。

7.3.1.2 问题诊断

（1）花岙岛岛体部分岸段受损，存在侵蚀风险

海岛东南侧的天作塘是一道在海浪作用下自然堆积而成的卵石塘坝，历史上的卵石堤岸即便被台风冲垮也不需人工修复，在风浪的作用下会自然合拢，故名。但自20世纪八九十年代以来，不断有外来渔民盗取卵石资源，导致海滩长度和宽度骤减，卵石粒径减小，受海域波浪、海流等动力因素，岸滩动力平衡破坏加剧，岸滩冲刷导致剥坍，抵御风浪能力被大大削弱，“天作塘”已名不副实。风浪将卵石不断推向塘坝，卵石滩整体向陆侧位移，岸线向陆域一侧收缩。

花岙岛部分岸段连年受风浪侵蚀，尤其是天作塘南侧岸段已部分出现崩塌及沉降，岛体的稳定性受到威胁。

（2）海岛生态系统脆弱，珍稀濒危物种生境保护亟待加强

海岛作为一个相对独立的典型生态系统，生态系统十分脆弱。海岛陆域地形坡度相对较大，水土流失严重，裸露岩石砾地增加；海岛易受海洋灾害的侵袭，受灾频度大、种类多、面积大、危害大；另外，海岛由于陆域狭小，土壤贫乏，涵养水源能力差，淡水短缺，生境条件严酷，植被种类和组成单一，其中生态系统食物链层次少，复杂程度低，生物多样性指数较小，生物物种之间及生物与非生物之间关系

简单，生态系统十分脆弱，易遭到损害，任何物种的灭失或者环境因素的改变，都将对整个海岛生态系统造成不可逆转的影响和破坏，而且其生境一旦遭到破坏就难以或根本不能恢复。如果过度开发和盲目建设，将会直接影响其生态平衡，容易受到人为干扰而灭失。

目前，花岙岛植被尚好，但原始常绿阔叶林有向次生植被类型演化的趋势，也存在生态系统脆弱性问题。此外，岛上还分布着最原始的陆生高等植物松叶蕨，堪称植物活化石，因此，有必要对海岛珍稀濒危物种生境和生态系统以及物种多样性予以重点保护。

（3）废弃物处理设施不够健全，海岛监视监测能力不足

花岙岛上乱丢垃圾现象时有发生，海上漂浮物屡禁不止，导致岛陆相对较差；天作塘等海滩堆积的垃圾渗滤液污染岸滩，对潮间带生态系统健康造成严重威胁。花岙由于地处海岛，交通不便，垃圾外运处理比较困难，目前，岛上废弃物处理设施不够健全，因此，亟须加强废弃物处理设施的建设，科学、环保地对岛内垃圾进行无害化处理。

同时海岛监测监视能力明显不足，目前尚未开展对海岛岛陆、海岛周边海域监视监测工作，开展的工作也是依托于某一项目，仅进行过分散的调查。海岛上尚没有建立对海岛进行长期监测的测点，不能对海岛生态环境进行常规、长期监视监控，严重阻碍了海岛生态保护工作的开展，海岛生态保护和管理工作无从下手。

7.3.1.3　建设目标

（1）修复受损的生态系统

通过项目实施，复原海岛原有的自然风貌，修复受损的生态系统，恢复退化的生态功能，改变岛上部分海堤土方流失，海滩废弃物堆积，生态环境遭到破坏的现状，为深化美丽海岛、生态岛礁建设发挥重要作用。

（2）提升海岛景观价值

花岙岛作为滨海旅游岛，旅游业已成为推动当地经济发展的重要产业，也是促进当地渔民弃船上岸、“转业转产”，减轻海洋渔业资源捕捞压力的重要途径。本项目的实施，不仅可以提升花岙岛的旅游形象，改善花岙岛投资环境，吸引国内外游客，促进当地区域经济结构转型升级，更能够以点带面形成重要示范，促进海岛社会经济可持续发展。

（3）增强海洋海岛监视监测能力

掌握典型海岛及周边海域生态环境状况，提升生态环境监测和评估能力，为花岙岛及周边海域的管理工作提供技术支持和保障。

本项目拟在岛体整治修复工程中，对古樟沙滩进行清理，形成沙滩面积 12×10^4 m^2，修复沙滩提升品质，对天作塘进行坝体修复，对受损海岸 810 m 进行加固与修复，解决海岸受损和侵蚀问题，提升海岛景观价值，促进海岛可持续发展；通过废弃物垃圾处理以及景观小品、亮化绿化等的基础设施建设，完善海岛基础设施建设，改善海岛生态环境质量，提升海景观价值，解决废物处理能力不足问题；开展海防文化保护，做好历史遗迹和文化传承与保护，沉淀海岛文化。拟通过珍稀濒危和特有物种及生境保护工程，解决水土流失等问题，有效促进濒危物种的恢复和保护；开展海岛监视监测站点建设和生态环境本底调查，以掌握花岙岛“三位一体”海岛生态系统特征，为花岙岛的综合开发利用提供服务，为海岛保护与管理提供决策依据。

7.3.1.4　工程措施

花岙岛生态岛礁建设内容主要包括岛体整治与修复、生态旅游和文化保护建设、珍稀濒危和特有物种及生境保护、海岛监视监测站点建设、海岛生态环境调查 5 项内容。平面规划示意图如图 7-5 所示。

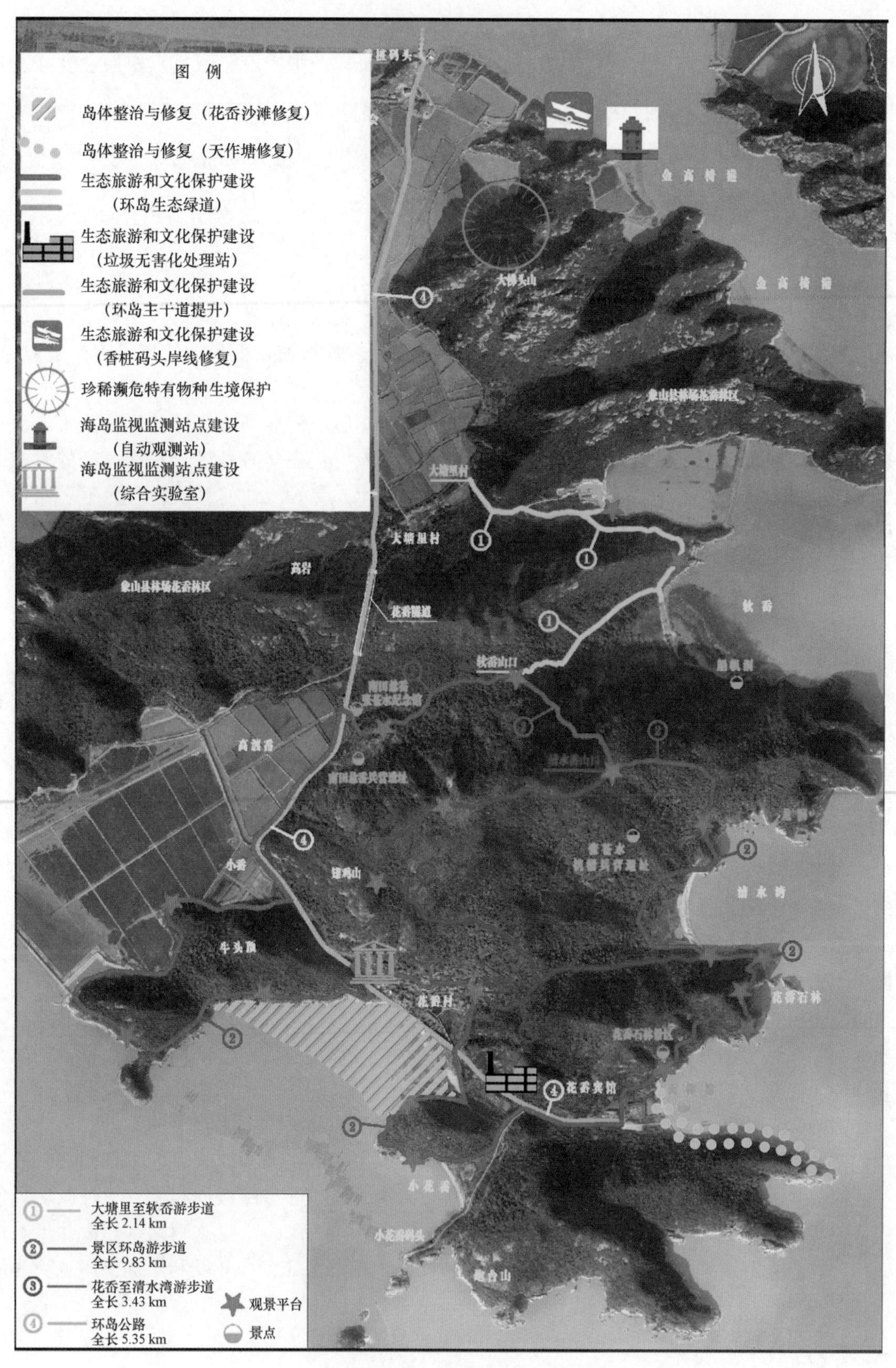

图 7-5　花岙岛生态岛礁建设平面规划示意

1）岛体整治与修复工程

（1）沙滩整治与修复

花岙沙滩整治与修复工程主要包括滩面清理、铺沙工程、景观配套和千年古樟保护等工作（图 7-6）。

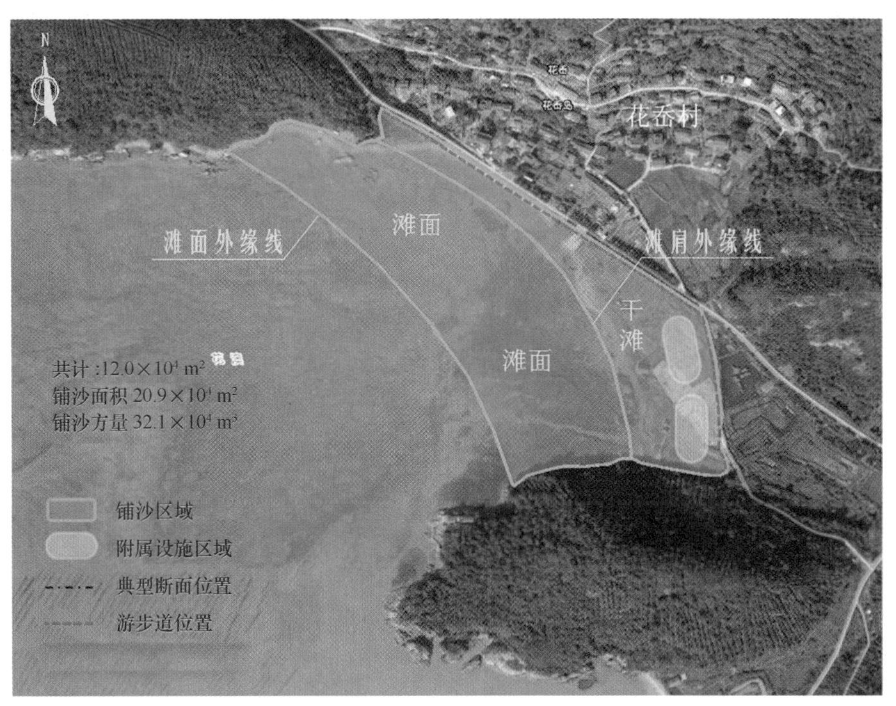

图 7-6　花岙沙滩修复铺沙方案平面布置

①滩面清理

铺沙前，需要对沙滩位置上的碎石、淤泥以及杂草等进行清理，由于沙滩下部有古樟木沉积，不宜对滩面进行大范围的整理，只对沙滩▽0. 0 m 等高线以上范围内的大米草以及表层淤泥进行清理，平均清淤深度约 0. 5 m。滩面清理 12×10^4 m^2，淤泥、乱石、礁石清理 5×10^4 m^3。

②铺沙工程

沙滩典型铺沙断面主要包括干滩和滩面两部分。其中，干滩部分人工沙滩剖面设计中，滩肩高程一般大于设计重现期内波浪最大爬高与大潮高潮。花岙岛附近水域的平均大潮高潮位为▽3. 20 m（1985 高程基准，下同），考虑到极端海况（例如台风期）时产生较大的波浪会对干滩产生剧烈的淘刷作用，因此将干滩的高程设置在▽6. 4~▽7. 2 m，宽度为 40 m 左右，坡度 1∶50，填沙厚度取 4 m。

滩面部分按沙滩典型断面的坡度 1∶30 设计，滩面宽度 160 m。坡顶高程▽6. 4 m，坡底高程▽1. 1 m，铺沙厚度为 1~4 m，坡顶至坡底之间铺沙厚度线性过渡，沙滩外缘与原有海床自然衔接。由于现有涂面较高，沙滩附近高程基本在▽1. 0 m 以上，因此，铺沙后沙滩高程在平均潮位以上，落潮时会露滩。沙滩修复主要采用海上吹填的方式补沙。

修复后沙滩宽度约 200 m，形成沙滩面积 12×10^4 m^2，其中干滩面积 4.2×10^4 m^2，滩面面积 7.8×10^4 m^2，总共需要铺沙方量 20×10^4 m^3。

③景观配套

铺沙完成后，完善配套设施，以提升景观效果。在沙滩上设置沙滩景观亭设施 50 处；设置观景台 2 处；沿沙滩靠岸一侧设置一条绿化长廊，种植绿化植被 3 000 株，绿化面积 0.3×10^4 m^2。同时，配套相关附属设施，修建停车场600 m²，水体景观1处，公厕2座，大沙滩边缘设置简易的污水处理设施和固体废弃物收集场1处。

④千年古樟保护

环千年古樟四周修建隔栏隔离保护，设计宽度2.0 m，并沿围栏布置装饰LED软灯。在沙滩及花岙村落周边设置18个宣传警示牌、界碑，进行警示和保护宣传。

（2）天作塘保护与修复

①主要内容

花岙岛东南侧的天作塘是一道在海浪作用下自然堆积而成的卵石塘坝，受人为无序开发利用，如挖取卵石、沙滩等自然资源影响，岸滩动力平衡遭破坏，冲刷岸滩导致剥坍，危及周边人员的生活和生产。为保障安全，拟开展天作塘卵石滩整治和坍塌岸段加固修复等工程。天作塘卵石滩整治工程将修复卵石滩约23 343 t，塘坝段护堤长216 m和48 m、44 m长运动设备通行坡道2条。坍塌岸段加固修复工程拟修复810 m天作塘附近受损岸段。天作塘保护与修复工程平面布置见图7-7，效果图见7-8。

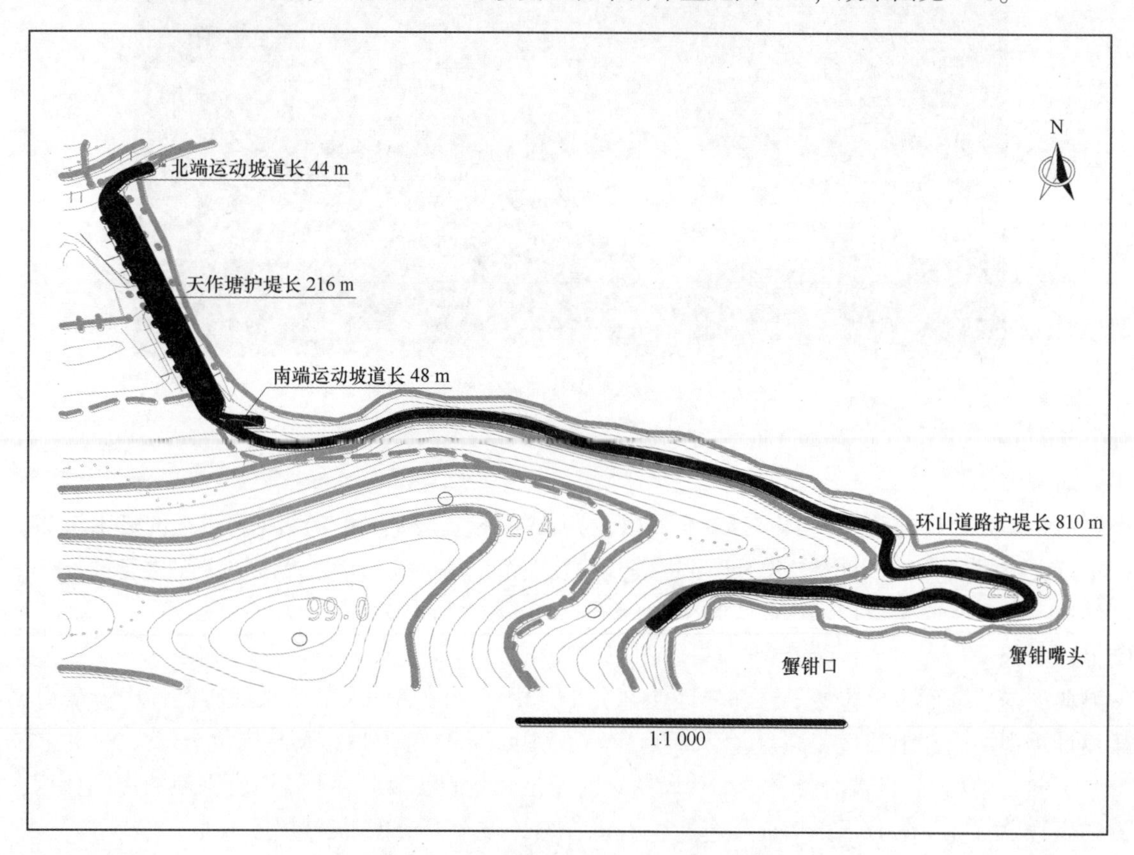

图7-7　天作塘保护与修复工程平面布置

②主要施工工艺

天作塘卵石滩整治：整体工程顺岸滩等高线布置，采用以挡墙为主的复合式断面结构，设置消浪与观景平台相结合，形成错落有致的建筑形式，有利于消减波浪爬高，并展现海滩景观。主体工程施工前，实施临时工程和堤面清理，主体工程首先在天作塘南北两侧各铺设宽5 m，坡降1：12的坡道作为施工道路，然后进行护堤的防冲墙施工，从低护坦至高岸顶。护坦混凝土厚度0.4 m，末端基础防冲墙埋置深度2 m，墙厚0.6 m。护坦外抛填卵石，顶宽25 m，以1：25放坡，尽可能减少波浪回落淘刷、控制卵石漂

图 7-8　天作塘整治工程效果

移，使其恢复原貌增强滩涂景观的多样性。

坍塌岸段加固修复：在天作塘东南侧，针对沿海岸线进行塌方清运、受损岩石修复以及受损岸段加固，整治修复岸线总长度为 810 m，并在此基础上铺设生态绿道和观景平台。施工内容包括：岩体修复及塌方清运、修筑挡墙、受损岸线混凝土加固以及生态绿道和观景台的布设。首先对受损岸线进行整理，对崩塌区首先进行清除，清理危岩，对坍塌的石块垃圾进行清运，对难以清除的危岩体采用锚杆加固及喷射混凝土的方法进行加固之后再修筑挡墙，然后采用挤浆法分层砌筑毛石基础，对受损岸线混凝土加固，最后在加固修复的岸段布设生态绿道和 5 m×5 m 的观景平台。

2）生态旅游和文化保护建设工程

（1）环岛生态绿道建设

①主要内容

为构建环境友好的绿色生态交通，落实花岙岛生态岛礁定位，花岙岛景区内采用限制车流，尽量采用生态绿道连接各个旅游景点。拟建设生态绿道全长约 15. 90 km，宽 1. 8 m，共分成 3 段，即大塘里至软岙生态绿道、景区环岛生态绿道、花岙至清水湾生态绿道。并设置 20 座观景平台和景观亭，在生态绿道沿线适当布放景观小品，配套灯光亮化、绿化和安全护栏等工程（图 7-9）。

②施工工艺

生态绿道：主要沿着花岙石林景区、软岙、清水湾、炮台山、小花岙、古樟沙滩、牛头顶、小岙、雉鸡山、高渡岙、南田悬岙张苍水纪念馆、南田悬岙兵营遗址等布置，全长约 15. 90 km。共分成 3 段，即大塘里至软岙生态绿道、景区环岛生态绿道、花岙至清水湾生态绿道，效果见图 7-10。

大塘里至软岙生态绿道：起点位于大塘里村，向西沿软岙布置，终点至软岙山口。全长约 2. 14 km，生态绿道宽 1. 8 m。本段生态绿道以坡道及平台为主，较陡路段采用台阶结合石柱护栏设计。铺装采用鹅卵石或银灰石铺筑。

景区环岛生态绿道：起点位于南田悬岙张苍水纪念馆，向西经过软岙、清水湾、花岙石林、天作塘、

图 7-9　花岙岛环岛生态绿道布置平面

图 7-10　环岛生态绿道效果

小花岙、古樟沙滩、花岙村、牛头顶、小岙、南田悬兵营遗址进行布置，终点至南田悬岙张苍水纪念馆。全长约 10.33 km，生态绿道宽 1.8 m。本段生态绿道以坡道及平台为主，较陡路段采用台阶结合仿木护栏设计。铺装层设计结合生态绿道具体位置和特点，分别采用银灰石、仿塑木板及鹅卵石铺筑，沿清水湾、花岙石林景区和天作塘段建议铺装采用鹅卵石铺筑；小花岙和古樟沙滩段建议铺装采用仿塑木板铺筑；其余路段采用银灰石铺筑。

花岙至清水湾生态绿道：起点位于花岙村，向东经过雉鸡山，至清水岙山口；向西至清水湾，全长约 3.43 km，生态绿道宽 1.8 m。本段生态绿道以坡道及平台为主，较陡路段采用台阶结合铁艺护栏设计。铺装采用鹅卵石或银灰石铺筑。

观景平台和观景亭：为了完善慢行系统，共设置 20 座观景平台和景观亭。生态绿道沿线每隔 1 km 左右设置 1 座观景休闲亭廊。靠南田悬岙张苍水纪念馆和软岙山口的观景休闲亭采用石柱结构；清水湾、花岙石林景区、天作塘、小花岙、古樟沙滩、牛头顶节点处观景休闲亭采用仿木结构；在靠雉鸡山顶设置观景平台供游客休息，观景休闲亭采用仿木结构。

播草绿化：沿线生态绿道两侧各 50 cm 范围内采用混播草种，以形成各个季节不同的观赏效果，也可以采用马尼拉或麦冬草进行镶边处理。

灯光亮化：在观景平台内设置景观照明，景观灯采用 2 m 高的 LED 庭院灯，主要节点小品处采用射灯点缀。

护栏：在生态绿道较陡路段设置护栏，护栏的设计风格与花岙岛整体景观风格相协调，大塘里至软岙段生态绿道采用石柱护栏设计，景区环岛生态绿道采用仿木护栏设计，花岙至清水湾生态绿道采用铁艺护栏设计。

其他配套：在生态绿道主要分叉路口设置指路牌（采用不锈钢材质 1.7 m 高）、在观景平台内设置音响系统和休闲石板坐凳等配套设施，主要节点小品处采用射灯点缀。

（2）垃圾无害化处理站建设

①主要内容

为保障花岙岛生态环境质量，缓解日益增长的游客数量带来的生活垃圾处理压力，花岙岛将新建 1 座垃圾无害化处理站（图 7-11）。花岙岛垃圾处理站用地面积为 2 054.18 m^2。用地性质：公共建筑。基地内拟建垃圾处理站。新建建筑占地面积为 154.53 m^2，建筑总面积为 154.53 m^2。转运站设置 1 台垃圾处理设备，日处理垃圾能力为 120 t。

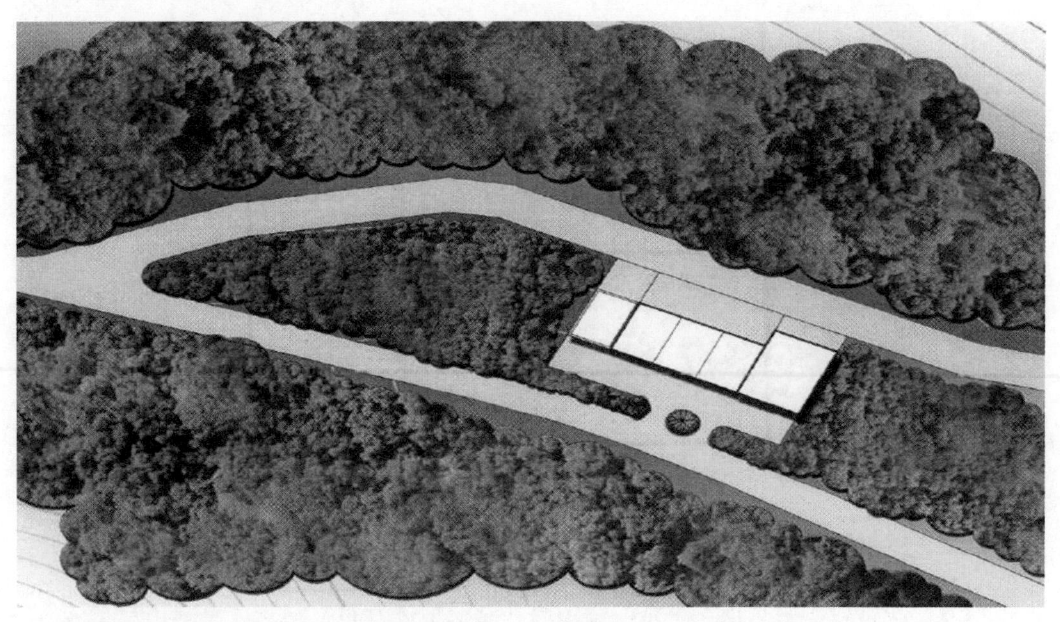

图 7-11　花岙岛垃圾无害化处理站示意

②主要施工工艺

建筑结构设计概况：垃圾无害化处理站采用框架结构形式，按照二级安全等级设计建造，设计使用年限 50 年，抗震设防等级四级，地基基础设计等级丙级，砌体质量等级 B 级。

主要结构材料：建筑所需主要结构材料包括 HPB300（I）级钢筋、HRB335（II）级钢筋、E43 型 E50 型钢材焊接材料、C30 和 C25 混凝土、MU10. 0 混凝土多空砖、M10、M7. 5 和 M5. 0 水泥砂浆、M5 混合砂浆、Q235 及 Q345 钢材等。

设备：购置生活垃圾中转处理设备 1 套，设备功能要求具分拣、磁选、粉碎、压缩等功能。

（3）海防文化保护

①主要内容

海防文化保护工作包括史料整理与编纂、遗迹的修葺保护、设置宣传碑牌和宣传印象制作。

②主要技术手段

史料整理与编纂：收集和梳理花岙岛海防文化历史遗迹，如炮台遗址、梯田遗址、兵营遗址、城门、练兵场、哨所、水井、口隘等。进行历史考证：以浙江沿岸的海防历史为背景，深入挖掘与花岙岛相关的历史人物和历史事件。编纂花岙历史书籍资料 1 册。

修葺保护：重点保护张苍水兵营遗址，梳理张苍水历史遗迹，如梯田遗址、兵营遗址、城门、练兵场、哨所、水井、口隘等设施遗址；保持现有历史遗迹的原真性，遵循“修旧如旧”的原则，对这些古遗址、建筑进行清理、修缮整理，保持这些遗存原有的形制及结构；对周边环境进行整治。

宣传碑牌：在炮台山设置海防文化景观台，配置炮台等景观设施，形成海防文化教育基地。建设海防公园，在连接各海防遗迹的步道两侧设立 50 个左右的宣传牌，以图文并茂的方式，介绍我国海防历史上重要的遗迹、人物和事件。在遗迹旁设立 10 个宣传碑，对遗迹的历史背景进行介绍。

宣传印象制作：编制花岙岛相关的海防遗迹、历史人物和历史事件的宣传册。拍摄海防宣传影片。在综合实验区设立宣传点，利用文字、图片、影像、声光设备系统介绍花岙岛的海防历史。

（4）香桩码头岸线整治修复

①主要内容

该工程位置为花岙岛东北角的香桩码头附近（图 7-12），对香桩码头沿岸岸线进行整治修复，主要包括护岸及边坡治理 610 m、岸坡及港池清淤疏浚约 15×10^4 m^3，同时进行相应的给水、监控系统等配套设施。

图 7-12　香桩码头位置示意

②主要施工工艺

清淤工程：挖泥约为 15×10^4 m^3。拟采用 4 m^3 抓斗式挖泥船进行疏浚作业，由 500 m^3 泥驳运输疏浚土。斗容 4~8 m^3 抓斗式挖泥船主要参考船型尺度：船长 35~40 m，船宽 16 m，重载吃水 1.5~2.2 m。980 m^3/h 绞吸式挖泥船主要参考船型尺度：船长 48.5 m，型宽 10.3 m，平均吃水 1.6 m，最大挖深 16 m。本项目拟利用黄湾塘填海造陆区（高塘岛西北侧）、黄沙岙（塘）围垦区（高塘岛东南侧）进行疏浚土吹填，剩余部分运至象山石浦檀头山临时性海洋倾倒区进行倾倒。

护岸及边坡治理工程：防波堤为斜坡式，采用传统的通过插打塑料排水板方法加快土体的排水固结从而加固基础。本项目排水板底部打入含黏性土圆砾层 0.5 m，其顶部出露碎石垫层顶部 0.3 m，排水板布置范围为整个防波堤下淤泥基础处，布置断面宽约 47 m，布置间距 1.2 m。其上抛填块石形成堤身，其后进行护坡、防浪墙及路面施工。

配套工程：配套供电照明、给水设施、监控系统 1 套等，服务于岸线整治修复区域休闲的旅客，同时也为当地居民提供便利。

3）**珍稀濒危和特有物种及生境保护**

花岙岛珍稀濒危和特有物种及生境保护包括珍稀濒危和特有物种调查及宣传保护等内容。

（1）珍稀濒危和特有物种调查

①主要内容

对花岙岛陆域植物、动物和鸟类等生物开展调查，掌握岛上生物资源及珍稀濒危物种和特有物种的分布情况，并制作植物标本。

②技术要求

植物：参考《全国植物物种资源调查技术规定（试行）》，分季节开展岛上植被调查，确定海岛上植物种类、数量、分布、现有植物资源量。主要工作为样品的采集、鉴定和标本的制作收集，根据调查结果形成完整的花岙岛植物名录，记录珍稀濒危物种名录、分布位置。

岛陆动物：参照《全国动物物种资源调查技术规定（试行）》标准，对两栖类、爬行类和哺乳类动物等岛陆动物开展 2 次调查，调查内容包括种类组成和数量，根据调查结果形成完整的花岙岛岛陆动物名录，记录珍稀濒危物种名录、分布位置。

鸟类：开展 3 次鸟类调查，采用野外观察法和访问法，了解海岛上鸟类种类、数量，确定珍稀濒危鸟类及其生活和繁殖场所，掌握鸟类的栖息地和迁移方向等。同时记录海岛鸟类生境类型（树林、灌丛、草地、岩礁、湿地、水域，并加以植被描述）、海拔高度、平均水深、潮汐状况、海岛受干扰状况（人类活动情况、畜牧、开发等）。调查方法参照《自然保护区生物多样性监测技术规范》（2008）、《生物多样性调查与评价》（2007）和《全国动物物种资源调查技术规定（试行）》等相关方法。

4）**珍稀濒危和特有物种宣传保护**

（1）主要内容

在花岙岛佛头山划定珍稀濒危和特有物种保护区（图 7-13），实施圈围并设立界碑，对已查明的松叶蕨、银杏、红豆杉、夏腊梅、樟树（香樟）等珍稀濒危和特有物种实施保护。制作宣传牌和宣传册，结合野外标本采集与制作，在海岛监视监测站点展览室对珍稀濒危物种和特有物种进行宣传和展示。

图 7-13　珍稀濒危物种松叶蕨的位置

（2）技术要求

划区保护：主要采取拉铁丝网圈围的方法进行保护，并设立界碑，增设 4 个监控点对保护区全方位监控。同时制定保护措施，严禁任何单位和个人非法采集野生植物和非法破坏野生植物的生态环境，严惩违法者；严格实施森林法，禁伐林木，保护珍稀物种，促进生物的自然更新；建立森林病虫害监测预报网点，做好病虫害防治，定期检查，发现病虫害及时处理，防止虫灾虫害暴发。

宣传：布设 12 组宣传标牌，宣传牌采用防腐木材制作，规格长为 150 cm，宽为 100 cm。制作书刊、声像、图片等宣传资料，向公众宣传珍稀濒危和特有物种的相关知识。

5）海岛监视监测站点建设

在花岙岛建设 1 个自动观测站和 1 个建筑面积为 680 m^2 的综合实验室，同时结合生态岛礁建设开展生态岛礁建设标准研究。

（1）自动观测站

①主要内容

在花岙岛西北侧入岛码头附近新建 30 m^2 的自动观测站（图 7-14）。自动观测站配备水文、气象、水质等生态数据自动观测探头和视频监控系统各 1 套。

图 7-14　自动观测站拟选址区域现状

②主要技术要求

自动观测系统：自动观测站配备水文气象自动观测系统、水质自动观测系统。同时配备数据传输系统、供电系统、避雷系统等配套设施。收集气压、风、气温、湿度、降雨量、水温、盐度、潮位、流速、流向等水文气象参数和 pH 值、叶绿素、浊度、营养盐等海洋环境监测资料，及时反映新城附近海域海洋环境特征，防范风暴潮、海浪等海洋灾害事故发生。

视频监控系统：在自动观测站设置视频监控系统，进行人流监控及数据采集，通过视频采集设备将实时视频图像信息分别传输给数据处理单元和监控单元，监控单元接收来自视频采集设备的实时视频图像信息进行实时监控。数据处理单元对接收来自视频采集设备的实时视频图像信息和来自数据采集分析单元的统计数据进行处理，得出进出的人流量数据后传送至监控单元，监控单元对人流量数据进行存储并进行显示。该种人流监控及数据采集分析系统实现实时视频监控的同时，能够对人流进行数据采集并进行分析统计，实时掌握本地以及分布在海塘沿线的情况。

（2）综合实验室

①主要内容

新建一个集生态环境监视监测、濒危物种和海洋文化宣传展示等多重功能于一体的综合实验室，综合实验室设计占地面积340 m^2，共2层，建筑面积680 m^2。根据不同功能将综合实验室划分为实验室区、宣传展览区、办公区和生活区（表7-5）。

表7-5　综合实验室组成一览表

分区	项目内容	数量（间）	面积（m^2）
实验室区	海岛植物、动物实验室、标本室	3	100
	海域浮游生物、底栖生物实验室、微生物实验室及其他辅助实验室	10	206
宣传展览区	展厅、宣传放映室等	2	50
办公区	办公室、监控室、会议室等	6	90
生活区	宿舍及配套设施	8	135

②主要技术要求

建筑设计：海洋监测站占地面积340 m^2，共2层，总建筑面积680 m^2，单层建筑层高4.05 m。

实验室区：建筑面积306 m^2，包括生态实验室、化学实验室和大气实验室。主要用于海洋浮游植物鉴定、海洋浮游动物鉴定、底栖动物鉴定、潮间带生物鉴定、陆岛动物鉴定、陆岛植物鉴定、标本制作和保存、海水水质指标监测（DO、pH值、COD、营养盐）和大气质量检测（PM2.5、PM10、SO_2、NO_2、CO）。

办公区：建筑面积90 m^2，主要用于在线监控、文件处理、档案保存和会议。

陈列宣传区：建筑面积50 m^2，主要用于花岙岛濒危特有物种和花岙岛海洋文化的展览和宣传。

生活区：面积135 m^2，为工作人员生活休憩场所，配套住宿、餐饮等生活必需设施。

7.3.2　象山港梅山湾综合治理工程

7.3.2.1　区域概况

梅山湾区域地处宁波市梅山国际海洋生态科技城和梅山保税港区，规划面积约228 km^2，其功能定位为国际知名海洋科技创新示范区、浙江海洋经济发展先行区、宁波港口经济圈核心承载区、宁波国际化滨海生态新城区，具有良好的发展基础和前景，未来目标是成为国家级海洋创新发展大平台和宁波市重要的经济增长极，目前，该区域受到浙江省委省政府的高度重视，举全省之力向国务院积极申报梅山新区，梅山新区成立后，GDP超1 200×10^8元，超过舟山群岛新区，同时将使该区域成为浙江义甬舟开发大通道核心功能区、国际经贸合作示范区以及国家新兴产业发展先导区。象山港梅山湾南部区域是梅山国际海洋生态科技城的核心区，实施梅山水道南部海岸带的整治修复保护工程，进一步优化梅山水道南部环境状况，实现岸线合理有效地利用，为滨海新城下一步规划和开发奠定景观、环境基础，对增强海岸带区域环境承载能力，增强对海洋经济发展的支撑作用具有十分重要的意义。

（1）地理位置

梅山湾位于象山港口、北仑区梅山岛与穿山半岛西南部之间，梅山水道南部，北临春晓镇，南濒梅山岛南部（图7-15）。

（2）梅山湾海域

梅山湾南北总长11.5 km，宽度多为500~1 600 m，整个海湾面积约为12 km^2，水深多为5~10 m，周边梅山岛和穿山半岛包围，湾内避风条件较好。

（3）自然环境概况

①气候条件

该区域属于亚热带季风性气候。年平均气温16.7℃；年均降雨量1 310.2 mm；年平均蒸发量约

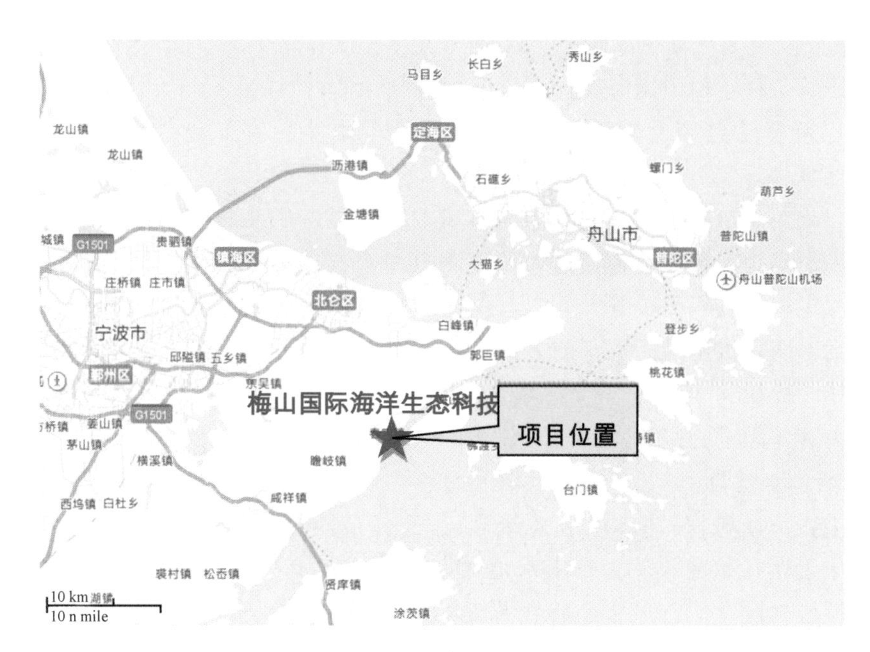

图 7-15　梅山湾综合治理工程位置示意

1 478. 1 mm；年平均湿度为 78%。

②自然灾害

主要为台风，多发生在 6—10 月，其中 8 月和 9 月最多。台风带来的灾害主要有暴雨与风暴潮。2005 年在玉环登陆的“麦莎”台风极大风速 32. 9 m/s，雨量 370. 9 mm。

③海洋水文

潮位特点：梅山湾属于正规半日潮。每天有两个高潮和两个低潮。

波浪特点：据多年波浪统计值，梅山湾平均波高为 0. 3～0. 5 m，最大波高为 2. 0～2. 6 m，风向为 NE（ENE）；西南部海域水深相对较浅，平均波高为 0. 3～0. 6 m，最大波高为 1. 8～2. 8 m。

潮流特点：涨潮流运动受牛鼻山水道潮波与象山港下泄水流的共同影响，落潮流受螺头水道经峙头洋外泄的潮波影响。梅山湾的潮流动力特征为东北侧涨潮流比西南侧强，落潮时西南侧动力略强于东北侧；梅山湾西南侧的涨落潮历时接近，水道东北侧的落潮历时略大于涨潮历时，且水道内涨潮流流速大于落潮流流速。

泥沙条件：项目区海域泥沙源自长江口南下沿岸流输沙，冬季含沙量高于夏季；大潮期含沙量高于小潮期，大潮汛时含沙量为 0. 414～1. 0 kg/m^3；垂线含沙量接近。

④岸滩及海床冲淤演变

梅山湾内有一贯穿水道的深槽，总体趋势为北侧深槽较深，南侧深槽较浅。深槽标高为 -12. 6～-5. 0 m，面积约为 4. 7 km^2，高潮情况下，水道内水面宽度为 0. 8～1. 6 km。相关资料分析表明：1962 年以来，梅山水道潮滩平面位置相对稳定，深槽趋于萎缩，总体来说海床处于缓慢淤积的状态。

⑤梅山湾开发利用状况

春晓大桥：目前正在建设中，大桥西起春晓洋沙山东六路与春晓东八路交叉口，向东跨越梅山水道，终点位于梅山岛盐湖路与港湾路交叉口，全长约 1. 9 km。按照一级公路标准建设，兼顾城市道路功能，双向六车道。

梅山大桥：向南跨梅山港后至梅山岛，止于梅西盐场中部，接规划梅山进港公路，长 2 200 m，其中跨海大桥长 1 487 m，北岸接线长 126. 5 m，南岸接线长 586. 5 m。路线跨海域长度约 1 km，北接线通过平面交叉形式与沿海中线北仑段相接。为一级道路，双向四车道。该大桥位于本项目北侧，最近距离约 4 km。

梅山污水送出干管工程：梅山湾海底管道位于春晓大桥北侧 110 m，与大桥平行，与在建明月大闸相邻。该管道路由梅山侧登陆点为七姓涂海塘，春晓侧登陆点为昆亭海塘外侧，长 1 140 m，两条管径 60 cm 的污水管平行铺设。

梅山湾内码头：梅山水道内可以利用的渔船避风上岸停靠的码头设施有上阳片上梅渡运码头、沙场码头及东海水产冷冻厂码头、梅山上梅渡运站码头、惠峰水产冷冻厂码头、梅山岛沙里村沙里塘外盐场码头、梅山岛七姓涂老塘外盐场码头等。

养殖、捕捞活动：明月水闸沿海塘正前方海域内为宁波北仑春晓养殖公司的养殖场。该养殖场目前有小范围的浮箱养殖，面积约 30 亩，位于海塘外侧近岸区域。养殖场周边停有少量的小型渔船、橡皮艇等船舶，主要提供游客休闲垂钓服务。

（4）梅山湾发展总体规划

根据《宁波北仑滨海新城梅山湾两岸概念规划》，总体功能分区如图 7-16 所示。春晓片区及梅山港口产业区已规划并于近期开始建设，为梅山水道两岸及岛头城市核心区的开发建设奠定了良好的基础。围绕梅山岛头核心城区，设有码头城市中心、游艇码头、南坝公园、洋沙山休闲区、长堤娱乐区、明月湖湿地、行政中心等多个各具特色的区域。景色优美的梅山水道两岸，间隔布置了兼具生态及景观功能的湿地、山地、农田保留区以及游艇码头、桥头商业区、度假小镇等发展项目，尽力达到人居与环境、发展与生态、动感与静态的平衡。

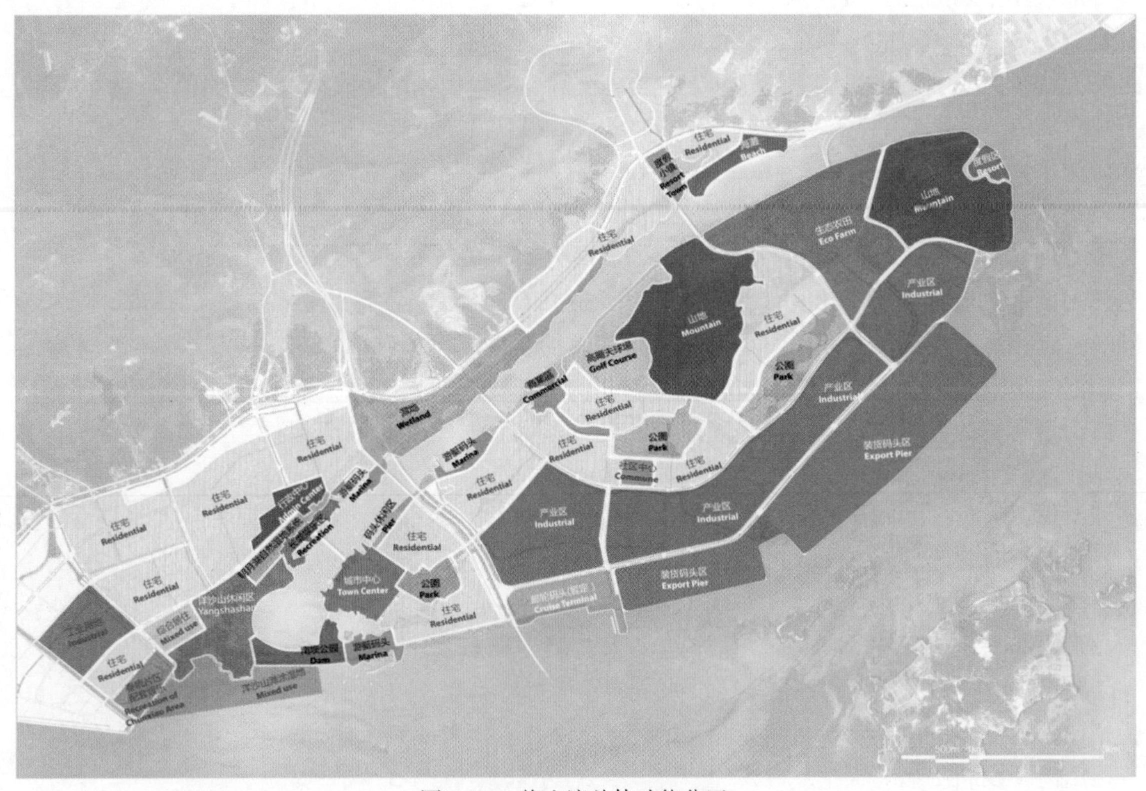

图 7-16　梅山湾总体功能分区

7.3.2.2　问题诊断

（1）梅山湾陆源污染和悬沙浓度居高不下，水环境质量下降

梅山湾两侧河川均以梅山水道为排放水体，沿岸工业、生活、农用化肥、畜禽养殖和水土流失产生

的污染物不断排入湾内，同时也带来上游的枯木杂草等漂浮垃圾，需要定期开展漂浮物处理；梅山湾周边海域的渔业用海均已被注销，渔业活动已经停止，但残留的渔网等养殖设施目前仍漂浮于沿岸或滩涂，也需要进行处理；梅山湾由于悬浮泥沙含量大，梅山水道内常年水质浑浊，缺少清澈的海水环境，影响到沿岸人民的生活环境质量。

（2）海涂围垦与海岸工程建设导致湿地破坏与丧失，湿地资源匮乏

近几年，象山港梅山湾相继完成了梅山大桥、七姓围涂、大嵩围涂及峙南围涂等工程，使湾内滩涂湿地面积减少，同时湾内水体交换能力下降，加重了海床的淤积压力。随着海床的逐步淤高，日常维护性疏浚效果不佳，水深变浅，加之洪水期间梅山水道汇集两岸来水，自身不断沉积海水悬沙，梅山水道南部进出口水环境和生态环境进一步恶化，因涉海工程、填海工程的建设，造成了梅山湾滩涂湿地的减少，同时降低了海洋净化能力，也严重影响了滩涂生物的栖息环境。

（3）梅山湾岸线无序糙乱，生态景观难以满足滨海城市要求

象山港梅山区域是宁波市航运中心的重要组成部分，是宁波市最具增长潜力的经济强区和利用外资的龙头。然而，随着保税物流、贸易口岸等相关产业功能区块的不断扩张，周边岸线较为粗糙凌乱，以人工岸线为主，仅起到防浪挡浪作用，功能较为单一，大片淤泥滩地裸露，沙滩在靠近海域的地方也变为泥滩，整个岸段及水域不具备海岸生态和景观功能，无法满足人们对滨海生活型城市岸线的要求，更无法满足人们享海、亲海的需求，随着梅山新城的建设对滨海生态景观的要求越来越迫切。

7.3.2.3　建设目标

（1）促进海岛经济发展、确保岸线有序开发和保护

随着浙江海洋经济示范区战略的实施，宁波海洋经济的发展得到了更多关注，为宁波海岛经济发展提供了难得的历史发展机遇；与此同时，港口建设、临海工业和城市排污工程、围填海工程等建设迅速发展，工程用海范围不断扩大，与海岛及周边海域、海岛独立的自然生态等矛盾日益突出，海洋生态环境保护压力日益严峻，给宁波海岛保护带来了前所未有的挑战。项目的实施可以为海岛总体规划、法律法规的制定和管理制度的形成提供重要依据，为规范岸线开发秩序、发展区域经济、保护和修复区域生态提供重要借鉴。

（2）保持自然岸线保有率、修复受损湿地环境

目前，宁波市自然岸线保有率较低，大部分岸线都得到不同程度的开发利用，但也有相当一部分的岸线因为受到后期资金投入不足、产业结构调整和经济发展形势等影响而遭到弃用和破坏，没有真正发挥岸线服务功能。本项目的实施，将对受损岸线进行整治修复，使受损的岸线重新发挥其作用。使自然岸线保有率得到保证，梅山湾海域周边岸线较为粗糙凌乱，以人工岸线为主，仅起到防浪挡浪作用，作为海滨城市，功能较为单一，大片淤泥滩地裸露，沙滩在靠近海域的地方也变为泥滩，整个岸段及水域不具备海岸生态和景观功能，通过项目实施提高自然岸线保有率、修复受损湿地环境。

（3）改善生活环境，促进社会和谐发展

梅山滨海新城作为宁波都市区嵌入世界城市体系门户区的核心载体，因保税物流、贸易口岸等相关产业功能区块的扩张，劳动人口密集度增加，也造成了相关环境问题，不利于社会和谐。通过对受损岸线进行整治修复，改善居住区配套设施，发挥绿化带涵养水源、保持水土、调节气候、美化环境等多种生态功能，改善并提高梅山水道南部的生态环境。同时人工沙滩也是城市水岸生活的重要组成部分，可以营造适宜群众亲水临水的海岸环境，提升了滨海新城的整体居住环境和品质，进而打造一个更加宜居宜业的现代化滨海新城，实现城市发展与海岸带生态建设共生，促进海洋经济与自然生态的和谐发展。

7.3.2.4　工程措施

象山港梅山湾综合治理工程主要包括岸滩整治修复、生态廊道建设、湿地保护与修复、工程建设跟踪监测及影响评估和工程区域海洋经济可持续发展能力建设5项内容，总平面如图7-17所示。

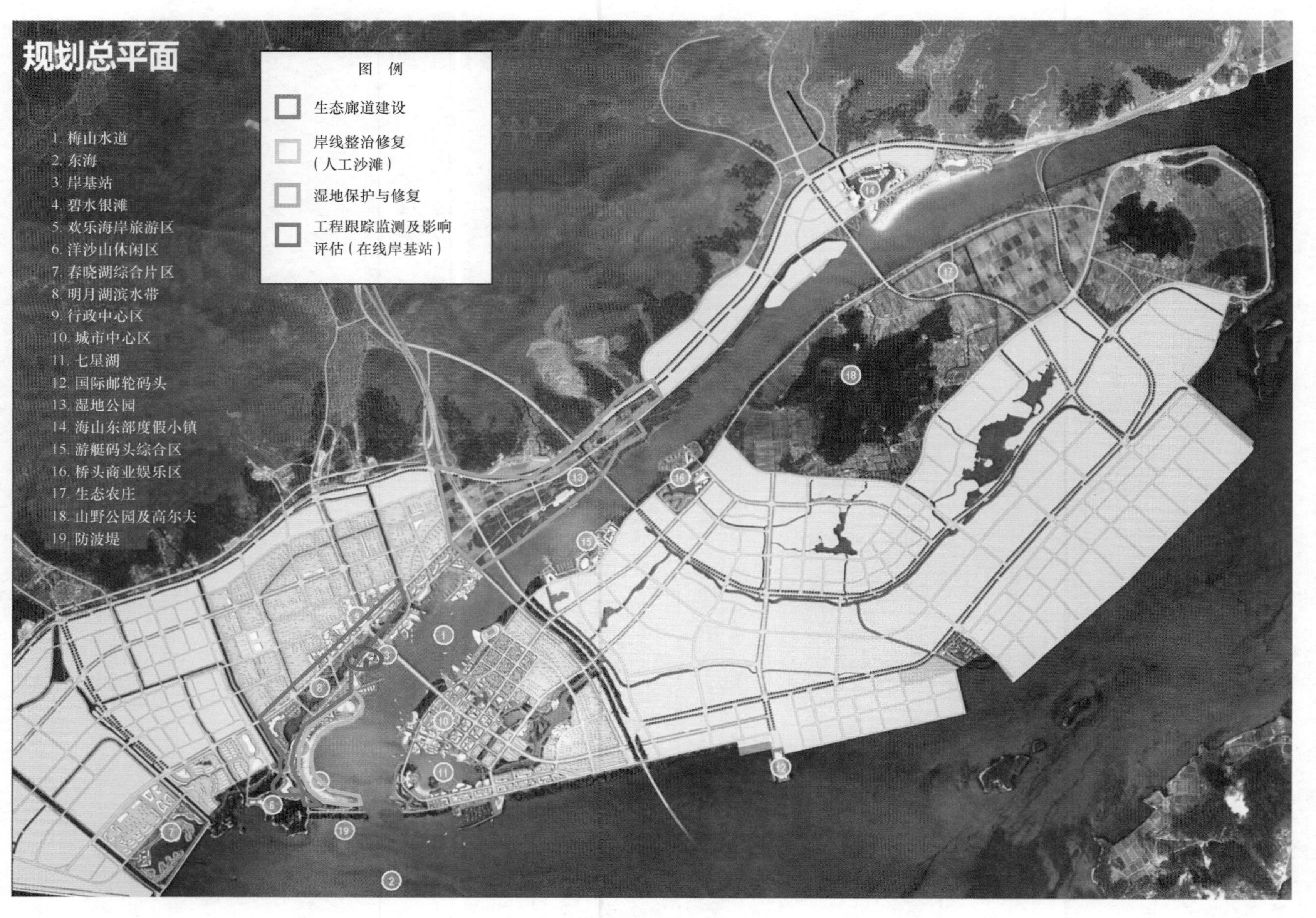

图 7-17 象山港梅山湾综合治理工程平面规划示意

1）**岸滩整治修复工程**

本项目主要是对梅山湾梅山水道南端，春晓大桥与梅山水道南堤之间的岸滩进行整治并完成沙滩建设，主要内容包括清淤、挡沙堤建设、沙滩铺设、沙滩排球场及附属设施建设等，效果如图7-18所示。

图7-18 梅山湾沙滩效果

（1）清淤及垃圾清理

①清淤位置：拟建沙滩前沿海域。

②工程量：定期进行沙滩垃圾的清理。根据沙滩建设需要，为确保回填底沙厚度不小于1 m，人工沙滩前沿海域清淤高程应达到-2.5～-2.0 m。清淤量共计约83.7×10^4 m^3。

③施工工艺：使用小型沙滩清洁机和动力四轮驱动拖拉机等设备定期进行沙滩垃圾的清理。采用沙滩清理耙预处理石块等大块硬质垃圾。采用小型绞吸式挖泥船，对拟建沙滩前沿海域进行表层浮泥清淤。

（2）挡沙堤建设

①建设位置：在沙滩外侧布置一条水下挡沙堤，防止沙滩沙体流失。

②建设规模：根据沙滩陆域和水下沙滩的范围，水下挡沙堤建设长度约为1 690 m，堤顶设计标高为-1.5 m。

③施工工艺：采用水上施打C形排水板（船打）的方式进行地基处理，基础上部结构自下而上依次为有纺土工布、碎石垫层、抛石、护面块体。

（3）沙滩铺设

①建设位置：梅山湾梅山水道南端。

②建设规模：拟建沙滩用地总面积约为32.33×10^4 m^2，岸线全长约1 980 m，沙滩陆域宽度约80 m，水域宽度约120 m。

整条沙滩岸线分为沙滩广场区、公众沙滩区和浅水沙滩区三大功能区各区技术指标如表7-6所示。

表 7-6　沙滩分区技术指标

序号	功能分区	岸线（m）	宽度范围（m）	坡度	备注
一	沙滩广场区	440.58	60	陆侧高程 2.5 m，向海侧以 1∶20 及 1∶5 坡度延伸至深水区域	1.0 m 水位时：陆域面积 15.8×10^4 m^2，水域面积 16.4×10^4 m^2，1.5 m 水位或 0.5 m 水位时，沙滩变化面积 2.65×10^4 m^2
二	公众沙滩区	1 318.45	陆域 30~80 m，水域 30~120 m	浅水区水深 0~1 m，深水区 1~2.8 m。沙滩高程由陆侧向海侧为 2.5~-1.8 m，设置坡度 1∶50、1∶30 及 1∶10	
1	Ⅰ区	675.26	60~200		
2	Ⅱ区	263.47	200		
3	Ⅲ区	379.72	100~200		
三	浅水沙滩区	225.63	200		

③施工设计：铺沙分底沙和面沙，其中面沙铺设厚度 0.5~1.0 m。浅水区及陆域范围在底沙与面沙之间设置土工布一层，以防底部淤泥上翻，同时确保底沙和面沙相互隔离。

沙滩沙质粒径设计为 0.3~0.5 mm，综合考虑舒适性需求和功能要求，本工程底层填料拟采用宁波甬江口海沙回填，面层填料拟采用闽江沙。

沙滩工程总共所需面沙约 26.90×10^4 m^3，底沙 67.10×10^4 m^3。

（4）沙滩排球场及附属设施建设

①建设位置：沙滩西南侧三角区域拟建设沙滩排球场，在沙滩后方建设其他附属设施。

②建设规模：沙滩排球场面积约 1.53×10^4 m^2，设置主赛场 1 块，预赛场地 3 块，热身场地 2 块。沿沙滩陆域边线高程设置 3 m 宽木栈道。同时设置室外喷淋、4 个瞭望塔、2 道拦网浮球、冲淋供水管及保沙给水管、预埋电缆排管、沙滩排球场配电照明系统等配套设施。

③施工设计：沙滩排球场地基采用塑料排水板+堆载预压组合方式施工，塑料排水板总长 48 600 m。拦网浮球固定采用 C20 成品预制混凝土块，块尺寸 400 mm×400 mm×400 mm。栈道采用混凝土基座结构，上部铺设木龙骨及栈道板。沿木栈道走向，布置冲淋供水管及保沙给水管，管径 DN100，总长 5 510 m。沿沙滩外侧预埋电缆排管，为后期沙滩工程敷设包括通信、网络、电力等线路预留通道，排管总长 2 576 m。

2）生态廊道建设工程

在沙滩后方陆域区域建设生态廊道，建设内容包括场地平整、绿化带建设和景观工程建设，效果如图 7-19 所示。

（1）场地平整

①场地位置：人工沙滩后方陆域区域进行场地平整，拟建设生态廊道区。

②场地平整规模：根据本工程绿化带用地设计，平整场地面积约 21×10^4 m^2。

③施工设计：本工程绿化带用地主要为清淤弃土吹填形成，靠海一侧原始滩涂还需地基处理。绿化种植地基处理主要包括土壤隔盐处理，避免海水对林木生长造成不良影响。隔盐处理后需在地表铺设营养土和种植土，种植土厚约 1.5 m。

（2）树种选择

临海树种最基本的要求是耐盐碱、耐水湿、抗风折，可选用香樟、女桢、紫穗槐等一种或多种进行种植。苗木搭配以简洁明快的效果为宜，先锋书种（乔木）靠海边种，靠陆一侧就配置一些后继树种（灌木），同时根据总体布局适当配置季节性树种，使其在简洁的基础上有色彩和层次变化。

图 7-19　生态廊道效果

（3）绿化带建设

①建设规模：绿化密度根据整体效果布局，整个绿化带建设总面积约 211 070 m^2，景观绿化带宽度 40～160 m。

②绿化带种植：绿化带种植时间选在“清明”前后，并选择阴雨天气造林。建植初期需要对绿化带进行养护。养护期为 2 年，养护内容包括揭遮阳网、浇水、追肥、病虫害防治等。其中浇水、追肥和病虫害防治是养护关键。

（4）景观工程及附属设施

为美化沙滩附近海域的景观，拟于绿化带内进行景观建设，主要包括：游客服务中心、公园入口广场、休闲广场、节日广场、景观坡地、景观大坝、栈桥和景观台。

其他附属设施包括建设 7 000 m^2 的木栈道、5 000 m^2 的主出入口、2 000 m^2 的侧出入口、1 套供电和照明系统、1 套给排水系统和 3 个垃圾收集点等。

3）湿地保护与修复工程

项目拟于梅山湾西北侧现有滩涂区域开展湿地保护与修复工程，主要进行湿地植物的种植与养护，效果如图 7-20 所示。

（1）湿地杂物清理

对滩涂湿地进行杂物清理，主要是对湿地上乱石、废弃的网箱、海滩垃圾等废弃物进行清理。

（2）场地平整

完成滩涂区场地清理、平整、土壤隔盐处理及营养土覆盖工程，面积约 15×10^4 m^2。

（3）水系贯通

在现有滩地上，根据地形的起伏，通过开挖等方式对现有滩地进行水系贯通，水道和水沟的基底呈缓坡由浅逼深，以利于湿地生物的附着生长，同时也有利于暴风雨后湿地的排水。

（4）湿地植物种植

在 15×10^4 m^2 的滩涂上，结合梅山湾湿地环境及水体条件，种植适宜滩涂生长的维管束植物。根据湿地植物的品种确定其种植密度，确保湿地植物覆盖滩涂面积达 50%～60%，美化环境，提升景观效应。

图 7-20　湿地修复效果

7.3.3　象山港海域环境容量研究

为了探明象山港海域的水动力特征及水交换情况，采用 2011 年调查数据，并收集了历年资料，结合水动力数值模型进行分析。根据象山港污染物动力扩散数值模型，进行象山港容量估算，确定 COD、TN、TP 为河流、水闸及工业直排口的减排指标。通过污染物总量控制分配，对象山港沿岸各入海口的 TN、TP 进行减排处理并确定减排目标。

7.3.3.1　象山港潮流和余流特征、纳潮量及水体交换研究

1）数值模型简介

根据研究区域情况和对现有资料的分析，采用 Delft3D 软件建立一个包括象山港及其附近水域的三维水动力模型。

（1）模型控制方程

模型采用不可压缩流体、浅水、Boussinnesq 假定下的 Navier-Stokes 方程，方程中垂向动量方程中的垂向加速度相对水平方向上的分量是一小量，可忽略不计，因此，垂向上采用的是静水压力方程。考虑到计算区域温度变化梯度较小，可以近似地认为对流场的影响可忽略。

①连续方程

$$\frac{\partial \zeta}{\partial t}+\frac{1}{\sqrt{G_{\xi\xi}G_{\eta\eta}}}\frac{\partial[(d+\zeta)u\sqrt{G_{\eta\eta}}]}{\partial \xi}+\frac{1}{\sqrt{G_{\xi\xi}G_{\eta\eta}}}\frac{\partial[(d+\zeta)v\sqrt{G_{\xi\xi}}]}{\partial \eta}=Q \qquad (7-1)$$

式中：Q 表示单位面积由于排水、引水、蒸发或降雨等引起的水量变化：

$$Q=H\int_{-1}^{0}(q_{\text{in}}-q_{\text{out}})\,d\sigma+P-E$$

式中：q_{in} 和 q_{out} 表示单位体积内源和汇；u，v 表示 ξ，η 方向上的速度分量，ζ 表示水位，d 表示水深。

②水平方向动量方程

$$\frac{\partial u}{\partial t}+\frac{u}{\sqrt{G_{\xi\xi}}}\frac{\partial u}{\partial \xi}+\frac{v}{\sqrt{G_{\eta\eta}}}\frac{\partial u}{\partial \eta}+\frac{\omega}{d+\zeta}\frac{\partial u}{\partial \sigma}+\frac{uv}{\sqrt{G_{\xi\xi}}\sqrt{G_{\eta\eta}}}\frac{\partial \sqrt{G_{\xi\xi}}}{\partial \eta}-\frac{v^2}{\sqrt{G_{\xi\xi}}\sqrt{G_{\eta\eta}}}\frac{\partial \sqrt{G_{\eta\eta}}}{\partial \eta}-fv=$$

$$-\frac{1}{\rho_0\sqrt{G_{\xi\xi}}}P_\xi+F_\xi+\frac{1}{(d+\zeta)^2}\frac{\partial}{\partial \sigma}\left(V_\nu\frac{\partial u}{\partial \sigma}\right)+M_\xi\frac{\partial v}{\partial t}$$

$$+\frac{u}{\sqrt{G_{\xi\xi}}}\frac{\partial v}{\partial \xi}+\frac{v}{\sqrt{G_{\eta\eta}}}\frac{\partial v}{\partial \eta}+\frac{\omega}{d+\zeta}\frac{\partial v}{\partial \sigma}+\frac{uv}{\sqrt{G_{\xi\xi}}\sqrt{G_{\eta\eta}}}\frac{\partial \sqrt{G_{\xi\xi}}}{\partial \eta}$$

$$-\frac{u^2}{\sqrt{G_{\xi\xi}}\sqrt{G_{\eta\eta}}}\frac{\partial \sqrt{G_{\xi\xi}}}{\partial \eta}+fu=-\frac{1}{\rho_0\sqrt{G_{\eta\eta}}}P_\eta+F_\eta+\frac{1}{(d+\zeta)^2}\frac{\partial}{\partial \sigma}\left(V_\nu\frac{\partial v}{\partial \sigma}\right)+M_\eta \tag{7-2}$$

式中：u，v，ω 分别表示在正交曲线坐标系下 ξ，η，σ 3 个方向上的速度分量，其中 ω 是定义在运动的 σ 平面的竖向速度，在 σ 坐标系统中由以下连续方程求得

$$\frac{\partial \zeta}{\partial t}+\frac{1}{\sqrt{G_{\xi\xi}}\sqrt{G_{\eta\eta}}}\frac{\partial\left[(d+\zeta)u\sqrt{G_{\eta\eta}}\right]}{\partial \xi}+\frac{1}{\sqrt{G_{\xi\xi}}\sqrt{G_{\eta\eta}}}\frac{\partial\left[(d+\zeta)v\sqrt{G_{\xi\xi}}\right]}{\partial \eta}+\frac{\partial \omega}{\partial \sigma}=H(q_{in}-q_{out}) \tag{7-3}$$

ω 是同 σ 的变化相联系的，实际在 Cartesian 坐标系下的垂向速度 w 并不包含于模型方程之中，其与 ω 的关系式表示如下：

$$w=\omega+\frac{1}{\sqrt{G_{\xi\xi}}\sqrt{G_{\eta\eta}}}\left[u\sqrt{G_{\eta\eta}}\left(\sigma\frac{\partial H}{\partial \xi}+\frac{\partial \zeta}{\partial \xi}\right)+v\sqrt{G_{\xi\xi}}\left(\sigma\frac{\partial H}{\partial \eta}+\frac{\partial \zeta}{\partial \eta}\right)\right]+\left(\sigma\frac{\partial H}{\partial t}+\frac{\partial \zeta}{\partial t}\right) \tag{7-4}$$

式中：F_ξ，F_η 为 ξ，η 方向的紊动动量通量；M_ξ，M_η 为 ξ，η 方向的动量源或汇，包括建筑物引起的外力、波浪切应力，排引水产生的外力；ρ_0 为水体密度；V_ν 为竖向涡动系数；f 为科氏力参数，取决于地理纬度和地球自转的角速度 Ω，f 可表示为 $f=2\Omega\sin\phi$，ϕ 为北纬纬度。

P_ξ 和 P_η 为（ξ，η，σ）坐标系中 ξ，η 方向的静水压力梯度。

$$\frac{1}{\rho_0\sqrt{G_{\xi\xi}}}P_\xi=\frac{g}{\sqrt{G_{\xi\xi}}}\frac{\partial \zeta}{\partial \xi}+\frac{1}{\rho_0\sqrt{G_{\xi\xi}}}\frac{\partial P_{atm}}{\partial \xi}$$

$$\frac{1}{\rho_0\sqrt{G_{\eta\eta}}}P_\eta=\frac{g}{\sqrt{G_{\eta\eta}}}\frac{\partial \zeta}{\partial \eta}+\frac{1}{\rho_0\sqrt{G_{\eta\eta}}}\frac{\partial P_{atm}}{\partial \eta} \tag{7-5}$$

P_{atm} 包括浮体建筑物引起的压力在内的自由面压力，本计算中不作考虑。

正交曲线变换：$\xi=\xi(x, y)$，$\eta=\eta(x, y)$，$\sigma=\frac{z-\zeta}{d+\zeta}$，在自由水面处 $\sigma=0$，在水底处 $\sigma=-1$。

定义部分变量：$\sqrt{G_{\xi\xi}}=\sqrt{x_\xi^2+y_\xi^2}$，$\sqrt{G_{\eta\eta}}=\sqrt{x_\eta^2+y_\eta^2}$，$\sqrt{G_{\xi\xi}}$ 和 $\sqrt{G_{\eta\eta}}$ 表示从曲线坐标系到直角坐标系的转换系数。

（2）定解条件

①初始条件

$$\begin{cases}\zeta(\xi, \eta, t)\big|_{t=0}=0\\ u(\xi, \eta, t)\big|_{t=0}=v(\xi, \eta, t)\big|_{t=0}=0\end{cases}$$

②边界条件

开边界：考虑到模型的范围较大，模型允许将边界分段处理，每段给定端点上的边界过程，中间点采用线性插值的方法计算。本模型的开边界分成四段，根据相关资料分析 $K_1+O_1+P_1+Q_1+M_2+S_2+K_2+N_2+$

M_4+MS_4+M_6分潮调和常数，进而以预报的潮位过程给定各开边界条件。

闭边界：考虑到研究区域范围较大，网格尺度也较大，在闭边界处采用自由滑移边界条件，与闭边界垂直方向流速为零：

$$\frac{\partial \vec{v}}{\partial n} = 0$$

运动边界：

$$\begin{cases} \omega|_{\sigma=0} = 0 \\ \omega|_{\sigma=-1} = 0 \end{cases}$$

底边界：

$$\frac{V_v}{H}\frac{\partial u}{\partial \sigma}\bigg|_{\sigma=-1} = \frac{\tau_{b\xi}}{\rho_0}$$

$$\frac{V_v}{H}\frac{\partial v}{\partial \sigma}\bigg|_{\sigma=-1} = \frac{\tau_{b\eta}}{\rho_0}$$

式中：$\tau_{b\xi}$，$\tau_{b\eta}$ 为底部切应力在 ξ，η 方向上的分量，底部应力是水流和风共同作用的结果，底部应力的计算如下：

对垂线平均情况下由紊流引起的底部切应力：

$$\tau_b = \frac{\rho_0 g}{C_{2D}^2\ |\underline{U}|^2}$$

对于三维流动：

$$\tau_b = \frac{\rho_0 g}{C_{3D}^2\ |\underline{u_b}|^2}$$

式中：$|\underline{U}|$ 为垂线平均流速的大小；$|\underline{u_b}|$ 表示近底第一层上水平速度的大小，竖向速度可忽略。C_{2D} 为谢才系数，用曼宁公式计算：

$$C_{2D} = \frac{\sqrt[6]{H}}{n}$$

式中：H 为总水深，$H = d + \zeta$；n 为曼宁系数。

$$C_{3D} = C_{2D} + 2.5\sqrt{g}\ln\left(\frac{15\Delta z_b}{k_s}\right)$$

式中：g 为重力加速度，Δz_b 为底层厚度，k_s 为 Nikuradse 粗糙高度。

自由表面边界条件：

计算式为：$|\underline{\tau_s}| = \rho_a C_d(U_{10})\,U_{10}{}^2$

式中：ρ_a 为大气密度，U_{10} 为自由表面以上 10 m 高处的风速，C_d 为风拖曳系数。风拖曳系数的大小取决于风速、随风速的增加而响应的海面粗糙度，可用以下经验关系来确定其大小：

$$C_d(U_{10}) = \begin{cases} C_d^A & U_{10} \leqslant U_{10}^A \\ C_d^A + (C_d^A - C_d^B)\dfrac{U_{10}^A - U_{10}}{U_{10}^B - U_{10}^A} & U_{10}^B \leqslant U_{10} \leqslant U_{10}^B \\ C_d^A & U_{10}^A \leqslant U_{10} \end{cases}$$

式中：C_d^A，C_d^B 为用户给定的在风速为 U_{10}^A，U_{10}^B时的拖曳系数，U_{10}^A和 U_{10}^B为用户给定的风速。

(3) 计算方法和差分格式

模型采用的是基于有限差分的数值方法，利用正交曲线网格对空间进行离散，对原偏微分方程组的求解就转化为求解在正交曲线网格上的离散点上的变量值。模型中水位、流速、水深等变量在正交曲线网格上的分布与在一般采用有限差分的网格上的分布不同，其变量在一个网格单元上的分布如图 7-21 所示。

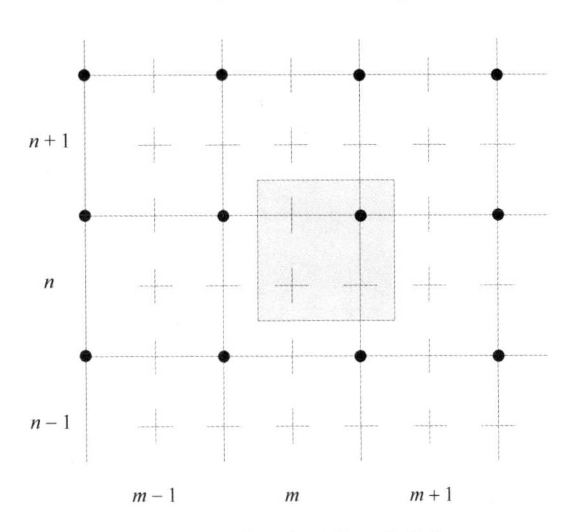

图 7-21　变量在网格上的分布

图中：黑色实线代表网格线；+表示水位、浓度、盐度和温度；-表示 X 方向的水平流速分量；| 表示 Y 方向的水平流速分量；●表示水深点；阴影区域代表此区域内所有的点具有相同的坐标

模型采用 ADI 算法（Alternating Direction Implicit Method），将一个时间步长进行剖分分成两步，每一步为 1/2 个时间步长，前半个步长对 X 进行隐式处理，后半步则对 Y 方向进行隐式处理。ADI 算法的矢量形式如下。

前半步：$\dfrac{\overline{U}^{i+1/2}-\overline{U}^{i}}{\Delta t/2}+\dfrac{1}{2}A_x\overline{U}^{i+1/2}+\dfrac{1}{2}A_y\overline{U}^{i}=0$

后半步：$\dfrac{\overline{U}^{i+1}-\overline{U}^{i+1/2}}{\Delta t/2}+\dfrac{1}{2}A_x\overline{U}^{i+1/2}+\dfrac{1}{2}A_y\overline{U}^{i+1}=0$

$$A_x=\begin{bmatrix} u\dfrac{\partial}{\partial x} & -f & g\dfrac{\partial}{\partial x} \\ 0 & u\dfrac{\partial}{\partial x} & 0 \\ h\dfrac{\partial}{\partial x} & 0 & u\dfrac{\partial}{\partial x}\end{bmatrix}\quad A_y=\begin{bmatrix} v\dfrac{\partial}{\partial y} & 0 & 0 \\ f & v\dfrac{\partial}{\partial y} & g\dfrac{\partial}{\partial y} \\ 0 & h\dfrac{\partial}{\partial y} & v\dfrac{\partial}{\partial y}\end{bmatrix}$$

模型稳定条件用 courant 数表示为

$$CFL=2\Delta T\sqrt{gh}\sqrt{\frac{1}{\Delta x^2}+\frac{1}{\Delta y^2}}<1$$

2）模拟流程

(1) 研究区域的确定

根据研究的主要内容，本次数值模拟计算区域较大，包括象山港及其邻近水域，计算区域北边界设在镇海至马目一线；南边界设在长山嘴至外海中 A 点（29°37′24″N，122°37′59″E）一线；东边有两条水边界，一条为朱家尖南岸至 A 点一线，另一条设在朱家尖北侧与舟山岛之间的水道上（图 7-22）。

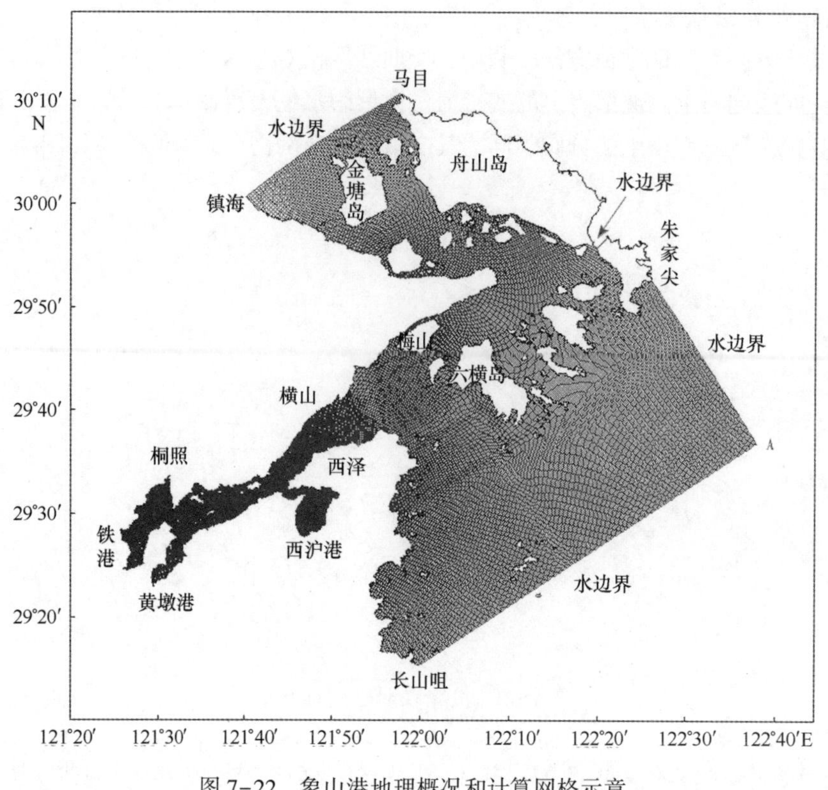

图 7-22　象山港地理概况和计算网格示意

（2）模型网格和模型地形概化

水动力计算采用三维水动力模型，对区域采用正交曲线网格进行离散。计算模型采用正交曲线网格进行离散，网格数为 691×312，象山港内网格在和方向上的分辨率约 60 m，湾外海域网格最大间距为 700 m 左右。垂向分为 6 层，各层厚度分别为总水深的 10%、20%、20%、20%、20%、10%。计算时间步长取 60 s。网格的具体分布见图 7-22。

模型地形资料大部分取自各种历史海图，通过矢量化的方法从历史海图得到计算区域水深数据的采样点，与实测水深数据结合插值获得网格点上的水深数据。插值大体上分成两种方法，在原始水深较多、密度较大的地方采用平均的方法；而在原始数据相对网格尺度而言较少的区域则采用三角插值。

（3）计算方法

如前所述，模型主要采用的是 ADI 法，它是一种隐、显交替求解的有限差分格式。其要点是把时间步长分成两段，在前半个步长时段，沿 ξ 方向联立 ζ，u 变量隐式求解，再对 v 显式求解，后半个步长则将求解顺序对调过来，这样随着 Δt 的增加，即可把各个时间的 ζ，u，v 依次求解出来。

（4）模拟结果

①潮流流场：从全域以及局域的流矢分布（图 7-23 至图 7-26）来看，潮流流场具有如下特点：

一是象山港潮流场受外海传入的潮波分布的影响，其强度大小与外海潮波的振幅、地形、底质及岛屿、岸线的分布及走向有关。在象山港内潮流基本上为往复流性质，潮流流向大体呈 NE—SW 走向，即涨潮向为 SW 向，落潮向为 NE 向。

二是牛鼻水道和佛渡水道的潮流。牛鼻水道较佛渡水道先涨先落。涨潮初期，来自牛鼻水道的潮流分成两股，一股进入象山港的狭湾，另一股进入佛渡水道。待佛渡水道转为涨潮后，进入水道的潮流一并进入象山港狭湾内。落潮初期，狭湾的落潮流和佛渡水道的部分涨潮流均从牛鼻水道退出。佛渡水道

转为落潮时，该水道成为狭湾内落潮流的出海通道。

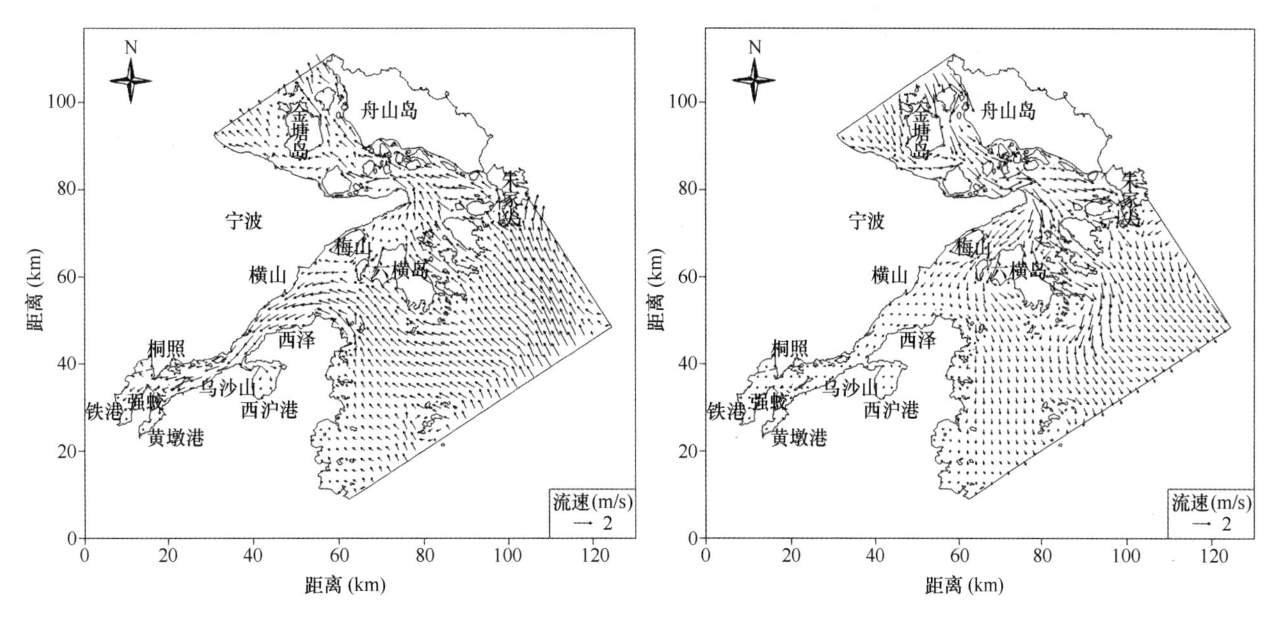

图 7-23　2009 年 6 月大潮涨急、大潮落急垂线平均流矢（全域）

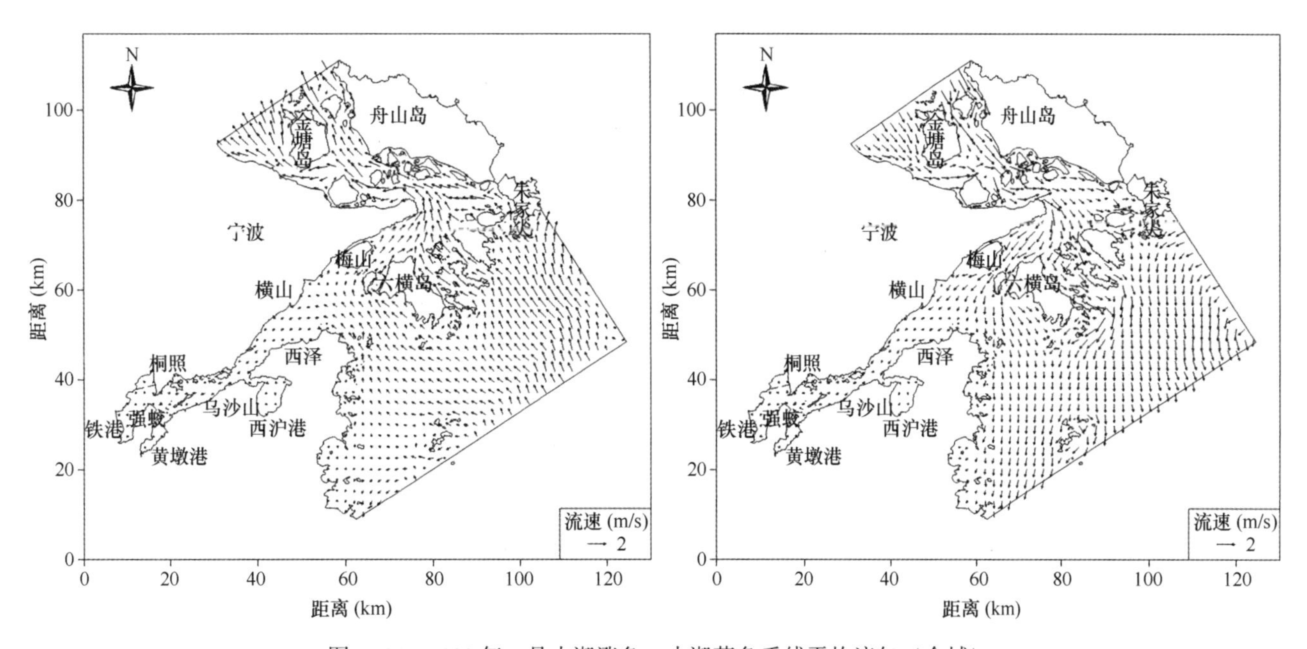

图 7-24　2009 年 7 月小潮涨急、小潮落急垂线平均流矢（全域）

三是狭湾内的潮流。外海潮流进入湾口后，主流沿深槽向湾内推进，至西沪港处分出一支传入西沪港，主流仍沿深槽西进。在乌沙山附近，河段缩窄流速增大，涨潮的主流偏向乌沙山岸边。西进的涨潮流受白石山—清水门山—铜山一线岛屿阻挡分为南北两支，北支潮流朝西北方向推进，南支潮流向西推进，过岛屿后部分涨潮水体汇流。最后潮流一部分进入铁港，另一部分进入黄墩港。落潮时，铁港、黄墩港以及西沪港内的水体均汇入主槽，一并退出象山港湾口。

②余流：湾内最大余流速度约为 40 cm/s，出现在象山港牛鼻水道中，湾顶附近水域余流流速小于 10 cm/s，西泽水域余流流速约为 30 cm/s；无论大、中、小潮一般表层余流相对大些，随深度的增加余流

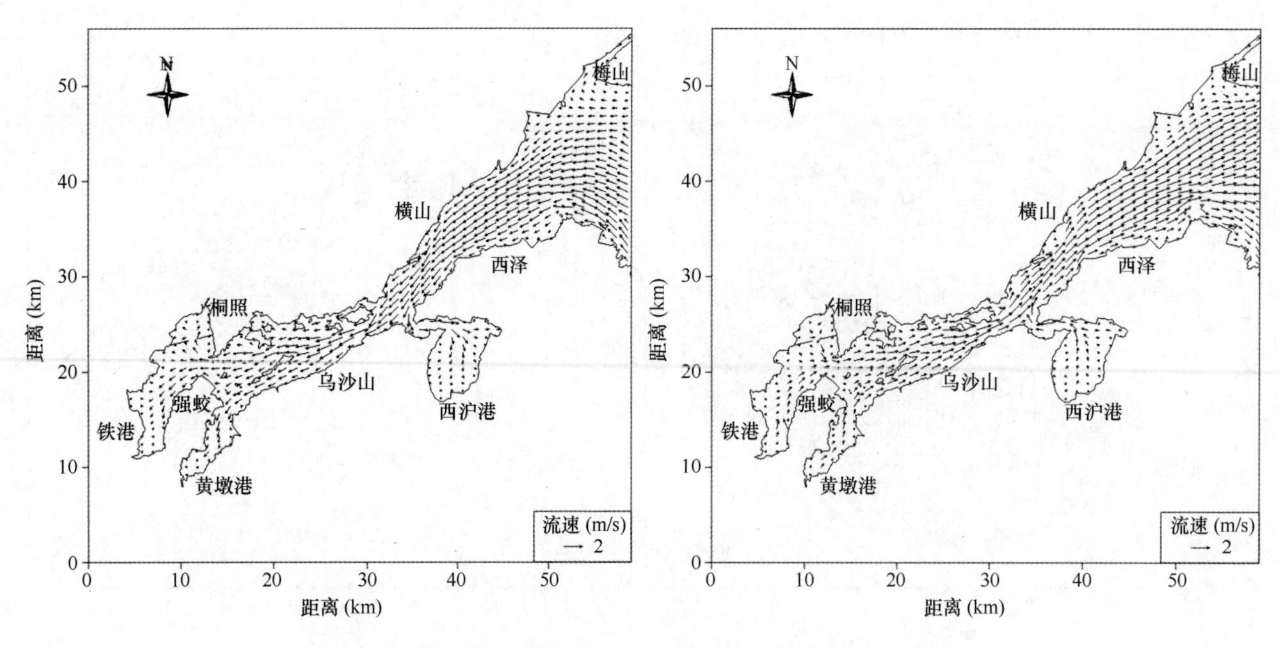

图 7-25　2009 年 6 月大潮涨急、大潮落急垂线平均流矢（局域）

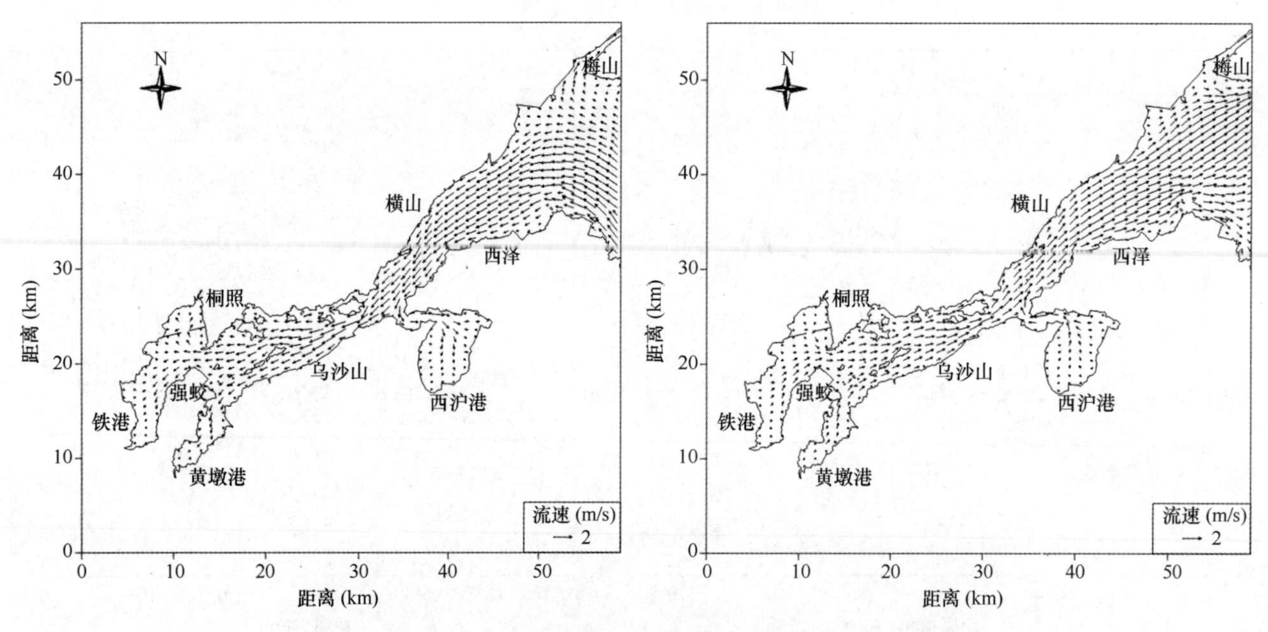

图 7-26　2009 年 7 月小潮涨急、小潮落急垂线平均流矢（局域）

减小。象山港狭湾内表层和底层方向不同，表层一般为 NE 向，指向湾外；底层余流呈现向湾内的趋势(图 7-27)。

③纳潮量：象山港纳潮量较大，经过一个全潮，纳潮量为（9.14~20.1）$\times 10^8$ m^3，平均纳潮量约为 13.8$\times 10^8$ m^3（图 7-28)。

④水体交换：初始条件：根据纳潮量计算时对象山港范围划定的分析，在研究象山港水体交换时，象山港的范围同样推进至附近水域。图 7-29 显示了模型的初始条件情况。以象山港东边界为界，湾内溶解态保守性物质初始浓度为 1 mg/L，湾外设为 0 mg/L，假设从开边界流入的保守物质浓度为 0 mg/L。

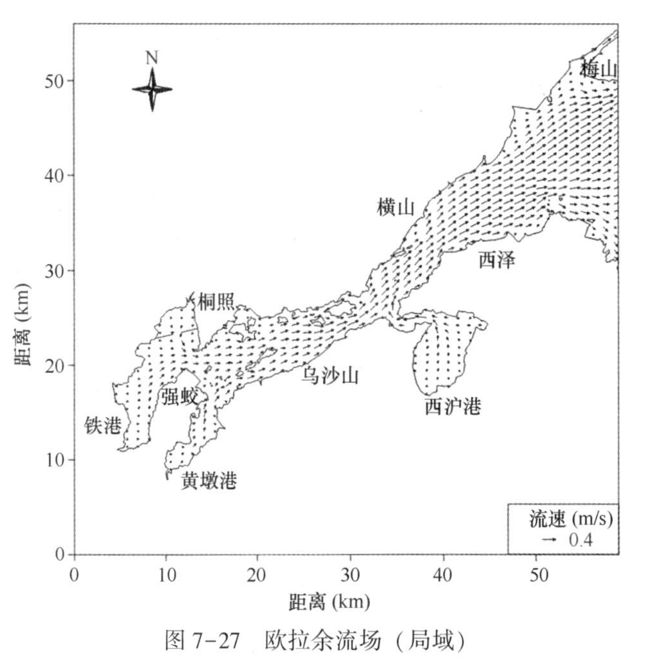

图 7-27　欧拉余流场（局域）

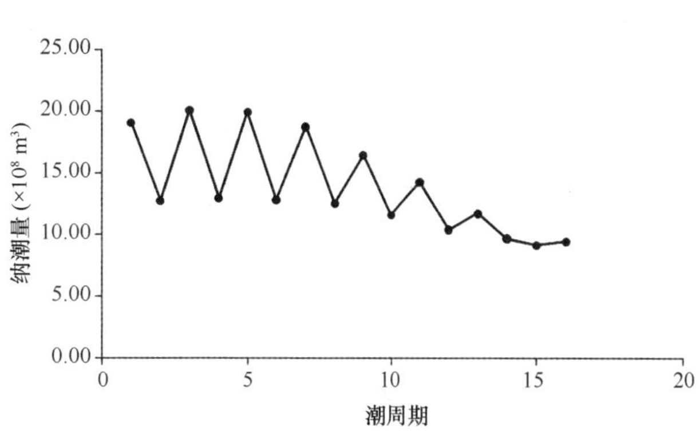

图 7-28　2009 年 6 月 23 日至 7 月 1 日纳潮量变化过程

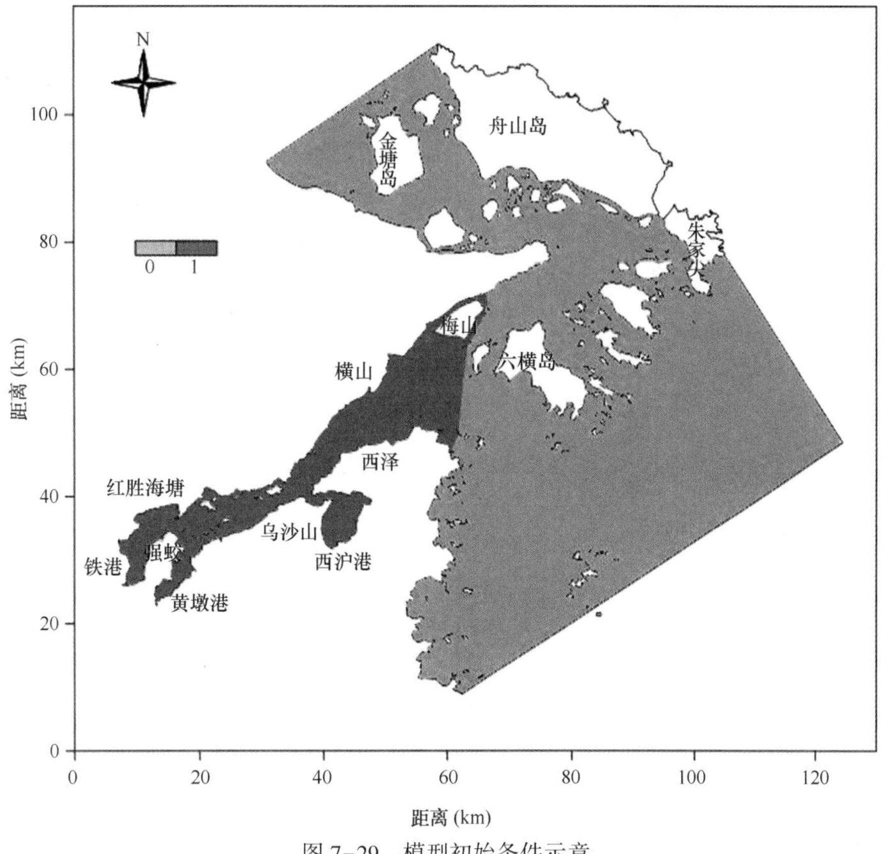

图 7-29　模型初始条件示意

根据水体交换数值计算的结果，象山港水体半交换时间和平均滞留时间的分布在湾内各区域有所差别，从湾顶到湾口，水体交换能力大致沿岸线走向逐渐减弱。全湾水体半交换时间最长不超过 35 d，平均滞留时间不超过 40 d（图 7-30 和图 7-31）。

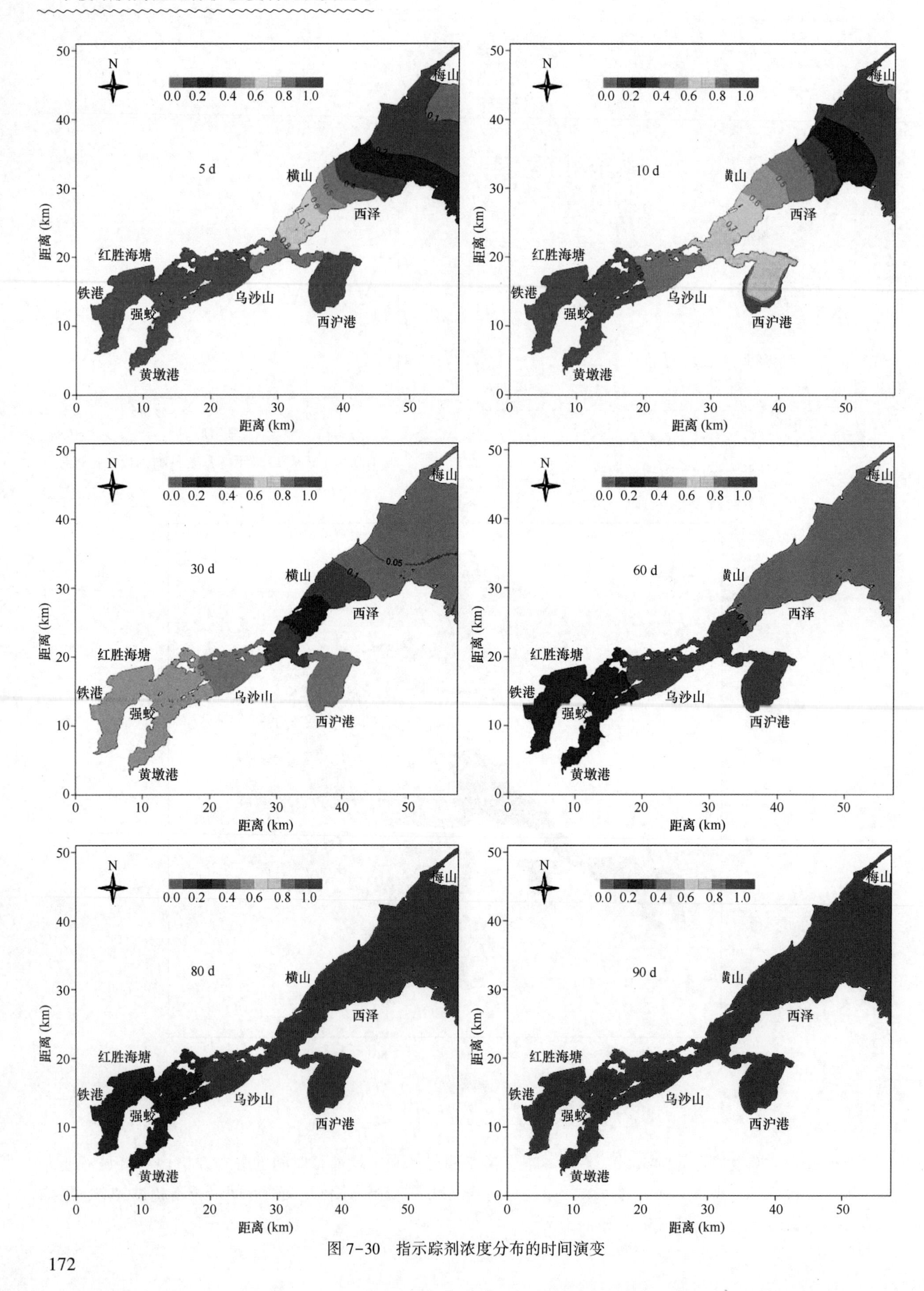

图 7-30 指示踪剂浓度分布的时间演变

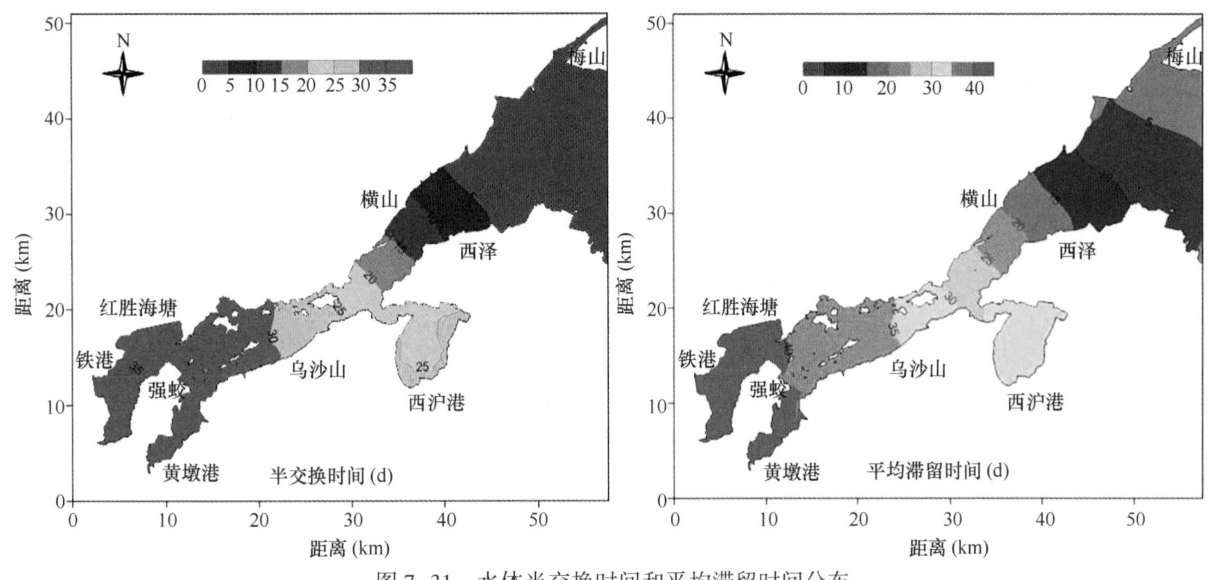

图 7-31 水体半交换时间和平均滞留时间分布

7.3.3.2 象山港污染物动力扩散数值研究

1）污染物扩散数值模型

（1）基本方程

污染物对流扩散方程：

$$\frac{\partial(d+\zeta)C}{\partial t}+\frac{1}{\sqrt{G_{\xi\xi}G_{\eta\eta}}}\left\{\frac{\partial\left[\sqrt{G_{\eta\eta}}(d+\zeta)uC\right]}{\partial\xi}+\frac{\partial\left[\sqrt{G_{\xi\xi}}(d+\zeta)vC\right]}{\partial\eta}\right\}+\frac{\partial\omega C}{\partial\sigma}=$$
$$\frac{d+\zeta}{\sqrt{G_{\xi\xi}G_{\eta\eta}}}\left\{\frac{\partial}{\partial\xi}\left[\frac{D_H}{\sigma_{c0}}\frac{\sqrt{G_{\eta\eta}}}{\sqrt{G_{\xi\xi}}}\frac{\partial C}{\partial\xi}\right]+\frac{\partial}{\partial\eta}\left[\frac{D_H}{\sigma_{c0}}\frac{\sqrt{G_{\xi\xi}}}{\sqrt{G_{\eta\eta}}}\frac{\partial C}{\partial\eta}\right]\right\}+\frac{1}{d+\zeta}\frac{\partial}{\partial\sigma}\left(D_V\frac{\partial C}{\partial\sigma}\right)-\lambda_d(d+\zeta)C+S \tag{7-6}$$

式中：ζ 表示水位，m；d 表示水深，m；$\sqrt{G_{\xi\xi}}=\sqrt{x_{\xi}^{\ 2}+y_{\xi}^{\ 2}}$ 和 $\sqrt{G_{\eta\eta}}=\sqrt{x_{\eta}^{\ 2}+y_{\eta}^{\ 2}}$ 表示直角坐标系（x，y）与正交曲线坐标系（ξ，η）的转换系数；u，v，ω 分别表示 ξ，η，σ 3 个方向上的速度分量，m/s；D_H，D_V 分别表示水平和垂向扩散系数，m^2/s；C 为污染物浓度，mg/L。λ_d 为一阶降解系数；S 为源汇项。

（2）定解条件

上述解的定解条件为：

初始条件：$C(x, y, 0)=C_0$。

陆边界条件：$\frac{\partial C}{\partial n}=0$。

水边界条件：$C(x_0, y_0, t)=C_b$ 流入；

$C(x_0, y_0, t)=$ 计算值 流出。

其中，陆边界条件表示沿法线方向的浓度梯度为零。

（3）初始条件

初始条件对计算结果的影响一般在开始阶段，在计算稳定后，初始条件对计算结果的影响可忽略。本次研究水质模型采用冷启动方式，即 COD_{Mn}、无机氮、活性磷酸盐初始浓度均取 0 mg/L。

（4）边界条件

水质模型水边界条件的确定是在水边界附近海域水质现状的基础上，由模型率定。

根据2008年4月、2008年8月和2009年8月杭州湾水质调查资料中的S22、S28、S32和S33站的水质现状。模型北边界附近COD_{Mn}浓度为0.43~2.19 mg/L，平均浓度为1.28 mg/L；活性磷酸盐浓度为0.017 1~0.060 3 mg/L，平均浓度为0.036 3 mg/L；无机氮浓度为0.966~2.040 mg/L，平均浓度为1.480 mg/L。

根据大榭—象山海域2008年8月及2009年8月水质调查数据，模型东南水边界附近COD_{Mn}浓度为0.24~1.05 mg/L，平均浓度为0.56 mg/L；活性磷酸盐浓度为0.003 1~0.036 4 mg/L，平均浓度为0.018 3 mg/L；无机氮浓度为0.027~0.463 mg/L，平均浓度为0.276 mg/L。

通过数模率定，水质模型北边界取COD_{Mn}浓度为1.28 mg/L，活性磷酸盐为0.045 mg/L，无机氮为1.48 mg/L。东边界和南边界取COD_{Mn}浓度为0.60 mg/L，活性磷酸盐为0.02 mg/L，无机氮为0.35 mg/L。

（5）计算参数（降解系数）

综合考虑降解系数试验结果及国内各学者研究成果，本课题通过模型率定，象山港海域COD_{Mn}降解系数取值为0.02~0.03 mg/d。

水体中营养盐的输入主要通过水平输运、垂直混合和大气沉降3种途径，其在水体中的分布与变化不仅与其来源、水动力条件、沉积、矿化等过程有关，还与海水中的细菌、浮游动植物等有着密切的关系。其主要物质过程有浮游植物的吸收，在各级浮游动物及鱼类等食物链中传递，生物溶出、死亡、代谢排出等重新回到水体中，不同形态之间的化学转化，水体中磷营养盐的沉降，沉积物受扰动引起的再悬浮及沉积物向水体的扩散和释放等。

因此，营养盐在海水中的物质过程十分复杂，用降解系数反映上述所有过程实属不易。综合考虑降解系数试验结果及国内各学者研究成果，本次研究通过数模率定，象山港海域活性磷酸盐的降解系数取值为0.006~0.008 mg/d，无机氮的降解系数取值为0.008~0.01 mg/d，与上述成果中采用的降解系数接近。

2）污染源概况

（1）污染物源强调查与分布

本次研究按象山港周边汇水区分布设置相应的计算源点（图7-32）。

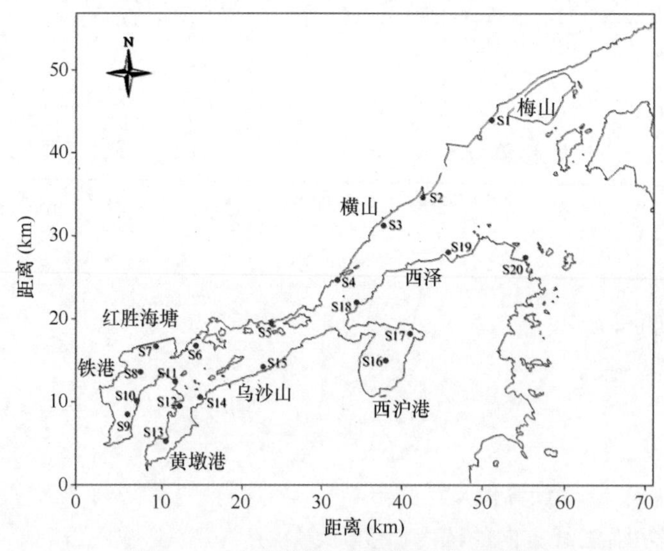

图7-32　水质模拟污染源位置分布示意

依据污染源调查结果，象山港污染源主要分为两部分：一是陆域污染源，包括各工业企业、居民生活、农业生产、畜禽养殖和水土流失来源；二是海水养殖源，象山港海水养殖有浅海养殖、围塘养殖和滩涂养殖等形式，主要养殖种类为鱼类、虾类、蟹类和贝类。

（2）主要污染物换算关系

本课题选择化学需氧量 COD_{Mn}、无机氮和活性磷酸盐用于进行环境容量或削减量的计算。

象山港 COD_{Cr} 和 COD_{Mn}、总氮和无机氮、总磷和活性磷酸盐之间的换算系数，拟根据象山港水体中各污染物的现状浓度分布进行对比分析来确定。

① COD_{Cr} 和 COD_{Mn}

COD_{Cr} 和 COD_{Mn} 是由不同测定方法求得的化学需氧量数值，在陆上以及污染源排放时 COD 以由重铬酸钾法测定的 COD_{Cr} 表达；在海水中 COD 以由碱性高锰酸钾法测定的 COD_{Mn} 表达。一般认为水体中 COD_{Cr} 的浓度是 COD_{Mn} 浓度的 2.5 倍。本次研究在涉及二者之间换算时采用此换算系数。

②总氮和无机氮

对于象山港总氮和无机氮之间的换算系数，本课题拟根据象山港 2011 年夏季和冬季实测数据，统计得到总氮和无机氮在水体中的浓度的比值（表 7-7）。综合统计，本课题计算中，无机氮与总氮的源强及水体中浓度值的比值取 0.699 5，即总氮的源强及水体中浓度值是无机氮的 1.43 倍，在涉及二者之间换算时采用此换算系数。

表 7-7　2011 年夏季和冬季无机氮、总氮调查统计结果　　单位：mg/L

调查项目	层次	2011 年夏季	2011 年冬季
无机氮（mg/L）	表层	0.714	0.938
	底层	0.716	0.924
总氮（mg/L）	表层	1.103	1.192
	底层	1.182	1.154
无机氮/总氮（mg/L）	表层	0.647	0.787
	底层	0.614	0.801
	垂向平均	0.606	0.793
总平均（mg/L）		0.699 5	

③总磷和活性磷酸盐

对于象山港总磷和活性磷酸盐之间的换算系数，本课题拟根据象山港 2011 年夏季和冬季实测数据，统计得到总磷和活性磷酸盐在水体中浓度的比值（表 7-8）。综合统计，本课题计算中，活性磷酸盐与总磷的源强及水体中浓度的比值取 0.386，即总磷的源强及水体中浓度值是活性磷酸盐的 2.59 倍，在涉及二者之间换算时采用此换算系数。

表 7-8　2011 年夏季和冬季活性磷酸盐、总磷调查统计结果

调查项目	层次	2011 年夏季	2011 年冬季
活性磷酸盐（mg/L）	表层	0.039 1	0.047 4
	底层	0.035 7	0.043 7
总磷（mg/L）	表层	0.117 5	0.093 0
	底层	0.166 1	0.090 3
活性磷酸盐/总磷（mg/L）	表层	0.332 8	0.509 7
	底层	0.214 9	0.483 9
	垂向平均	0.274	0.497
总平均（mg/L）		0.386	

(3) 主要计算污染物源强

①COD_{Mn}源强

根据COD_{Cr}和COD_{Mn}之间的换算系数，最终可得到象山港周边各污染源COD_{Mn}排放源强，如表 7-9 所示。

表 7-9　COD_{Mn}水质模型各污染源源强

污染源	COD_{Mn} (t/d)	污染源	COD_{Mn} (t/d)
S1	0.30	S11	0.08
S2	0.55	S12	1.28
S3	4.10	S13	0.91
S4	0.92	S14	1.56
S5	1.44	S15	1.97
S6	1.79	S16	0.54
S7	3.89	S17	2.52
S8	4.66	S18	2.38
S9	0.91	S19	2.48
S10	0.69	S20	2.44

②无机氮源强

根据无机氮和总氮之间的换算系数，最终可得到象山港周边各污染源无机氮排放源强，如表 7-10 所示。

表 7-10　无机氮水质模型各污染源源强

污染源	无机氮 (t/d)	污染源	无机氮 (t/d)
S1	0.203	S11	0.083
S2	0.404	S12	0.215
S3	0.679	S13	0.401
S4	0.385	S14	0.332
S5	0.416	S15	0.577
S6	0.187	S16	0.273
S7	0.634	S17	0.381
S8	0.694	S18	0.262
S9	0.387	S19	0.471
S10	0.086	S20	0.271

③活性磷酸盐源强

根据活性磷酸盐和总磷之间的换算系数，最终可得到象山港周边各污染源活性磷酸盐排放源强，如表 7-11 所示。

表 7-11　活性磷酸盐水质模型各污染源源强

污染源	活性磷酸盐（t/d）	污染源	活性磷酸盐（t/d）
S1	0.015	S11	0.006
S2	0.024	S12	0.014
S3	0.047	S13	0.024
S4	0.026	S14	0.023
S5	0.031	S15	0.035
S6	0.014	S16	0.019
S7	0.047	S17	0.025
S8	0.050	S18	0.021
S9	0.027	S19	0.031
S10	0.007	S20	0.020

3）计算结果分析与评价

（1）化学需氧量（COD_{Mn}）

象山港 COD_{Mn} 的浓度分布总体呈现自湾口到湾内浓度增大的趋势。外湾浓度较低，大部分区域浓度小于 1 mg/L；西沪港、黄墩港、铁港海域内浓度较高，且越靠近湾顶浓度越大。西沪港内浓度为 1～1.2 mg/L，黄墩港内大部分区域浓度为 1.2～1.3 mg/L，铁港内浓度基本大于 1.3 mg/L（图 7-33）。象山港 COD_{Mn} 浓度最高的区域，位于铁港海域，最大浓度在 1.4 mg/L 以上；总体分布与实测 COD_{Mn} 浓度等值线分布基本一致，仅局部区域略有偏差（图 7-34）。水质调查站的实测值与模型计算结果之间相对误差基本上均小于 20%，水质模型在总体上较成功地模拟了象山港 COD_{Mn} 的浓度分布。

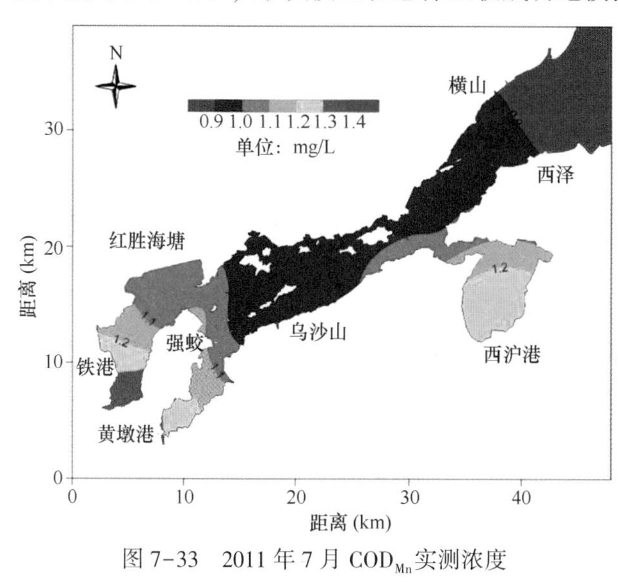

图 7-33　2011 年 7 月 COD_{Mn} 实测浓度

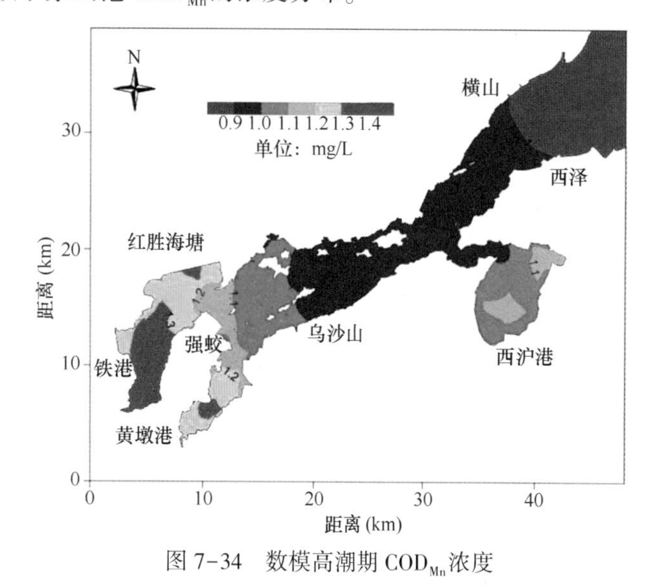

图 7-34　数模高潮期 COD_{Mn} 浓度

（2）无机氮

无机氮浓度分布总体呈现自湾口到湾内浓度增大的趋势。外湾浓度较低，大部分区域浓度小于 0.6 mg/L。西沪港、黄墩港及铁港海域的浓度较高，大部分区域浓度大于 0.74 mg/L，最大浓度达

0.8 mg/L，分析该处出现高浓度的原因除了陆源排放外，还可能是由于涨落潮时滩涂底泥翻搅释放所致（图 7-35）；总体分布与实测无机氮浓度等值线分布基本一致，仅局部区域略有偏差（图 7-36）。水质调查站的实测值与模型计算结果之间相对误差基本上均小于 20%，水质模型在总体上较成功地模拟了象山港无机氮的浓度分布。

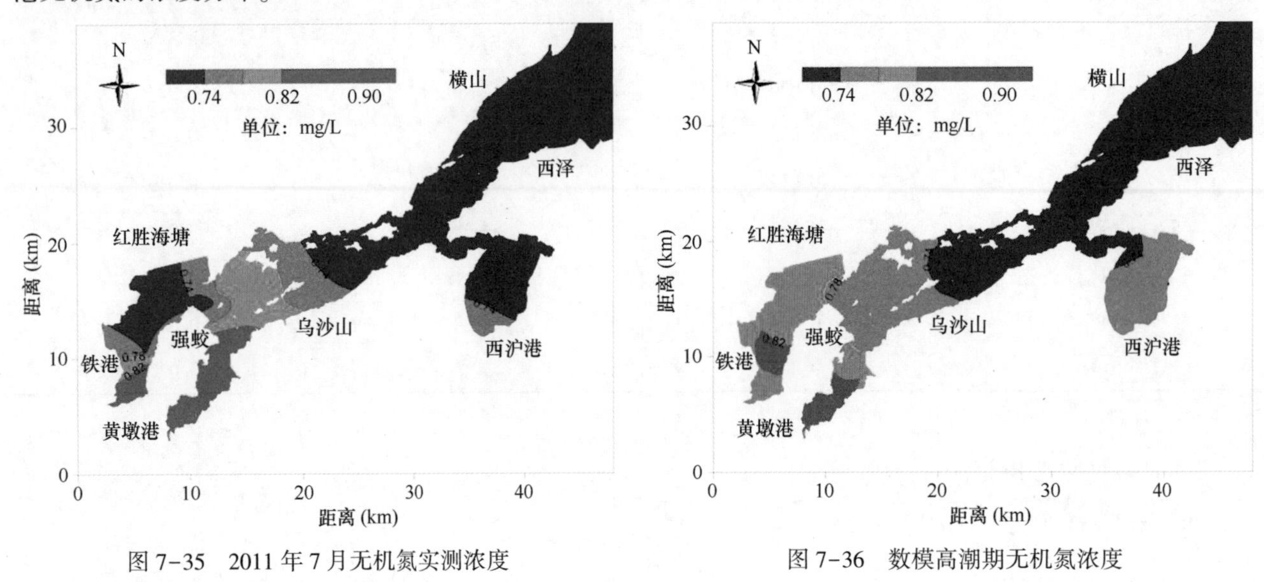

图 7-35　2011 年 7 月无机氮实测浓度

图 7-36　数模高潮期无机氮浓度

（3）活性磷酸盐

活性磷酸盐浓度分布在象山港总体呈现自湾口到湾内浓度增大的趋势。外湾浓度较低，大部分区域浓度小于 0.03 mg/L，西沪港、铁港、黄墩港海域内浓度均较其周围海域高，西沪港海域浓度基本大于 0.05 mg/L，铁港、黄墩港海域浓度大于 0.06 mg/L（图 7-37）。象山港活性磷酸盐总体分布与实测活性磷酸盐浓度等值线分布基本一致，仅局部区域略有偏差（图 7-38）。水质调查站的实测值与模型计算结果之间相对误差小于 20%的比例达 90%，水质模型在总体上较成功地模拟了象山港活性磷酸盐的浓度分布。

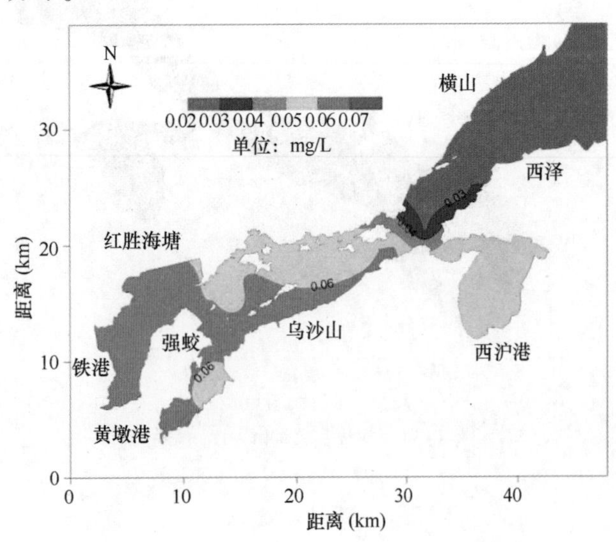

图 7-37　2011 年 7 月活性磷酸盐实测浓度

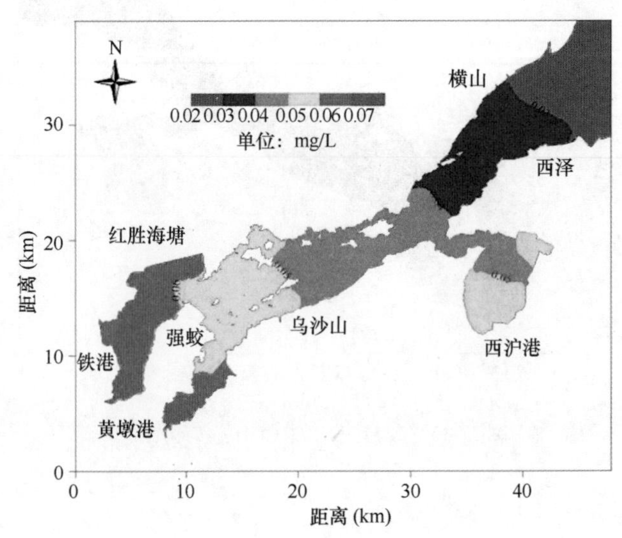

图 7-38　数模高潮期活性磷酸盐浓度

7.3.3.3　象山港环境容量估算

1）技术路线

环境容量和削减量计算采用的技术路线如下：①根据象山港海域水体主要污染物特性及主要污染源特点，确定环境容量和削减量计算污染物。②根据象山港海域环境功能区划，确定水质控制目标；结合象山港海域水体污染现状与象山港水体交换特点，确定环境容量计算因子的控制指标。③根据象山港周边地区汇水单元的划分、污染源计算点的分布及污染源调查结果，利用已建立的污染物浓度场模型，计算象山港海域各单元污染源排放的响应系数场，分析象山港污染源强变化与海域浓度场变化之间的响应规律。④针对不同环境容量计算因子在海湾中现状浓度有超标和未超标的特点，将计算因子分为正环境容量因子和负环境容量因子。未超过海水水质标准的规定、尚有一定排放空间的计算因子称为正环境容量因子；已经超过海水水质标准的规定、无排放空间只能考虑削减的计算因子称为负环境容量因子。

采用线性规划方法，以剩余总排放量最大为目标，根据海域污染源及水质现状的特点，计算象山港正环境容量因子的剩余环境容量及其在各单元的分布。

对负环境容量因子进行污染物削减量计算：首先进行污染物削减量预计算，分析象山港各区污染源强变化对海域浓度场分布的影响；然后以满足象山港环境容量计算分区分期控制指标要求为依据，确定各海区分期污染物削减量。

2）环境容量计算因子的选择

环境容量计算因子的选择主要考虑该因子能否反映象山港水质现状、污染程度以及环境容量管理和污染控制的可操作性等。象山港主要污染物为磷酸盐、无机氮等营养盐类物质，而 COD_{Mn} 为水体污染程度的综合指标。因此，本项目环境容量计算中，选取 COD_{Mn} 作为环境容量计算因子，无机氮和活性磷酸盐作为削减量计算因子。

（1）COD_{Mn}

COD_{Mn} 是表征水体有机污染的一个综合因子，也是描述污染源的重要指标之一，在水环境评价、管理和规划中被普遍采用，本项目选择化学需氧量作为象山港水环境容量的计算因子。

COD_{Mn} 含量间接与营养盐总含量相关，由于 COD_{Mn} 的这种隐含作用，许多研究将 COD_{Mn} 也作为海域富营养化的重要指标之一。而且 COD_{Mn} 受生物活动的影响相对来说比营养盐小，它的生化降解作用也比较容易确定。因此，选择 COD_{Mn} 作为环境容量的主要因子对评价海域污染、建立有效的海域环境质量模型来说都是较适宜的。

（2）无机氮

无机氮是浮游植物生长和繁殖不可缺少的营养元素，也是反映水体富营养化的重要指标之一，《海水水质标准》（GB 3097—1997）即以无机氮对水体中的 N 含量进行规定；同时，本项目对象山港周边地区无机氮的污染源进行了详尽的调查及科学的预测，用无机氮进行容量预测分析较为可靠。因此，选择无机氮作为环境容量计算因子是适宜的。

根据前文环境质量现状调查分析结果，象山港水体中营养盐类含量高，目前主要的环境问题为水体富营养化。象山港内无机氮浓度为 0.7~0.9 mg/L。《海水水质标准》中规定，三类水质无机氮浓度不得超过 0.4 mg/L，四类水质无机氮浓度不得超过 0.5 mg/L，由此可知，象山港内无机氮浓度已严重超出水质标准。

营养盐类超标带来象山港各种生态与环境问题，因此，即使无机氮超标，没有环境容量，但作为一个重要的限制因子，应将其作为负环境容量分析因子，即从削减无机氮排放量角度出发进行削减控制。

(3) 活性磷酸盐

与无机氮一样，活性磷酸盐是浮游植物生长和繁殖不可缺少的营养元素，也是反映水体富营养化的重要指标之一，《海水水质标准》(GB 3097—1997) 即以活性磷酸盐对水体中的 P 含量进行规定；同时，本项目对象山港周边地区活性磷酸盐的污染源进行了详尽的调查及科学的预测，用活性磷酸盐进行容量预测分析较为可靠。因此选择活性磷酸盐作为环境容量计算因子是适宜的。

象山港内活性磷酸盐浓度为 0.03～0.07 mg/L。《海水水质标准》中规定，一类水质活性磷酸盐浓度不得超过 0.015 mg/L，二类和三类水质活性磷酸盐浓度不得超过 0.03 mg/L，四类水质活性磷酸盐浓度不得超过 0.045 mg/L，由此可知，象山港内活性磷酸盐浓度超出水质标准。营养盐类超标带来象山港各种生态与环境问题，因此，活性磷酸盐超标，没有环境容量，但作为一个重要的限制因子，应将其作为负环境容量分析因子，即从削减活性磷酸盐排放量角度出发进行削减控制。

(4) 其他因子

在象山港其他主要污染因子中，油类污染来源主要是船舶的压舱水、洗舱水或者事故漏油，具有不确定性，在容量管理上难以控制，不具可操作性，因此油类不作为环境容量计算因子；重金属为严禁排海的污染物，无环境容量之说，因此不适宜作为环境容量计算因子。

综上所述，本项目选取 COD_{Mn} 作为正环境容量计算因子，用于进行环境容量分配，选用无机氮和活性磷酸盐作为负环境容量计算因子（即削减量计算因子），用于进行源强的削减控制。

3) 海域控制点设置及水质控制目标的确定

(1) 控制点设置

根据象山港海洋功能区划和海域环境功能区划，结合象山港海域实际规划情况，划定象山港各区水质标准，确定控制点及各点水质控制目标。

根据象山港海域功能区及水质执行标准，象山港内共设置 27 个水质控制点，其中 15 个一类水质控制点，12 个二类水质控制点，具体位置分布如图 7-39 所示。

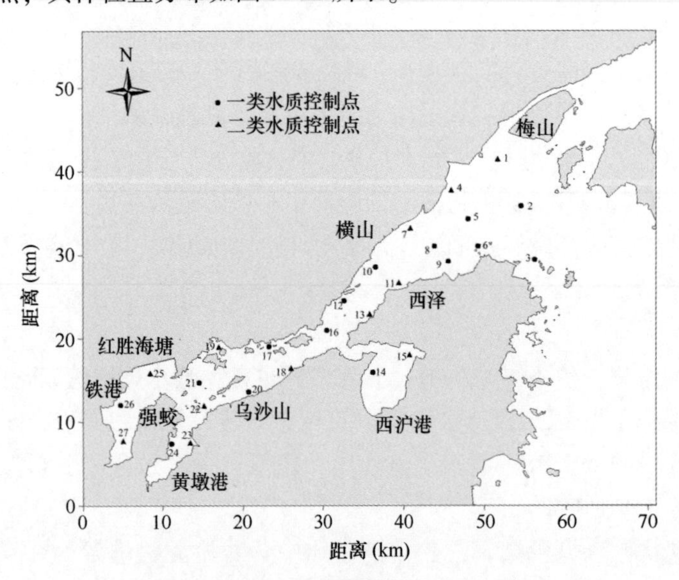

图 7-39　象山港水质控制点分布示意

(2) 控制目标

本次象山港水环境容量计算控制项目主要涉及 COD、活性磷酸盐和无机氮三项。根据《海水水质标准》(GB 3097—1997)，上述 3 个控制项在各类水质标准下的控制目标摘取如表 7-12 所示。

表 7-12　各类水质标准

控制项目	一类	二类	三类	四类
COD（mg/L）≤	2	3	4	5
无机氮（以 N 计）（mg/L）≤	0.20	0.30	0.40	0.50
活性磷酸盐（mg/L）（以 P 计）≤	0.015	0.030	0.030	0.045

4）**COD_{Mn}环境容量估算**

影响象山港环境容量的因素多且复杂，要准确确定环境容量，必须对各种影响因素进行综合分析，进而确定计算方案，从理论上来说，这样的计算方案可有无穷多个。为减少计算量，并且能够综合反映环境容量各影响因素，本课题分两步进行象山港环境容量计算：①确定象山港沿岸各汇水区源强变化与海域浓度场变化响应规律，即计算象山港沿岸汇水区 COD_{Mn}单位源强排放时的海域浓度分布，也就是各汇水区的污染源对象山港海域的响应系数场。②根据海域污染源及水质现状的特点，结合象山港内各水质控制点的 COD_{Mn}控制目标，按照最大剩余容量原则，利用线性规划方法计算各个污染源的环境容量。

（1）响应系数场的确定

根据最优化法原理，首先要计算各污染源的响应系数场，即各污染源单位源强排放时所形成的浓度场。计算某个污染源的响应系数场时，该污染源源强为 1 g/s，其余各污染源源强取 0。象山港周边各污染源 COD_{Mn}单位源强排放时，在象山港海域形成的 COD_{Mn}浓度场即响应系数场（图 7-40 和图 7-41）。

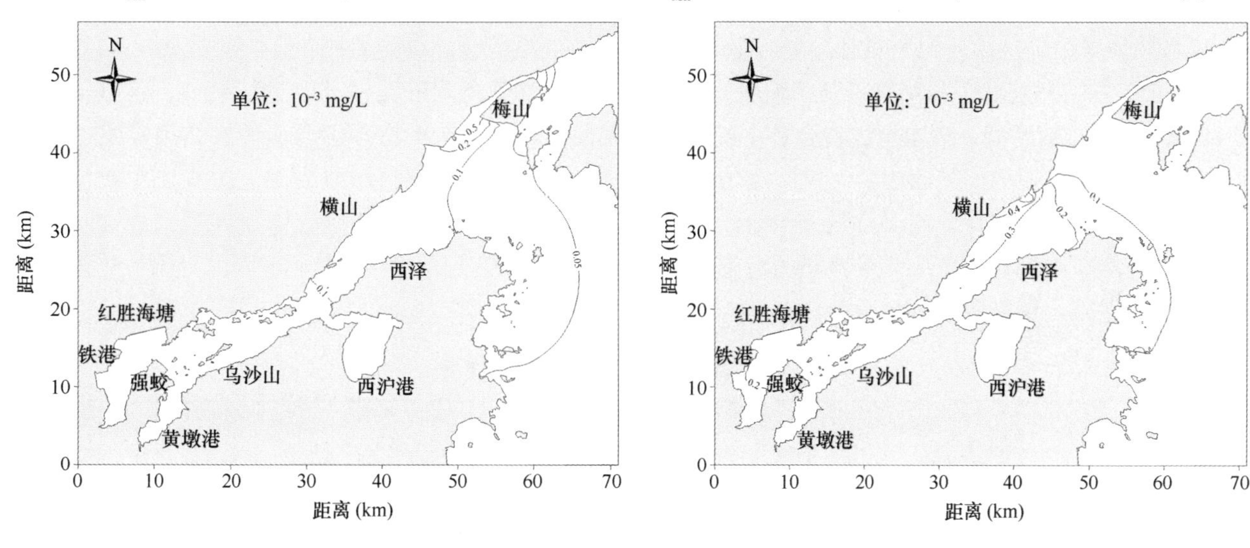

图 7-40　污染源 S1 响应系数场　　　图 7-41　污染源 S2 响应系数场

（2）COD_{Mn}最大环境容量估算

根据线性规划原理，求取各个污染源的 COD_{Mn}允许排放量。取象山港 COD_{Mn}浓度分布计算结果作背景浓度。在浓度值的选取上现在也有多种方式，一般选平均值和最大值较多。考虑到象山港属于强潮浅水半日潮海湾，潮流强，潮差大，不同时刻浓度存在差异，若是取最大值为背景浓度，最后会导致资源浪费，所以本章采取大小潮平均浓度作为背景浓度进行容量估算。控制点标准浓度按表 7-12 取值。各个控制点参数取值如表 7-13 所示。

表 7-13 COD_{Mn}容量线性规划估算参数取值

控制点	背景浓度 C_{0i}（mg/L）	控制目标 C_{si}（mg/L）	控制点	背景浓度 C_{0i}（mg/L）	控制目标 C_{si}（mg/L）
1	0. 841	3. 000	15	1. 057	3. 000
2	0. 840	2. 000	16	0. 941	2. 000
3	0. 861	2. 000	17	0. 977	2. 000
4	0. 846	3. 000	18	0. 965	3. 000
5	0. 853	2. 000	19	1. 021	3. 000
6	0. 871	2. 000	20	1. 006	2. 000
7	0. 890	3. 000	21	1. 088	2. 000
8	0. 882	2. 000	22	1. 093	3. 000
9	0. 888	2. 000	23	1. 181	3. 000
10	0. 906	2. 000	24	1. 211	2. 000
11	0. 900	3. 000	25	1. 215	3. 000
12	0. 925	2. 000	26	1. 286	2. 000
13	0. 920	3. 000	27	1. 349	3. 000
14	1. 037	2. 000			

使用线性规划方法，按照最大剩余容量原则进行估算，计算得到的允许排放量为 37. 52 t/d（表 7-14）。当按计算结果进行分配源强时，按上面计算得到的响应系数计算得到的控制点浓度见表 7-15。由表 7-14 可知，在使用现状源强计算得到的浓度分布为背景浓度估算得到的允许排放量结果中，仅有污染源 S1 和 S20 仍有排放空间。理论上，符合各个控制点约束条件的解应有无穷多组，而计算结果却集中在两个污染源，分析其原因，是因为少许控制点的背景浓度值已非常接近控制标准浓度，这些点主要位于象山港湾内，而线性规划计算严格按照数学条件进行，所以当要在所有可行解中选择使容量总量达到最大的一组时，对象山港湾内水质影响最小的污染源排放最大显然是合理的，由表 7-15 可以看出，3 号和 26 号控制点已达到约束极限值。

表 7-14 各污染源 COD_{Mn}容量估算值

污染源	规划求解可排量（mg/L）	污染源	规划求解可排量（mg/L）
S1	25. 41	S11	0. 00
S2	0. 00	S12	0. 00
S3	0. 00	S13	0. 00
S4	0. 00	S14	0. 00
S5	0. 00	S15	0. 00
S6	0. 00	S16	0. 00
S7	0. 00	S17	0. 00
S8	0. 00	S18	0. 00
S9	0. 00	S19	0. 00
S10	0. 00	S20	12. 11
总量	37. 52		

表 7-15 规划求解最优解各控制点浓度

控制点	规划求解（mg/L）	浓度资源利用率（%）	控制点	规划求解（mg/L）	浓度资源利用率（%）
1	2.455	81.85	15	1.907	63.56
2	1.657	82.85	16	1.807	90.34
3	2.000	100.00	17	1.779	88.94
4	1.951	65.03	18	1.787	59.56
5	1.751	87.57	19	1.783	59.43
6	1.788	89.39	20	1.780	88.99
7	1.881	62.70	21	1.830	91.50
8	1.840	92.01	22	1.835	61.17
9	1.846	92.29	23	1.915	63.83
10	1.852	92.60	24	1.937	96.84
11	1.858	61.93	25	1.937	64.57
12	1.831	91.53	26	2.000	100.00
13	1.834	61.12	27	2.063	68.77
14	1.887	94.34			

与《象山港海洋环境容量及污染物总量控制研究报告》（黄秀清等，2008 年）的 COD_{Mn} 计算结果（30 t/d）相比，象山港 COD_{Mn} 环境容量略有增加。

（3）COD_{Cr} 最大环境容量估算

在现状象山港 COD_{Cr} 污染物源强 16.92 t/d 的基础上，要保持达到象山港海域海洋功能区划所规定的海水水质标准，同时又满足各区（县、市）的可操作分配，最大只能再增加 93.80 t/d 的 COD_{Cr} 污染物源强。

与 2002 年《象山港海洋环境容量及污染物总量控制研究报告》（房建孟等，2004）的 COD_{Cr} 计算结果（75 t/d）相比，象山港 COD_{Mn} 环境容量略有增加。

10 年来，由于陆源污染有所增加，海水养殖污染有所减少，因此通过源强比较，COD_{Cr} 还有一定的环境容量。建议 COD_{Cr} 排放量维持现状，以调整产业结构、优化源强的空间布局为主。

5）无机氮削减量估算

采用分期控制法进行污染物削减量计算，首先进行预计算，分析象山港各汇水单元污染源强变化对海域浓度场分布的影响，为确定正式计算方案提供依据并初步确定达到控制目标需要的最小削减量；然后根据分期控制目标确定削减方案并进行计算，并以满足象山港环境容量计算分期控制指标要求为依据，确定各汇水单元分期无机氮削减量。

（1）响应系数场

计算出象山港沿岸各汇水单元的污染源无机氮单位源强排放时，在象山港海域形成的无机氮浓度场即响应系数场。

（2）削减预计算

象山港内无机氮浓度为 0.7~0.9 mg/L。《海水水质标准》中规定，三类水质无机氮浓度不得超过 0.4 mg/L，四类水质无机氮浓度不得超过 0.5 mg/L，由此可知，象山港内无机氮浓度已严重超出水质标准。

象山港无机氮污染十分严重，要使水质得到改善，必须大幅削减污染物排放源强。因此，对无机氮应分析不同减排方案情况对海域水质的改善程度，设计 4 种削减方案对象山港无机氮浓度场进行研究，分别计算象山港沿岸各源强削减 10%、20%、50%和 100%时无机氮在象山港内的浓度场，并对各方案计算结果对照水质标准分析污染程度。各方案计算结果列于图 7-42 至图 7-46 及表 7-16 中。

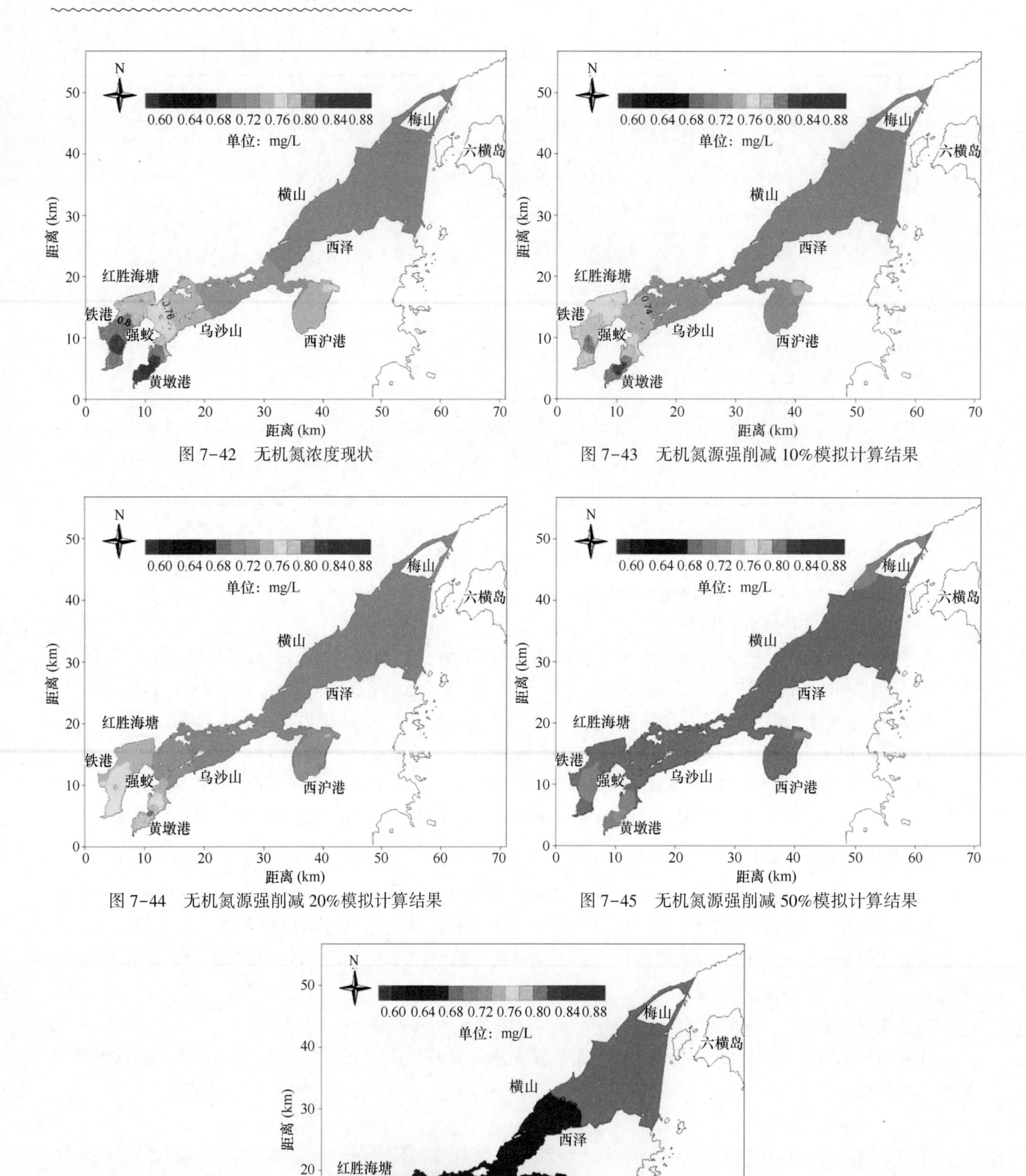

图 7-42　无机氮浓度现状

图 7-43　无机氮源强削减 10%模拟计算结果

图 7-44　无机氮源强削减 20%模拟计算结果

图 7-45　无机氮源强削减 50%模拟计算结果

图 7-46　无机氮源强削减 100%模拟计算结果

表 7-16　无机氮沿岸各污染源强削减方案浓度包络面积总面积：519.37 km^2

方案	小于 0.8 mg/L		小于 0.72 mg/L		小于 0.7 mg/L	
	面积（km^2）	百分比（%）	面积（km^2）	百分比（%）	面积（km^2）	百分比（%）
现状	476.75	91.79	292.29	56.28	0	0
削减 10%	505.74	97.38	318.84	61.39	0	0
削减 20%	518.60	99.85	372.63	71.75	0	0
削减 50%	519.37	100	515.62	99.28	467.51	90
削减 100%	519.37	100	519.37	100	519.37	100

由上述计算可知，根据本课题设定的控制点水质标准，各个方案计算结果全海区均严重超标。考虑到象山港氮类营养盐的来源不仅是沿岸各陆源排放及湾内养殖污染，杭州湾、舟山、宁波等地的入海污染物也对象山港无机氮浓度有所贡献，象山港本底浓度不是削减沿岸的排放源强就能达到规定的水质标准的。

（3）分期控制目标设立

根据上述 4 种削减方案的计算结果，本次研究以海域内无机氮浓度小于 0.72 mg/L 的面积占象山港总面积的百分比为指标，设立近期控制目标。

近期目标：无机氮浓度小于 0.72 mg/L 的面积占象山港总面积的 60%。

（4）削减量计算

近期，当象山港源强削减 10% 时象山港内无机氮浓度小于 0.72 mg/L 的面积占象山港总面积的 61.39%，所以要达到近期目标，象山港无机氮削减量约为源强的 10%。

因此，根据象山港近期控制目标，无机氮削减量估算结果为 0.734 t/d，各汇水区无机氮削减量见表 7-17，削减方案实施后象山港无机氮浓度分布如图 7-47 所示。

表 7-17　无机氮分期控制污染源削减估算量

污染源	近期（削减 10%）（t/d）	污染源	近期（削减 10%）（t/d）
S1	0.020	S11	0.008
S2	0.040	S12	0.022
S3	0.068	S13	0.040
S4	0.039	S14	0.033
S5	0.042	S15	0.058
S6	0.019	S16	0.027
S7	0.063	S17	0.038
S8	0.069	S18	0.026
S9	0.039	S19	0.047
S10	0.009	S20	0.027
总量	0.734		

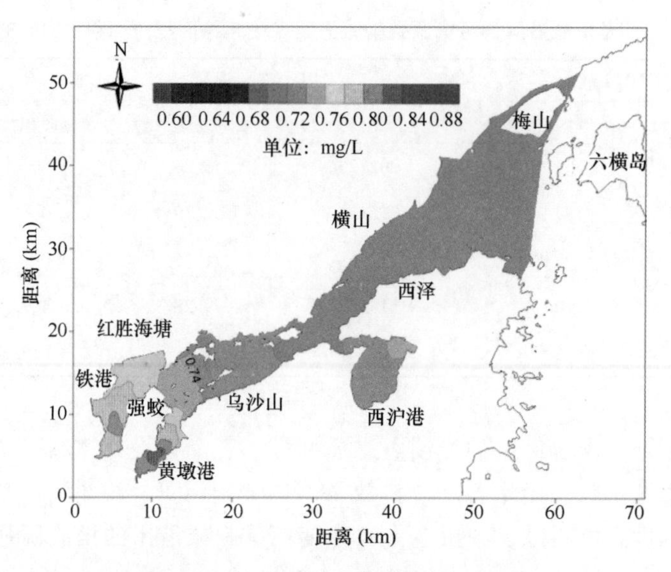

图 7-47　无机氮近期源强削减模拟结果

6）**活性磷酸盐削减量估算**

（1）响应系数场计算

计算象山港沿岸各汇水单元的污染源活性磷酸盐单位源强排放时，在象山港海域形成的活性磷酸盐浓度场即响应系数场。

（2）削减预计算

设计 4 种削减方案对象山港活性磷酸盐浓度场进行研究，分别计算象山港沿岸各污染源源强削减 10%、20%、50% 和 100% 时活性磷酸盐在象山港内的浓度场，并对各方案计算结果对照水质标准分析污染程度。各方案计算结果列于图 7-48 至图 7-52 及表 7-18 中。

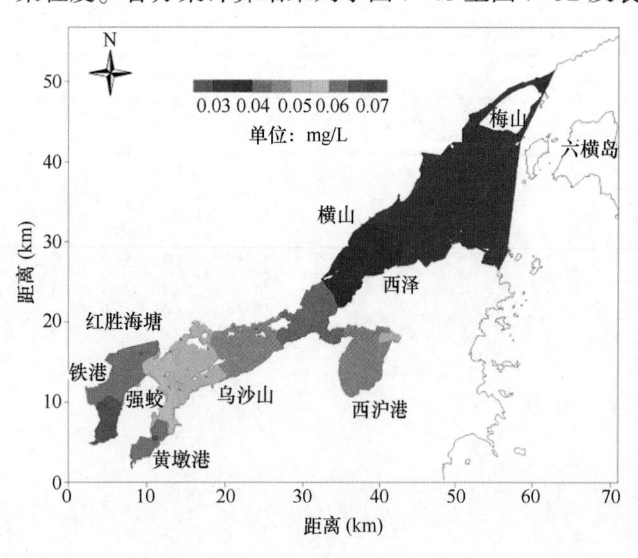

图 7-48　活性磷酸盐浓度现状

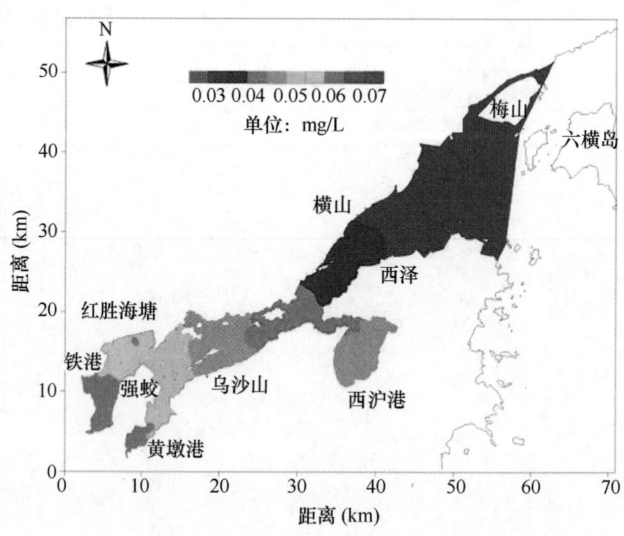

图 7-49　活性磷酸盐源强削减 10%计算结果

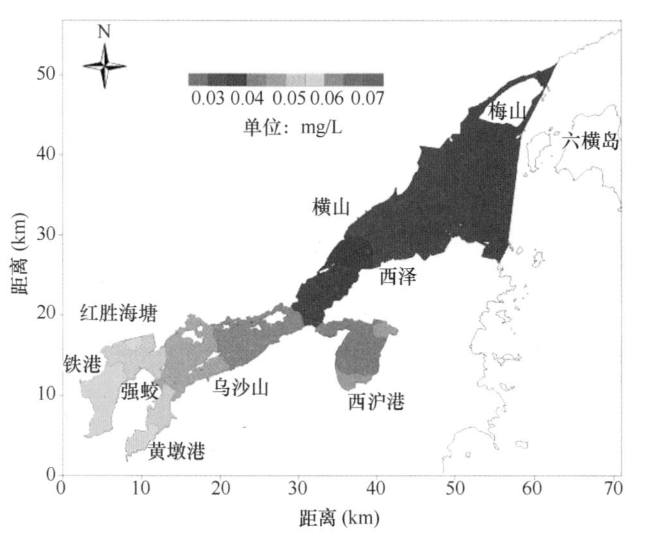

图 7-50　活性磷酸盐源强削减 20%计算结果

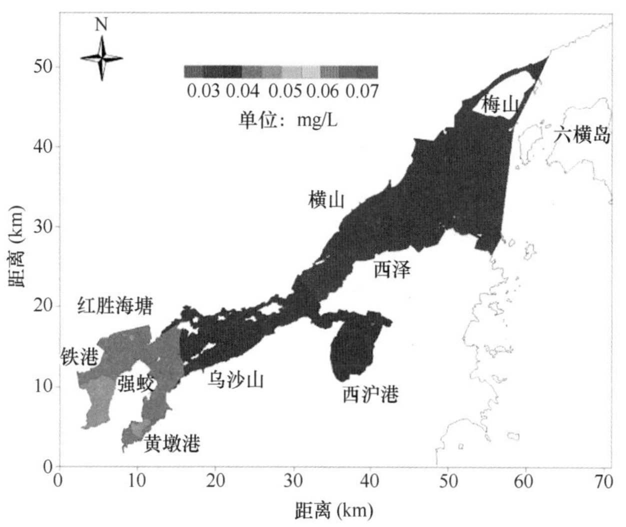

图 7-51　活性磷酸盐源强削减 50%计算结果

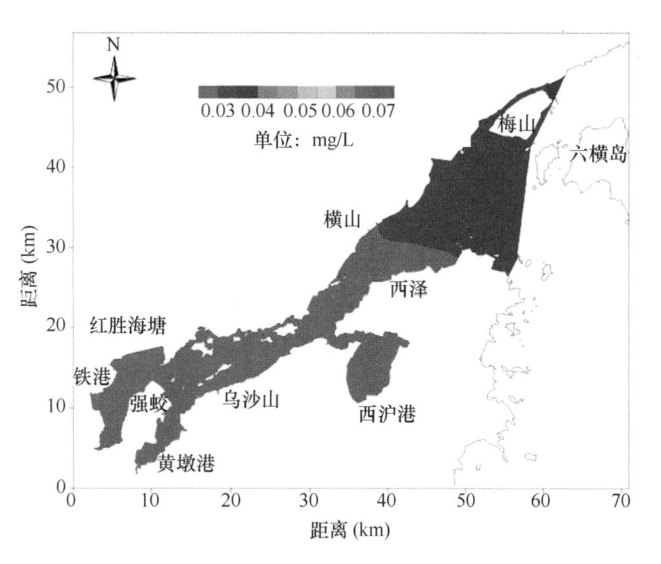

图 7-52　活性磷酸盐源强削减 100%计算结果

表 7-18　活性磷酸盐沿岸各县污染源强削减方案浓度包络面积（总面积：519.37 km²）

方案	小于 0.045 mg/L		小于 0.03 mg/L		小于 0.015 mg/L	
	面积（km²）	百分比（%）	面积（km²）	百分比（%）	面积（km²）	百分比（%）
现状	317.35	61.10	0	0	0	0
削减 10%	333.98	64.30	0	0	0	0
削减 20%	384.99	74.13	0	0	0	0
削减 50%	498.34	95.95	0	0	0	0
削减 100%	519.37	100	306.21	58.96	0	0

由上述计算可知，根据本课题设定的控制点水质标准，活性磷酸盐源强削减 100%时，有部分控制点

计算浓度达到水质标准要求，但大部分控制点仍超标，其主要原因是杭州湾、舟山、宁波等地的入海污染物也对象山港活性磷酸盐浓度有所贡献，象山港本底浓度不是削减沿岸的排放源强就能达到规定的水质标准的。

（3）分期控制目标设立

根据上述4种削减方案的技术结果，本次研究以海域内活性磷酸盐浓度小于0.045 mg/L的面积占象山港总面积的百分比为指标，设立近期控制目标。

近期目标：活性磷酸盐浓度小于0.045 mg/L的面积占象山港总面积的65%。

（4）削减量计算

近期，当象山港源强削减10%时，象山港内活性磷酸盐浓度小于0.045 mg/L的面积为333.98 km^2，占象山港总面积的64.30%，所以要达到近期目标，象山港活性磷酸盐削减量约为源强的10%。

因此，根据象山港近期控制目标，活性磷酸盐削减量估算结果为0.051 t/d各汇水区削减量如表7-19所示，削减方案实施后象山港活性磷酸盐浓度分布如图7-53所示。

表7-19　活性磷酸盐分期控制污染源削减估算量

污染源	近期（削减10%）（t/d）	污染源	近期（削减10%）（t/d）
S1	0.002	S11	0.001
S2	0.002	S12	0.001
S3	0.005	S13	0.002
S4	0.003	S14	0.002
S5	0.003	S15	0.004
S6	0.001	S16	0.002
S7	0.005	S17	0.003
S8	0.005	S18	0.002
S9	0.003	S19	0.003
S10	0.001	S20	0.002
总量	0.051		

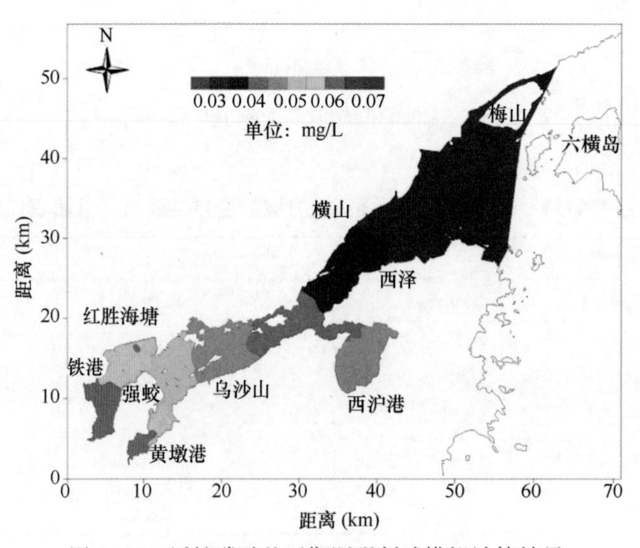

图7-53　活性磷酸盐近期源强削减模拟计算结果

7）环境容量估算结果

经过化学需氧量（COD_{Mn}）水质模型计算响应系数，再根据环境、资源、经济、社会和污染物排放浓度响应程度等指标计算出各方案象山港周边各汇水区的分配权重并进行线性规划求解，得到在满足控制目标条件下，象山港 COD_{Mn}环境容量为 34.33 t/d，即 COD_{Cr}环境容量为 85.83 t/d。10 年来，由于陆源污染有所增加，海水养殖污染有所减少，因此通过源强比较，COD_{Cr}还有一定的环境容量。建议 COD_{Cr}排放量维持现状，以调整产业结构、优化源强的空间布局为主。

象山港氮、磷受外海总体水平的控制，由于象山港外海氮、磷本底值较高，仅靠象山港局部减少氮、磷的排放，对本地区氮、磷超标现象的改善作用不大。象山港内无机氮浓度要达到近、中、远期控制目标，总量需相应削减 10%、20%和 37%，估算结果分别为 0.734 t/d、1.468 t/d 和 2.716 t/d，即近、中、远三期总氮削减量估算结果分别为 1.050 t/d、2.099 t/d 和 3.884 t/d。象山港活性磷酸盐浓度要达到近、中、远期目标，总量需相应削减 10%、20%和 55%，估算结果分别为 0.051 t/d、0.101 t/d 和 0.278 t/d，即近、中、远三期总磷削减量估算结果分别为 0.132 t/d、0.262 t/d 和 0.720 t/d。

第8章 结论与展望

8.1 结论

宁波市沿海分布有丰富的滨海湿地资源，面积达237 781 km^2，不仅是多种珍稀水禽的栖息地和繁殖地，也兼具净化水质、蓄水调洪、改善气候、消浪减灾、保护海岸线的稳定等多种生态功能，同时在区域经济发展中不仅是宁波市经济发展的重要产业带，也是浙江省经济发展的重要增长点，而且对于整个“长三角”地区的经济发展具有十分重要的战略意义。本书对宁波市滨海湿地资源现状和生态环境调查，并进行了滨海湿地的生态综合评价、生态修复体研究、生态修复工程实践，以期为宁波市滨海湿地保护与修复提供理论依据和技术支撑。如何从区域可持续发展观念出发，科学地利用好滨海湿地这一宝贵资源，从而实现宁波市滨海湿地资源科学开发与生态保护并重的研究仍十分迫切。

宁波滨海湿地开发活动主要以围涂、养殖和港口为主。其中杭州湾南岸从20世纪80年代中期开始进行了大量围垦，十塘共围垦11.26×10^4亩，十一塘共围垦27.71×10^4亩；镇海北仑段近岸岸线开发活动剧烈，包括了海堤、码头、防潮闸、道路、船坞，是宁波—舟山港码头主要分布区域，人工岸线占比在88%左右；象山港目前约有1/4滩涂用于养殖，围填海工程主要有梅山七姓涂、郭巨峙南、红胜海塘、西店湾、鄞州滨江投资创业中心二期等围涂工程，约5×10^4多亩；象山港东部围填海现象较为严重，2003—2016年间共围填海5.53×10^4亩；三门湾西岸水产养殖场及浅海水域海水养殖面积较大，宁海县下洋涂围垦工程和宁海县蛇蟠涂围垦工程、象山高塘岛乡花岙二期围涂工程、象山高塘岛乡花岙二期围涂工程、高塘岛乡黄沙岙围涂项目等各类工程，共围填海8.85×10^4亩。

宁波滨海湿地保护现状为管理上尚未建立滨海湿地保护与合理利用综合管理协调机构，但宁波市海洋与渔业局下设了区（县、市）海洋渔业局，分别对所辖滨海湿地进行管理和保护工作；宁波市制定滨海湿地相关规划和规定，推进相关制度建设，同时设立了4个国家级滨海湿地保护区；监督执法管理执法、宣传教育、资源调查和研究工作每年在推进；全市基本形成了由市级和县级二级海洋环境监测机构构成的整个滨海湿地监测体系。

本次滨海湿地调查以县级行政单位为调查区划的最小单位，利用遥感（RS）和地理信息系统（GIS）技术，以实地调查为基础，结合调访收集资料和其他专业调查成果资料进行综合分析，开展宁波市滨海湿地基本状况监测，提取湿地类型及空间属性数据，解析宁波市滨海湿地类型分布特征，较好地掌握了各县区内的滨海湿地类型分布特征及类型、面积统计数据：宁波市滨海湿地总面积为237 781 hm^2，其中人为利用区面积为29 126 hm^2，占总面积的12.2%，类型为库塘、水产养殖场、稻田、开放式养殖及其他；自然滨海湿地面积为208 655 hm^2，占总面积的87.8%，类型包括浅海水域、砂石海滩、淤泥质海滩、潮间盐水沼泽-芦苇、潮间盐水沼泽-碱蓬、潮间盐水沼泽-互花米草（藨草）、潮间盐水沼泽-其他、河口水域、沙洲/沙岛、海岸性咸水湖、海岸性淡水湖及海岛。根据具体特征分析，可见宁波市全域浅海水域潮间盐水沼泽面积较小，但湿地生态系统整体生境类型较为丰富，其中象山县滨海湿地多样性最优，可采取必要手段和措施保护生态环境，增强多样性特征。

宁波市滨海湿地海洋环境质量受周边海域大环境影响，海水中无机氮和磷酸盐是主要污染物，无机氮超第四类海水水质标准，海水中重金属含量符合第一类海水水质标准。表层沉积物中以铜、总铬和石油类为主要污染物，局部存在超第一类海洋沉积物质量标准现象，其他监测指标均符合第一类海洋沉积物质量标准。潮间带生物 152 种，包括大型藻类、多毛类、软体动物、甲壳动物、棘皮动物、鱼类等类群，平均密度为 410.4 个/m^2，平均生物量为 448.80 g/m^2。渔业资源较丰富。

宁波市滨海湿地植被主要有 2 个植被型组，4 个植被型，28 个植被群。杭州湾湿地植物群落以芦苇群落、大米草群落和海三棱藨草群落为主，象山海滨分布有典型的海滨沙地植被样地。宁波滨海湿地区域位于东亚-澳大利亚候鸟迁徙的通道上，水鸟资源较丰富，主要类群有鹭类、鸻鹬类、雁鸭类和鸥类，以杭州湾国家湿地公园及其周边滨海湿地分布较多。两栖类和爬行类多为浙江省一般保护动物。

宁波市滨海湿地生态综合评价结果显示杭州湾、象山港、三门湾、东部沿岸区和南部海岛保护区滨海湿地均处于亚健康状态，南部海岛保护区滨海湿地健康程度最高，其次是三门湾滨海湿地；三门湾和南部海岛保护区滨海湿地生态系统功能评价为好，杭州湾、象山港和东部沿岸区滨海湿地生态系统功能为中，从单项功能来看，供给功能东部沿岸区滨海湿地最好，杭州湾滨海湿地最差，从调节功能来看，三门湾滨海湿地最好，杭州湾滨海湿地最差，文化功能和支持功能南部海岛保护区滨海湿地最好，象山港滨海湿地最差；南部海岛保护区滨海湿地的价值最高，滨海湿地功能最好，其次是三门湾滨海湿地，各分区滨海湿地生态价值都较高均在 7.03×10^{11}元以上，杭州湾滨海湿地最高 8.60×10^{12}元，象山港滨海湿地次之 3.71×10^{12}元，从单项来看，产品价值象山港滨海湿地最高，3.51×10^{9}元，杭州湾滨海湿地最低，1.95×10^{8}元；生态调节价值杭州湾滨海湿地最高，8.46×10^{12}元，南部海岛保护区滨海湿地最低，6.8×10^{11}元；象山港滨海湿地文化价值最高，4.69×10^{9}元，三门湾滨海湿地最低，2.37×10^{9}元；生物多样性价值和支持价值杭州湾滨海湿地最高，分别为 1.69×10^{8}元和 1.40×10^{11}元，南部海岛保护区滨海湿地最低，分别为 2.59×10^{7}元和 2.14×10^{10}元。

从滨海湿地保护和修复体系来看，滨海湿地保护主要包括重要滨海湿地划分，滨海湿地保护区建立和湿地公园的建设。目前我国这三种滨海湿地的保护方式、依据和标准，主要依据国家海洋局颁布的《滨海湿地保护管理办法》。湿地修复的类型和方法多样，本书以海洋生态恢复理论为基础，结合滨海湿地修复的主要目的和主要原则，详细介绍了海岸线修复、海岛整治修复、渔场整治修复和陆源污染物减排 4 种修复工程的主要内容和工程类型，为宁波市在滨海湿地修复工程提供理论依据和实施方法。

宁波市已经逐步建立国家级、省级和市级 3 级保护体系。其中，纳入各级重要湿地名录的共有 18 个湿地，总面积约 10.8 万 hm^2；已经建成国家级海洋生态特别保护区 2 个，规划新建海岸湿地自然保护区 2 个省级自然保护区；已获批宁波象山花岙岛国家级海洋公园和浙江杭州湾国家湿地公园、计划新建滨海湿地公园 3 个。近年来，宁波市结合国家、省、市海洋局的岸线修复规划、生态岛礁建设、蓝色港湾建设、宁波市海洋牧场规划等项目，开展了生态岸线修复工程 9 个；海岛整治工程 6 个；以象山港和韭山列岛海洋自然保护区、渔山列岛海洋特别保护区的资源保护与增殖为重点，逐步实施了海洋牧场建设“123 工程”；并对象山港、三门湾和杭州湾开展海湾生态环境容量的研究，以象山港流域为试点开展陆源监测减排工作。

8.2　展望

滨海湿地为海陆交错地带，是一个边缘区域，处于淡、咸水交汇处，受海洋和陆地交互作用，相对独立于陆地和海洋的具有多功能生态系统的特殊过渡区带。滨海湿地具有丰富的生物多样性和高生产力的特征，可向人类提供多种食品、工业原料、医药和能源，并具有蓄水补充地下水、调节区域气候、吸附过滤污染物和缓冲灾害的作用。随着人类文明和社会经济的发展，人类对资源的需求在不断增加，对滨海湿地的影响也越来越大。由于人类高强度的开发与利用，滨海湿地面积逐渐减少，环境质量下降，生物多样性减少，生态功能退化。滨海湿地虽是一种可开发的巨大资源，但必须坚持开发与保护并重的原则，忽视了环境保护，必然会导致生态环境的严重破坏，最终将制约经济的可持续发展，本书提出了一些保护滨海湿地的建议和对策。

8.2.1 建立湿地保护管理组织机构和协调机制

建立有效的滨海湿地保护管理组织机构和协调机制，是滨海湿地湿地保护和利用的发展目标是否顺利实现的关键因素，也是滨海湿地湿地保护事业发展的重要保障条件之一。市县级海洋行政主管部门按《中华人民共和国海洋环境保护法》《中华人民共和国海域使用管理法》《浙江省海洋环境保护条例》《浙江省湿地保护条例》和《宁波市海洋生态环境治理修复若干规定》等相关法律法规的要求，把滨海湿地保护纳入重要的议事日程，实施湿地保护科学决策，及时解决重大问题。建立海洋公园、滨海湿地公园必须落实相应的管理机构和人员，切实履行滨海湿地保护管理职责。

滨海湿地资源保护和合理利用管理涉及多个政府部门和行业，关系多方利益，政府部门之间急需在管理方面加强协调和合作，建议尽快成立由多部门参与的滨海湿地保护管理与合理利用领导小组，负责湿地保护与开发利用的决策与重大事宜协调。领导小组由市政府分管领导与农林、水利、发展改革、自然资源、旅游、财政等各有关局（委）部门的分管领导组成，领导小组办公室设在市海洋与渔业局，具体负责全市滨海湿地资源开发利用、保护管理、资源调查与监测等工作的组织协调事务。通过部门间协调一致的湿地保护的联合行动，促进政府及部门决策时能够注重评估湿地的自然价值、生态功能及其生产力和生物多样性的综合效益。

滨海湿地保护利益相关方的参与是湿地保护的重要手段，可妥善协调不同部门与利益集团的利益。加强湿地周围区域各有关机构之间的交流与协调，建立部门间的公共决策协商机制，以采取协调一致的湿地保护行动。滨海湿地保护区管理部门和当地政府部门应具备将权力下放的意识，提高当地社区的管理能力，开发和构建合理实用的共管模式，鼓励并引导当地居民和社区组织积极参与湿地保护工作，使公众在湿地保护中受益，同时进一步提高民众的湿地保护意识。协调和解决自然资源开发利用和生态保护之间的矛盾，促进湿地生态系统及生物多样性的有效保护和社会经济的可持续发展。

8.2.2 完善湿地资源保护利用的政策和法制体系

完善的政策和法制体系是有效保护湿地、实现湿地资源可持续利用的关键。建立行之有效的湿地管理的经济政策体系对保护湿地和促进湿地资源的合理利用具有极为重要的意义。宁波市应当根据国家的相应法律、法规以及《浙江省湿地保护管理条例》的有关规定，加快制定地方性湿地保护及可持续利用的规范、制度，早日出台《宁波市滨海湿地保护管理办法》。认真贯彻落实《中华人民共和国水土保持法》《湿地保护管理规定》《中华人民共和国水生动物自然保护区管理办法》和《中华人民共和国水生野生动物保护实施条例》等相关法律法规。

制定并落实滨海湿地管护的监管机制、考核机制、责任追究机制。建立对滨海湿地开发以及用途变更的生态影响评估、审批管理程序，实施湿地开发项目的生态影响评价制度，严格依法论证、审批并监督实施。地方各级人民政府要将滨海湿地面积、滨海湿地保护率、滨海湿地生态状况等保护成效指标纳入本地区生态文明建设目标评价考核等制度体系，建立健全奖励机制和终身追责机制。

加大滨海湿地执法监管力度，严肃查处围填海、超标排放污染物等破坏滨海湿地的行为。对于未经批准将滨海湿地转为其他用途的，各级海洋主管部门应当要求责任者按照“谁破坏、谁修复”的原则实施恢复和重建，对无法恢复和重建的，责任者应进行生态损害赔偿。

经批准的海域使用或开发利用海岛活动涉及占用重点保护滨海湿地并转为其他用途的，建设单位应按照“先补后占、占补平衡”的原则，恢复或重建与所占重点保护滨海湿地面积和质量相当的滨海湿地，确保重点保护滨海湿地面积不减少。禁止擅自占用重点保护滨海湿地，已侵占的要限期予以恢复。禁止围填、永久性截断水源、超标排放污染物等破坏重点保护滨海湿地及其生态功能的活动。

建立滨海湿地修复公示制度，依法公开滨海湿地修复方案及修复成效，接受公众监督。

8.2.3 加大保护资金投入，广开募资渠道

湿地保护是一项公益事业，需要建立稳定长效的资金投入机制，加大对滨海湿地保护与修复的支持力度，充分利用财政预算、海域使用金、社会资本等多渠道资金，加大滨海湿地生态修复投入。将湿地保护管理纳入各级政府国民经济和社会发展规划，发挥政府投资的主导作用，形成政府主导和社会参与的多元化投入机制。加大基础设施建设、生态保护修复等项目资金投入，将重点保护及修复湿地的科研监测、宣传教育等经费纳入财政预算。可以充分利用现有市场经济的有利条件，吸纳社会资金，用于湿地保护与利用示范工程建设，达到湿地保护与开发利用的双赢目标。要积极开展与有关非政府组织、学术团体、基金组织及其友好人士的合作与交流，采取募集社会捐款、争取国际援助等方式共同保护好宁波市的湿地资源及生态环境。

鼓励合理利用滨海湿地资源，制定在发展中优先注意到保护湿地生态系统和生物多样性的政策，在投资、立项、信贷、技术支持等方面给予相关优惠。地方政府对湿地保护区各项基础设施建设和生态旅游开发方面给予政策优惠，使湿地资源保护与发展两不误。

探索建立滨海湿地生态补偿制度，按照“谁受益，谁补偿”的原则，开展补偿试点。要实施重点湿地认证制度，确权发证，明确经营主体。坚持使用资源付费和谁污染环境、谁破坏生态谁付费原则，推动建立湿地用途管制、湿地资源有偿使用制度。

8.2.4 完善监测和科技支撑体系

组织对滨海湿地资源开展定期调查，开展滨海湿地生态环境状况评价，定期发布滨海湿地监测评价信息对受损滨海湿地进行修复。加强滨海湿地基础和应用科学研究，开展湿地保护与修复技术示范，在湿地修复关键技术上取得突破。完善滨海湿地保护标准体系，制定滨海湿地类型保护区的建设和管理、滨海湿地恢复修复和效果评价，湿地开发利用的生态影响评价及生态补偿等相关标准。

建立滨海湿地保护管理决策的科技支撑机制，提高科学决策水平。滨海湿地保护主管部门结合实际工作，加强与相关部门、科研院所、各大院校的交流合作，结合专家委员会，建立长期的湿地科技支撑机制，指导、咨询、参与湿地保护研究以及成果鉴定，联合争取各级各类科研项目。同时要加强湿地资源监测体系建设，建立动态管理平台，组织协调有关部门、科研机构及时开展湿地资源、湿地利用状况、湿地生态系统结构与功能的调查和评估，实时掌握资源动态变化，定期向社会公布，为政府决策提供依据。要开展重点领域科学研究，推广滨海湿地保护恢复的关键技术，为大规模开展重大生态修复工程提供科技支撑。

8.2.5 加强宣传教育，提高全民保护意识

把保护滨海湿地生态环境的法律法规和科学知识，纳入干部轮训的重要内容。面向公众开展湿地科

普宣传教育，结合“湿地日”“爱鸟周”和“国际生物多样性日”等宣传教育活动，加大滨海湿地保护和宣传力度，利用互联网、移动媒体等手段，加大滨海湿地保护宣传力度，普及湿地科学知识，努力形成全社会保护湿地的良好氛围，抓好广大中小学生湿地保护知识教育，树立滨海湿地保护意识。研究建立滨海湿地保护志愿者制度，动员公众参与湿地保护和相关知识传播。畅通公众参与渠道，鼓励公民、社会团体、企业等对滨海湿地管理与保护建言献策，鼓励社会组织和志愿者开展相关知识的宣传，提高公众滨海湿地保护意识。

参考文献

安树青 . 2003. 湿地生态工程-湿地资源利用与保护的优化模式［M］. 北京：化学工业出版社 .
陈彬 . 2012. 海洋生态恢复理论与实践［M］. 北京：海洋出版社 .
陈立人，周宁 . 宁波市洪涝灾害的历史与区域分析［J］. 热带地理，1997，17（4）：385-389.
陈宜瑜，吕宪国 . 2003. 湿地功能与湿地科学的研究方向 . 湿地科学，1（1）：101-107.
陈增奇 . 中国滨海湿地现状及其保护意义［J］. 环境污染与防治，28（12）：930-933.
陈征海，刘安兴，李根有，等 . 2002. 浙江天然湿地类型研究［J］. 浙江大学学报（农业与生命科学版）. 28（2）：156-160.
崔保山，杨志峰 . 2006. 湿地学 . 北京：北京师范大学出版社 .
崔保山 . 1997. 我国自然湿地的基本特点 . 生态学杂志，16（4）：64-67.
崔丽娟 . 鄱阳湖湿地生态系统服务功能价值评估研究［J］. 生态学杂志，2004，23（4）：47-51.
窦勇，唐学玺，王悠 . 2012. 滨海湿地生态系统修复进展 .
房建孟 . 2004. 象山港海洋环境容量及污染物总量控制研究报告［M］. 北京：海洋出版社 .
国家海洋局 . 2018. 滨海湿地保护管理办法 .
国家海洋局 . 全国生态岛礁工程”十三五“规划 .
国家林业局 . 2008. 森林生态系统服务功能评估规范［M］. 北京：中国标准出版社 .
黄秀清 . 2008. 象山港海洋环境容量及污染物总量控制研究［M］. 北京：海洋出版社 .
黄秀清 . 2015. 杭州湾海洋环境容量及污染物总量控制［M］. 北京：海洋出版社 .
黄秀清 . 2018. 2000 象山港环境容量［M］. 北京：海洋出版社 .
鞠美庭，王艳霞，孟伟庆，等 . 2009. 湿地生态系统的保护与评估 . 北京：化学工业出版社 .
李根有，陈征海，刘安兴，等 . 浙江省湿地植被分类系统及主要植被类型与分布特点［J］. 浙江林学院学报，2002，19（4）：356-362.
李荣冠，王建军，林和山，等 . 中国典型滨海湿地［M］. 北京：科学出版社，2015.
李淑娟，孟芬芬 . 山东省湿地生态系统健康评价及旅游开发策略［J］. 资源科学，2011，33（7）：1390-1397.
李晓 . 基于 PSR 模型评价天津滨海湿地生态系统健康［J］. 海洋信息，2014，（4）：39-43.
林鹏，陈荣华 . 1989. 九龙江口红树林对汞的循环和进化作用 . 海洋学报，11（2）：242-247.
刘峰，董贯仓，秦玉广，等 . 2012. 黄河口滨海湿地 5 条入海河流污染物现状调查 . 安徽农业科学，40（1）：441-444.
龙娟，宫兆宁，赵文吉，等 . 2011. 北京市湿地珍稀鸟类特征与价值评估［J］. 资源科学，33（7）：1278-1283.
陆健健，唐亚文 . 1998. 崇明东滩湿地生态系统中重金属元素的分布和迁徙 . //中国湿地研究和保护 . 上海：华东师范大学出版社 .
陆健健 . 1996. 中国滨海湿地的分类 . 环境导报，1：1-2.
吕佳，李俊清 . 2008. 海南东寨港红树林湿地生态恢复模式研究 . 山东林业科技，3：70-72.
栾维新，崔红艳 . 2004. 基于 GIS 的辽河三角洲潜在海平面上升淹没损失评估 . 地理研究，6（23）：805-813.
马文漪，杨柳燕 . 1998. 环境微生物工程 . 南京：南京大学出版社 .
麦少芝，徐颂军，潘颖君 . PSR 模型在湿地生态系统健康评价中的应用［J］. 热带地理，2005，25（4）：318-320.
宁波市水利局 . 2016. 2016 年宁波市水资源公报［R］.
宁波市水文站 . 2016. 2016 年宁波市水情年报［R］.
宁波市统计局，国家统计局宁波调查支队 . 2016. 2016 宁波统计年鉴［J］. 宁波：中国统计出版社 .

宁潇，吴伟志，胡咪咪，等.《湿地科学与管理》［J］. 浙江省滨海湿地生态服务功能价值初步研究，2016 ，12（4）：22-26.
庞丙亮. 扎龙湿地生态系统固碳服务价值评价［J］. 生态学杂志，2014，33（8）：2078-2083.
曲建升，孙成权，赵转军. 2001. 湿地功能参数评价及其在湿地研究中的应用一以 CH_4 为例. 国土与自然资源研究.（4）：42-44.
任国玉，郭军. 中国水面蒸发量的变化［J］. 自然资源学报，2006，21（1）：35.
上官修敏、韩美、王海静，等. 中国湿地生态健康评价研究进展［J］. 山东师范大学学报（自然科学版），2013，28（2）：77-82.
邵学新，李文华，吴明，等. 杭州湾潮滩湿地 3 种优势植物碳氮磷储量特征研究［J］. 环境科学，2013，34（9）：3451-3457.
沈德中. 2002. 污染环境的生物修复. 北京：化学工业出版社.
沈德贤. 1999. 洞庭湖湿地生态功能及其保护对策. 人民长江，30（12）：23-24.
衰军，吕宪国. 2005. 湿地功能评价两级模糊模式识别模型的建立及应用. 林业科学，41（4）：1-6.
孙毅，郭建斌，党普兴，等. 2007. 湿地生态系统修复理论与技术. 内蒙古林业科技，33（3）：33-38.
谭雪，石磊，等. 基于全国 227 个样本的城镇污水处理厂治理全成本分析［J］. 给水排水，2015，5（41）：30-34.
王爱军，叶翔，李团结，等. 2011. 近百年来珠江口淇澳岛滨海湿地沉积物重金属累积及生态危害评价. 环境科学，5（32）：1306-1314.
王斌，郭胜华，张震，等. 华北地区滨海湿地生态系统健康评价体系构建研究［J］. 中国环境监测，2012，28（4）：29-32.
王蒙，吴明，邵学新，等. 杭州湾滨海湿地 CH4 排放通量的研究［J］. 土壤，2014，46（6）：1003-1009.
王蒙. 杭州湾滨海湿地 CH4、N2O、CO2 排放通量及其影响因素研究［D］. 北京：中国林业科学研究院，2014.
王庆仁，崔岩山，董艺婷. 2001. 植物修复重金属污染土壤整治有效途径. 生态学报，21（2）326-331.
王相. 2000. 湿地法律保护比较研究. 武汉：武汉大学环境与资源保护法系.
王雪. 2016. 海域海岸带整治修复项目信息管理及整治实例［D］. 大连：大连理工大学：7.
吴炳方，黄进良，沈良标. 2000. 湿地的防洪功能分析评价——以东洞庭湖为例. 地理研究，19（2）：190-193.
吴平，付强. 扎龙湿地生态系统服务功能价值评估［J］. 农业现代化研究，2008，29（3）：335-337.
谢高地，鲁春霞，成升魁. 全球生态系统服务功能研究进展［J］. 资源科学，2001，23（6）：8-11.
杨杰峰. 2016. 人为干扰对滨海湿地生态系统的影响［J］. 黄秀清，12（1）：43-45.
姚炎明，黄秀清. 2015. 三门湾海洋环境容量及污染物总量控制研究［M］. 北京：海洋出版社.
叶功富，谭芳林，罗美娟，等. 2010. 泉州湾河口湿地退化现状及人为影响因素分析. 湿地科学，8（4）：6-8.
叶琳，邱龙辉. 2002. 虚拟世界中的操纵技术研究进展Ⅰ：现有技术及分类［J］. 计算机工程与应用，38（11）：77-78.
袁军，吕宪国. 2004. 湿地功能评价研究进展. 湿地科学，2（2）：153 一 160.
张文敏，姜小三，吴明，等. 2014. 杭州湾南岸土壤有机碳空间异质性研究［J］. 土壤学报，51（5）：1087-1095.
张绪良，陈东量，徐宗军，等. 2009. 黄河三角洲滨海湿地的生态系统务价值［J］. 科技导报，27（10）：37-42.
张峥，张建文，李寅年，等. 1999. 湿地生态评价指标体系［J］. 农业环境保护，18（6）：283-285.
郑冬梅，洪荣标. 2006. 滨海湿地互花米草的生态经济影响分析与风险评估探讨. 台湾海峡，25（4）：579-586.
郑伟，石洪华，徐宗军，张绪良. 2012. 滨海湿地生态系统服务及其价值评估——以胶州湾为例［J］. 生态经济（学术版），（1）：179-182.
中华人民共和国国家统计局. 2016 中国统计年鉴［J］. 北京：中国统计出版社，2016.
Atlas R M. 1991. Microbial hydrocarbon degradation-bioremediation of oil spills. Journal of Chemical Technology and Biotechnology，52：149-156.
Cahoon D R，Reed D J，Day J W. Estimating shallowsubsidence in microtidal salt marshes of the southeasernUnied States：Kaye and Barghoorn revisited［J］. Marine Geology，1995，128：129.
COSTANZA R，D'ARGE R，RUDOLF DE GROOT，et al. 1997. The value of the world' s ecosystem services and natural capita1［J］. Nature，387：253-260.

IPCC. 2007. Climate Change 2007: Impacts, Adaptation and Vulnerability: Working Group Contribution to the Fourth Assessment Report of the IPCC Intergovernmental Panel on Climate Change [M] . Cambridge: Cambridge University Press.

MaltbyE. 1994. Buildinga New APProaehto the Investigation and Assessment of Wetland Ecosystem Functioning.

O' Brien E L, Zedler J B. 2006. Accelerating the restoration of vegetation in a southern California salt marsh. Wetlands Ecology and Management, 14: 269-286.

WU Ming. 2013. 2013-Nutrient retention in plant biomass and sediments from the salt marsh in Hangzhou Bay estuary, China [J]. Environ Sci Pollut Res. 20: 6382-6391.

Zhou C F, Qin F, Xie M. 2003. Vegetating coastal areas of east China species selection, seedling cloning and transplantation. Ecologocal Engineering, 20: 275-286.